一、套袋苹果品种

彩图1-1 套袋品种红富士

彩图1-2 套袋品种寒富

彩图1-3 套袋品种嘎拉

彩图1-4 套袋品种红将军

彩图1-5 套袋品种金冠

彩图1-6 套袋品种乔纳金

二、套袋操作步骤

彩图2-1 套袋操作步骤1

彩图2-2 套袋操作步骤2

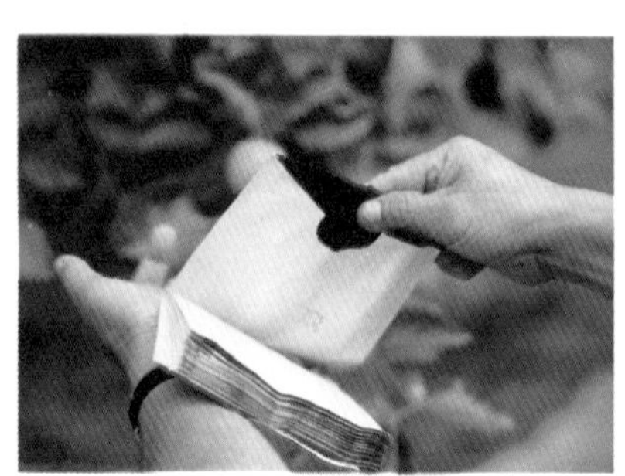

彩图2-3 套袋操作步骤3

彩图2-4 套袋操作步骤4

彩图2-5 套袋操作步骤5

彩图2-6 套袋操作步骤6

彩图2-7 套袋操作步骤7

彩图2-8 套袋操作步骤8

彩图2-9 套袋操作步骤9

彩图2-10 套袋操作步骤10

彩图2-11 套袋操作步骤11

彩图2-12 套袋操作步骤12

三、套袋不同时期效果

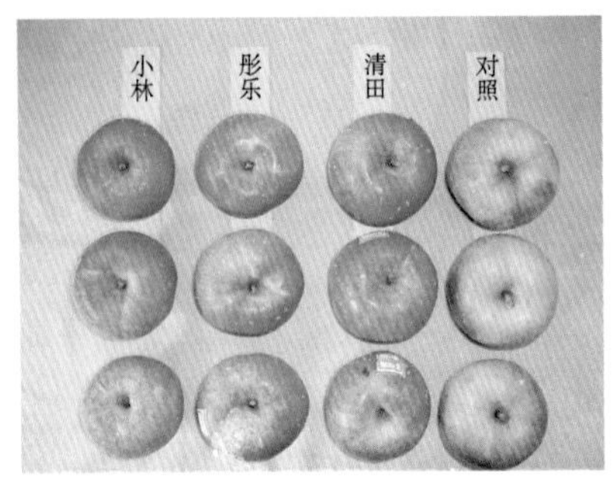

彩图3-1 套袋日期：8月8日

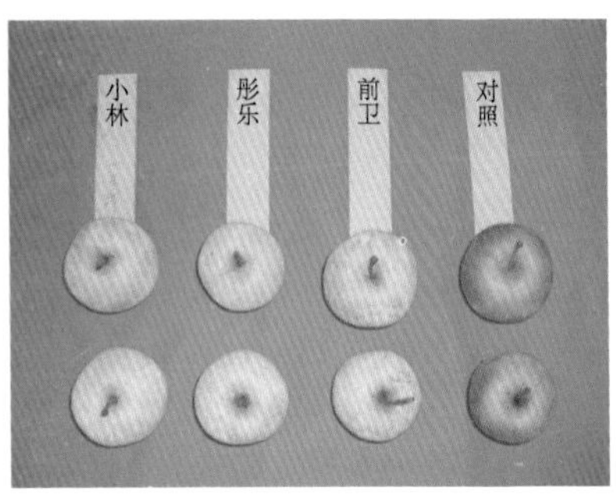

彩图3-2 套袋日期：9月12日

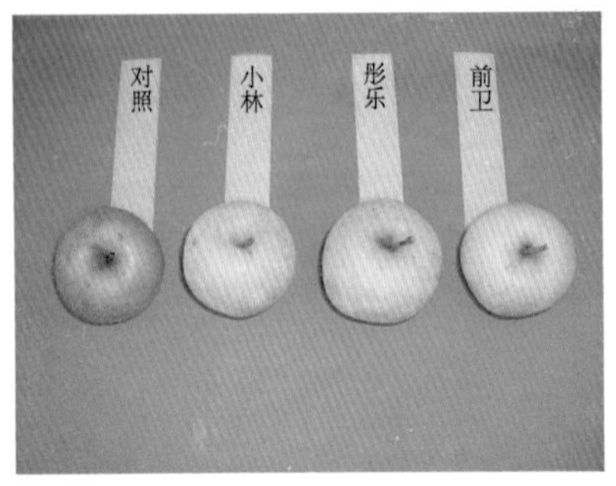

彩图3-3 套袋日期：9月25日

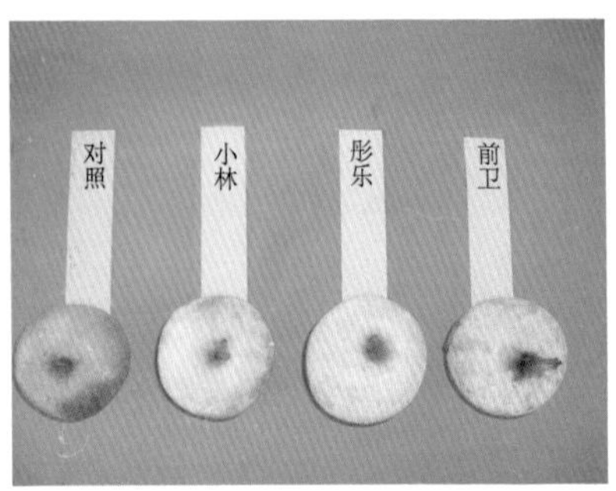

彩图3-4 套袋日期：10月9日

彩图3-5 套袋日期：10月17日

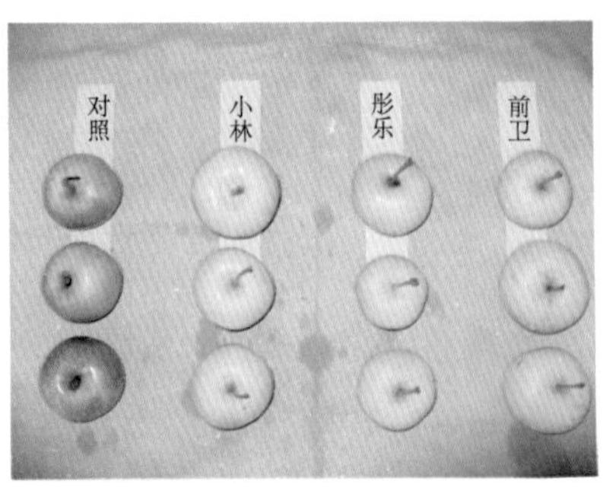

彩图3-6 套袋日期：10月22日

四、套袋试验

彩图4-1 盆栽寒富套袋效果

彩图4-2 试验取样

彩图4-3 试验树

彩图4-4 套袋果与不套袋果

彩图4-5 育果纸袋生产车间

彩图4-6 纸袋和膜袋效果比较

五、套袋技术

彩图5-1 套袋果

彩图5-2 金冠套袋效果

彩图5-3 套袋单株

彩图5-4 套袋果园

彩图5-5 除去外袋果实

彩图5-6 艺术果

六、套袋配套技术

彩图6-1 授 粉

彩图6-2 起垄覆稻草

彩图6-3 下垂枝组结果状

彩图6-4 生　草

彩图6-5 垫 果

彩图6-6 铺反光膜

七、病虫危害

彩图7-1 痘斑病

彩图7-2 黑点病

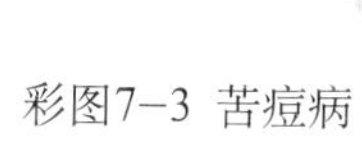

彩图7-3 苦痘病

彩图7-4 日烧病

彩图7-5 康氏粉蚧危害

彩图7-6 玉米象危害

八、病虫防治措施

彩图8-1 黏虫板

彩图8-2 诱虫带

彩图8-3 糖醋液

彩图8-4 太阳能灭虫器

彩图8-5 杀虫灯

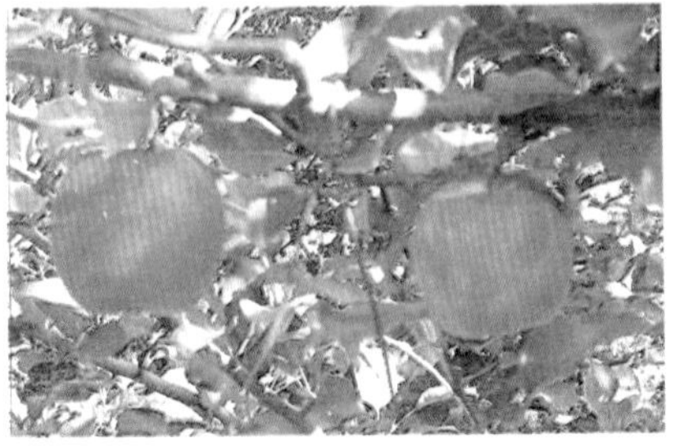

彩图8-6 复合交信搅乱迷向剂

苹　果
有袋栽培基础

高文胜　吕德国　主编

中国农业出版社

图书在版编目（CIP）数据

苹果有袋栽培基础/高文胜，吕德国主编．—北京：中国农业出版社，2010.4

ISBN 978-7-109-14464-4

Ⅰ．①苹…　Ⅱ．①高…②吕…　Ⅲ．①苹果—果树园艺 Ⅳ．①S661.1

中国版本图书馆 CIP 数据核字（2010）第 047215 号

中国农业出版社出版
（北京市朝阳区农展馆北路 2 号）
（邮政编码 100125）
责任编辑　舒　薇

北京中兴印刷有限公司印刷　　新华书店北京发行所发行
2010 年 6 月第 1 版　　2011 年 1 月北京第 2 次印刷

开本：850mm×1168mm　1/32　　印张：8.625　　插页：4
字数：224 千字　　印数：3 001～6 000 册
定价：30.00 元

主　编　高文胜　吕德国

参　编　秦嗣军　刘国成　杜国栋　马怀宇

蔡　明　陈　军　秦　旭

序

苹果是最主要的落叶果树。30多年来苹果生产获得了长足的发展，目前我国的栽培面积和产量已位居世界第一，成为世界第一苹果生产国和生产中心。2007年我国苹果栽培面积达到196.2万hm^2，产量2 786.0万t，占世界苹果栽培面积、产量的1/3以上。

随着苹果产量的稳步增长，我国的苹果产业已由数量效益型向质量效益型转变。为适应这一变化，经过十几年的试验、示范，我国20世纪末在苹果上开始大面积推广应用套袋技术，以提高果实外观质量。实践证明，果实套袋，首先可促使果皮细腻、亮洁，果点稀小，外观质量显著改善；其次，可促使红色品种果实花青素迅速增加，扩大着色面积30%左右，且色调均匀，色泽艳丽、美观；第三，可有效减少农药、粉尘给果实带来的残留、污染；第四，能预防控制病、虫、鸟、鼠、蜂等对果实的危害，减少果锈；第五，能避免枝叶摩擦，减轻冰雹等机械损伤。因此，果实套袋已成为目前生产无公害绿色果品最直接、最有效的措施之一，是一定历史阶段的重要技术。

套袋技术的应用在改善果实外观品质和降低果实农药残毒的同时，也带来了苹果内在品质下降、部分病虫害增加等负面影响，这也是20世纪50年代套袋栽培没有大面积推广的原因之一。同时，由于生产上疏花、疏果不到位，负荷过大的现象仍然较为普遍，套袋过多，导致树冠透光率显著降低，引起树势趋弱，枝条细弱，严重影响果园的生产性能。长期以来，各地各部门试验、研究和推广的大多为单一的套袋技术，主要集中在套袋、除袋时期及方法等方面。由于果品套袋已由部分果实套袋逐渐推广为全树、全园果实套袋，由此带来的是包括整形修剪、土肥水管理、花果管理、病虫害防控等在内的整个栽培体系的变化，仅仅单一套袋技术的研究已不能适应套袋果园综合管理的要求。因此，本书作者在套袋技术的基础上，提出了有袋栽培的观点。有袋栽培是现在和未来一段时间内生产无公害高档果品的重要技术措施，进一步研究有袋栽培体系下果实生长发育的生理特点和栽培技术，并以此提出适宜、量化的技术措施去指导生产，对促进我国苹果产业健康、持续发展具有重要意义。以此为目的，作者在全国苹果主产区多园布点，选择多种类型果袋和多个品种为试材，进行多次试验处理，对有袋栽培体系下果实微生物种群结构、果皮发育进程、糖及相关酶活性、钙组分变化以及果实品质发育调控技术进行了较为深入和细致的研究，取得了一定的研究成果。

该书作者在总结个人研究成果和生产实践的基础上，结合前人相关研究成果，进行了诚实的归纳分析，提出了有袋栽培原理与技术，这将对相关领域内的研究有一定的参考价值，对生产实践有一定的指导作用。相信本书的出版对我国苹果事业的发展和社会主义新农村建设有一定的促进作用。

中国工程院院士

山东农业大学教授 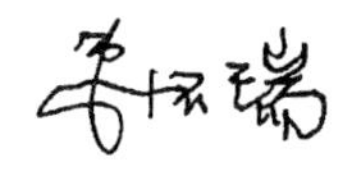

2009 年 8 月

前　言

试验、实践证明，果实套袋可有效改善苹果的外观品质及降低果实的农药残毒；但同时也带来了果品内在品质下降、部分病虫害增加等负面影响。由于有袋栽培是现在和未来很长一段时间内生产无公害高档果品的重要技术措施，因此进一步研究有袋栽培体系下果实生长发育的生理特点和栽培技术，并以此提出适宜、量化的技术措施去指导生产，对促进我国苹果生产健康、持续发展具有重要意义。

本书作者结合目前生产现状和研究进展，以苹果生产上栽培面积最大的红富士品种和具有自主知识产权的抗寒品种寒富等为试材，针对套袋后出现的一些现象和问题，设计不同种类育果纸袋及相关调控技术措施等几种主要的试验处理，研究在有袋栽培条件下，苹果果实品质发育特点及其相关因子的影响，并在总结个人研究成果、生产实践和研究进展的基础上，进行了有袋栽培技术的集成。

本书共分五章，第一章为概述，介绍了世界及我国苹果生产现状和有袋栽培的历史发展及对苹果产业的影响；第二章为有袋栽培下果实外观品质变化研究，主要研究了有袋栽培对微生物种群结构变化和果皮发育进程的影响；第三章为有袋栽培下果实内在品质变化研究，主要研究了有袋栽培对苹果果实中主要糖代谢及相关酶活性和钙组分变化的影响；第四章为有袋栽培下果实品质发育调控技术研究，主要研究了不同种类育果袋、不同套（摘）袋时期、外源物质、修剪等措施对有袋栽培下苹果品质的影响；第五章为有袋栽培技术集成，主要从生产条件、土肥水管理技术，树体调控技术、品质提高技术和无害化病虫综合防治技术等方面进行了有袋栽培技术集成，并最后形成了苹果有袋栽培技术规程。

本书作者在研究过程中得到了农业部、沈阳农业大学、西北农林科技大学、山东省果茶技术指导站、陕西省果业局、辽宁省果蚕总站等单位的大力支持，在此深表谢意！感谢农业部刘艳副司长、周普国副司长、高文永处长、李增裕处长和冯岩处长等在试验研究中提供的帮助！感谢于翠博士、赵德英博士、李志霞博士、王英博士和李慧锋硕士、李芳东硕士、王玉霞硕士在处理样品和整理资料方面提供的大量帮助！

束怀瑞院士一直关注我们的研究进展，并为本书作序，在此表示衷心感谢！

感谢现代农业产业技术体系建设专项资金的资助和中国农业出版社编辑的辛勤劳动，使本书得以顺利出版！

在编写过程中，借鉴了多位同行的文章和书籍，在此表示感谢，由于篇幅有限，未能列出的，敬请谅解！

由于水平和时间所限，书中多有缺点和不足之处，敬请广大读者批评指正！

编者电子邮箱：gaowensheng@sina.com；
lvdeguo@163.com

编　者

2009年8月

目　　录

第一章　概　　述

本章阐述了世界苹果生产的总体情况，我国苹果生产现状、存在问题、市场竞争力和发展预测，以及国内外套袋技术的发展情况；分析了有袋栽培的必然性及对提高苹果安全卫生品质和产业体系的影响。

1.1　苹果生产现状

苹果是仅次于柑橘、香蕉和葡萄的世界第四大果品。苹果具有品种繁多、生态适应性强、营养价值高、耐储运性好和供应周期长等特点；世界上相当多的国家都将其列为主要消费品而大力发展，在农产品国际贸易中占据着重要地位。我国作为世界上最大的苹果生产国，苹果生产已成为部分产区的支柱产业之一和我国最具出口竞争力的农产品之一，有力促进了农民的增收致富和社会主义新农村建设。

1.1.1　世界苹果生产现状

1.1.1.1　收获面积、产量和单产变化

1996—2006 年 10 年间，世界苹果收获总面积呈现出“持续下降”的总趋势。FAO 的统计数据显示，1996 年世界苹果收获总面积为 629.4 万 hm^2；此后世界苹果收获总面积不断下滑，2004 年降至 483.0 万 hm^2，比 1996 年下降了 23.3%。此后，基本趋于稳定，维持在 478.6 万～483.2 万 hm^2 之间。

与世界苹果收获总面积持续下降的走势显著不同，1996—

2006年世界苹果总产量在波动中稳步上升。FAO的统计数据显示，1996年世界苹果总产量为5 629.8万t，2006年世界苹果总产量达到历史新高，为6 380.5万t，比1996年增长了13.3%。

1996—2006年10年间世界苹果单产的走势与世界苹果总产量的走势基本类似，呈现上升的基本走势。FAO的统计数据显示，1996年世界苹果单产为8.95t/hm²，1999年突破10t/hm²的大关，达到10.34t/hm²，之后世界苹果单产继续保持强势上扬态势，2006年达到历史新高，为13.33t/hm²，比1996年增长了48.94%（图1-1，图1-2）。

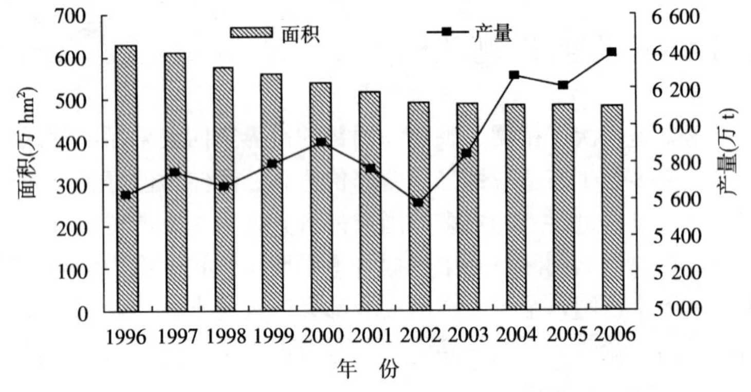

图1-1　1996—2006年世界苹果收获总面积和总产量

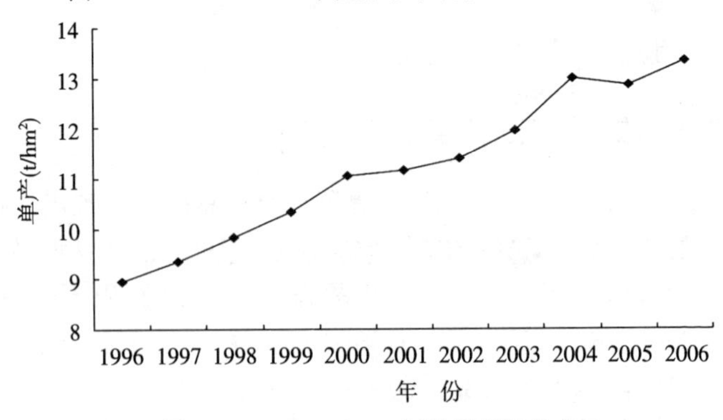

图1-2　1996—2006年世界苹果单产

1.1.1.2　产区分布及主产国

FAO数据统计显示，2001—2006年苹果年产量平均，亚洲为3 264.4万t，占世界总产6 004.8万t的54.36%，是世界苹果生产第1大洲；欧洲1 588.2万t，占世界26.45%，是世界苹果生产第2大洲；美洲（包括南、北美在内）886.9万t，占世界14.77%，居世界苹果生产第3大洲；非洲和大洋洲产量分别为183.0万t和82.2万t，分别占世界3.05%和1.37%，居世界苹果生产第4位和第5位。从上面数据可以看出，亚欧地区是世界苹果主产区，其产量占世界总产量的80%以上，而亚洲是世界苹果生产中心，其产量占世界总产量的一半以上（表1-1）。

世界苹果生产主要集中于中国、美国、波兰、法国、伊朗、土耳其、意大利、俄罗斯、德国、印度、阿根廷和智利等12个国家。2006年其产量之和占世界总产比重为75.82%（表1-2）。

FAO统计数据显示：2006年苹果产量超过百万吨的国家有中国、美国、波兰、法国、伊朗、土耳其、意大利、俄罗斯、印度、阿根廷和智利等11个国家，其苹果总产量合计为4 743万t，约占世界苹果总产量的74.3%。其中产量居前8位的国家分别是中国（2 610万t）、美国（457万t）、伊朗（266万t）、波兰（230万t）、意大利（211万t）、土耳其（200万t）、印度（174万t）、法国（171万t）。

20年来，中国是世界苹果生产发展最快的国家，成长为世界苹果生产第一大国，1996以后，中国苹果产量一直占世界总产的1/3以上。FAO统计数据显示：1986—2006年20年间中国苹果产量的平均年增长率为32.26%，对世界苹果增产的贡献率达107.1%。1986—1990年间中国苹果产量占世界总产量的比重为10.1%，与美国相近（10.4%）；自20世纪90年代，苹果产量开始迅速增长，由1986—1990年苹果产量占世界总量的

10.1%，迅速蹿升到2006年的40.9%。

表1-1 2001—2006年世界各洲苹果产量（万t）

年度	亚洲	欧洲	美洲	非洲	大洋洲	世界
2001	3 012.4	1 641.8	871.8	149.6	79.9	5 755.5
2002	2 896.7	1 620.6	812.2	174.5	85.2	5 589.2
2003	3 155.3	1 574.5	848.7	178.3	82.8	5 839.6
2004	3 338.1	1 693.2	945.4	204.4	80.2	6 261.2
2005	3 507.3	1 503.7	915.7	190.8	85.1	6 202.7
2006	3 676.8	1 495.2	927.7	200.6	80.0	6 380.5
年平均产量	3 264.4	1 588.2	886.9	183.0	82.2	6 004.8
年平均产量占世界总产的百分数（%）	54.36	26.45	14.77	3.05	1.37	—

表1-2 2001—2006年苹果主产国年产量（万t）

国家	2001	2002	2003	2004	2005	2006	国家	2001	2002	2003	2004	2005	2006
中国	2 000	1 930	2 110	2 370	2 400	2 610	意大利	230	220	195	214	219	211
美国	428	387	395	470	441	457	俄罗斯	164	195	169	203	177	162
波兰	243	216	243	252	207	230	德国	178	147	082	098	089	095
法国	240	243	214	220	186	171	印度	123	116	147	152	174	174
伊朗	235	233	240	218	266	266	阿根廷	143	116	131	126	127	127
土耳其	245	220	260	210	257	200	智利	114	115	125	130	135	135

1.1.1.3 品种结构

苹果是一个古老的树种，世界上仍保存有7 500多个苹果品种，但生产中广泛栽培的品种只有100多个。近年，世界苹果品种更新换代加快。老品种元帅系和金冠系是构成不包括中国在内的其他国家（如法国、美国和意大利等）苹果产量的主要品种，这两个系的品种加上其他较老的品种澳洲青苹、旭和瑞光的产量大约占世界苹果总产量的48%。全世界富士产量为1 232.7万t，占世界苹果产量的20.9%。因此，富士已经成为世界第一主栽品种（主产国有中国、日本及部分欧美国家），其次是元帅系、金冠系、嘎拉、澳洲青苹和乔纳金。

2002年《世界苹果品种述评》一书预测未来10年品种产量构成与品种发展趋势认为（表1-3），元帅系和瑞光等老品种产量有所下降，下降幅度1%～3%；而金冠系、澳洲青苹和旭等老品种产量略微增加，增加幅度2%～9%；新品种乔纳金和艾尔斯塔产量可能增加20%～30%；嘎拉和富士大约增加40%～50%；而最新品种粉红女士产量增加最快，可能达到200%。

表1-3 未来10年世界苹果品种产量构成与品种发展趋势

	品种	产量（万t）	未来10年产量发展趋势（%）
老品种	元帅系	510	−3
	金冠系	470.9	+9
	澳洲青苹	165.9	+6
	旭	52.9	+2
	瑞光	48.5	−1
新品种	乔纳金	143.2	+23
	嘎拉	195.1	+50
	富士	128.7	+46
最新品种	艾尔斯塔	43.2	+33
	粉红女士	9.2	+200
总量	154	2 593.6	+13

美国栽培100多个苹果品种，其主栽品种为元帅、金冠、澳洲青苹、富士和嘎拉等。美国苹果产业协会推荐18个品种作为今后发展的主要品种：布瑞本、富士、嘎拉、金冠、澳洲青苹、艾达红、乔纳金、旭、翠玉、瑞光、元帅、红玉、卡米欧、考特兰德、恩派、金娇、蜜脆和粉红女士等。日本除红富士主栽品种

（占总产量的一半）外，津轻、珊夏、乔纳金、王林、陆奥等都是日本培育的优良品种，支撑着日本苹果业。澳大利亚新栽植苹果品种中，最新品种所占比例高达50%，分别是粉红女士43%和Sundowmer 7%；新品种嘎拉、富士和布瑞本所占比例分别为18%、8%和1%；老品种所占比例20%，其中澳洲青苹所占比例最高，为15%，其次为金冠4%，红星比例最低为1%；其他品种3%。新西兰新栽植苹果品种中，新品种所占比例最高，高达92%，分别是嘎拉35%、富士5%、布瑞本15%、粉红女士12%、太平洋玫瑰2%、爵士15%，太平洋美人4%和Tentation4%；老品种澳洲青苹和其他品种仅占8%，其中澳洲青苹4%，其他品种4%。

合理的熟期结构是提高苹果产业经济效益的重要因素。世界苹果先进生产国不同熟期的品种布局较为合理。如新西兰晚熟、中晚熟和中早熟品种所占比例分别为40%、30%和30%；日本晚熟、中晚熟、中熟和其他品种分别占49%、33%、10%和8%。而中国目前晚熟品种产量占苹果总产量的80%左右，晚熟品种比例显然偏大，品种结构不够合理，有待调整。

1.1.1.4 加工情况

世界苹果总产量的25%用于加工，很多苹果生产先进国家50%～75%的产量用于加工。如阿根廷加工量占苹果总产量的55%，匈牙利占60%。加工制品以果汁、果酒、果酱、果干和罐头等产品为主。苹果浓缩汁是苹果加工业的主导产品，年产量在80万～130万t（图1-3）。按产量排序的主要生产国依次为中国、波兰、德国、美国、阿根廷、匈牙利、意大利、智利、南非、新西兰和西班牙等。

近年来，中国苹果浓缩汁产量增加最快，2001—2002榨季中国超过波兰成为世界上最大的苹果浓缩汁生产国。此后产量稳定上升，到2004—2005榨季产量达到历史新高，为72万t，

2005—2006 榨季产量有所下降，为 47 万 t，2006—2007 榨季产量又开始回升，为 65 万 t。美国、德国和日本等一些国家，随着生产成本的不断提高，国内苹果浓缩汁生产的规模不断缩小，需要依靠进口来满足市场需求。

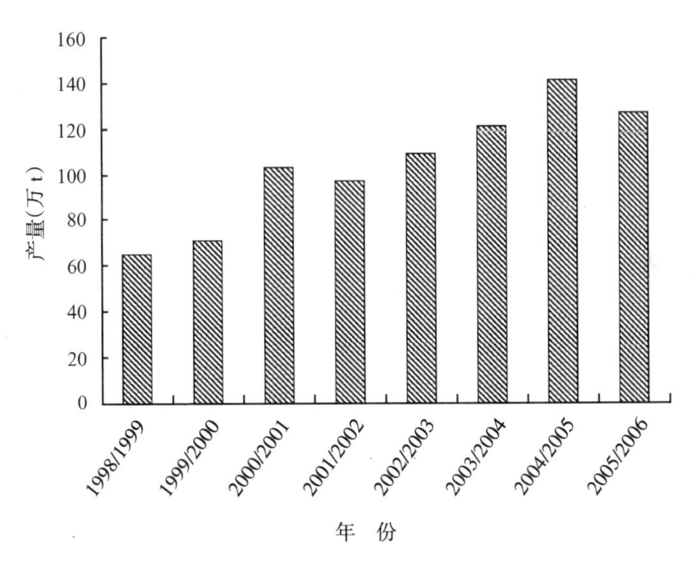

图 1-3　世界苹果浓缩汁总产量走势图

从主要国家的主要加工品种和产品来看，德国苹果总产量的 75%用于加工，主要加工品种为格罗斯，该品种栽培管理简单易行，在德国栽培非常广泛；荷兰、英国、美国、波兰和法国等均有栽种，平均单果重 230g，滴定酸含量 0.79%，可溶性固形物含量 15.8%，出汁率 73%，是一个加工鲜食兼用优良品种。在欧洲，尤其是德国的苹果加工企业把该品种作为主要的加工原料，主要用于制作果汁、果片、果酒等。美国是世界上居中国之后的第二大苹果生产国，60%是鲜食苹果，主要用于本土消费及出口，40%是加工苹果，55%的加工苹果用于加工果汁，35%用于罐头及速冻产品的生产；用于加工的主要品种有布瑞本（Braeburn）、卡米欧（Cameo）、恩派（Empire）、澳洲青苹（Granny Smith ）、哈尼脆（Honeycrisp）、乔纳金（Jonagold）、红玉（Jonathan）、旭（Mclntosh）和瑞光（Rome Beauty）等。波兰苹果总产量的65%用于加工，波兰用于加工的苹果品种主要有Cortland、Champion、Idared和Lobo。智利苹果加工量占其总产量的20%～30%，用于加工的主要品种有乔纳金（Jonagold ）、布瑞本（Braeburn）和澳洲青苹（Granny Smith ）。阿根廷苹果总产量的55%用于加工，用于加工的主要品种有红元帅（Red Delicious）、澳洲青苹（Granny Smith）和金冠（Golden）。

1.1.1.5 贸易情况

1.1.1.5.1 鲜苹果贸易现状

1990—2005年间，世界苹果总出口量保持逐年递增态势，年均增长率为4.27%。联合国粮农组织统计数据显示，1990年，世界鲜苹果出口量为369.3万t，出口总金额为19.79亿美元；2004年世界鲜苹果出口数量和出口总金额分别为644.13万t和38.25亿美元；2005年分别为692万t和40亿美元。

1.1.1.5.2 加工品贸易现状

近5年，世界苹果浓缩汁贸易稳定在80万～120万t。主要进口国为美国、德国、日本、意大利、澳大利亚、奥地利等，进口量占世界总量的85%左右，其中美国进口量最大，2004年美国苹果浓缩汁消费量达到40.6万t，约占苹果浓缩汁世界总进口量的30%，并以10%的速度稳步增长。主要出口国家为中国、波兰、阿根廷、智利、匈牙利、德国等。出口价格存在一定差异，以美国东海岸到港价为例，2004年来自中国的苹果浓缩汁，售价在800～930美元/t之间，阿根廷的苹果浓缩汁在1 080～1 200美元/t之间，欧洲产品则在1 180～1 370美元/t之间。自2003年开始，中国苹果浓缩汁出口量已占世界贸易量的一半以上，在全球市场中占据首位，其中美国、德国、日本、荷兰、澳大利亚、加拿大和俄罗斯等7国的进口量占中国出口总量的80%以上。

1.1.1.5.3　主要进口市场

东南亚市场：是世界上最大的苹果消费市场，且价格可观。中国苹果在市场上的份额不断增加，如1999年占32%，2001年占72%。中国红富士在市场上全年有售，受到青睐。销售金额也相应逐年提高。如1999年中国苹果销售金额占该市场销售总金额的份额为32%，2001年上升至48%。

欧盟市场：欧盟原15国为苹果净进口国，生产不能满足消费，需进口弥补。而欧盟新10国是苹果净出口国，除满本国消费外，还可出口到西欧、北欧等国家。在欧盟内部，法国、意大利、荷兰年出口量均在40万t以上，为主要出口国，占欧盟内部出口总量的68%，而德国、英国、西班牙、法国的年进口量占到从欧盟内部进口量的60%，为主要进口国。来自欧盟外的苹果供应国有新西兰、智利、南非、阿根廷，占欧盟从外部进口总量的近80%；欧盟主要出口目的地是俄罗斯。欧盟原15国从欧盟外进口逐年明显增长。预计今后几年，欧盟苹果产量将小幅回升至1 243万t，苹果净进口可达34万t。

俄罗斯：俄罗斯是世界主要苹果生产国之一。2006年产量162万t，占世界总产量的2.54%，主要集中在欧洲部分（占全国产量90%左右），如克拉斯诺达尔、伏尔加格勒和沙马拉等地。鲜苹果年消费量超过90万t。但本国生产的苹果大多数为抗寒的小苹果，早熟不耐储藏，在大城市鲜果消费主要依靠进口。根据专家预测，随着俄罗斯人均年收入的增加，2010年将达到每人每年119.5kg苹果的购买能力。俄罗斯也是鲜苹果进口大国，2006年年进口量超过70万t，占世界鲜苹果进口总量的10.87%，成为仅次于德国的世界第二鲜苹果进口国。供应国主要有波兰（2003年19.3万t）、摩尔多瓦（11.3万t）、中国（9.7万t）、阿塞拜疆（5.2万t）、阿根廷（4.4万t）、智利（3.1万t）、法国（3.1万t）、乌克兰（2.3万t）、哈萨克斯坦

(1.8万t)、意大利(1.7万t)和美国(0.22万t)等11个，其供应量占俄罗斯进口总量的95%以上，其他国家供应量仅为6.8万t。俄罗斯市场竞争非常激烈，尤其是中国和波兰正努力提高产品质量，实施积极的市场政策，扩大市场份额。

北美市场：北美苹果产量1992年为535.7万t，2006年降至490.9万t，下降幅度为8.36%，年均下降0.56%，同期苹果面积也由21.6万hm^2降为17.1万hm^2，下降幅度20.83%，年均下降1.39%，表明北美苹果生产的比较优势在下降。

1.1.2 我国苹果生产现状

我国是世界第一苹果生产大国，苹果栽培面积和产量均居世界首位，是我国农产品入世后为数不多的具有明显国际竞争力的产品之一。2007年我国苹果栽培面积、产量分别达到196.18万hm^2和2 786.0万t，分别占我国水果栽培总面积、总产量的18.7%和26.5%，占世界苹果栽培总面积和总产量的1/3以上。苹果已成为我国北方一些主产区农村经济的支柱产业之一，在推进农业结构调整、增加农民收入及促进出口创汇等方面发挥着重要作用。

1.1.2.1 栽培现状

1.1.2.1.1 产量稳步增长，质量有所提高

1978年以来，我国苹果生产得到了较快速度的发展（图1-4)，其间经历了两个发展高峰，即1985—1989年和1991—1996年。第一个高峰阶段我国苹果面积从86.54万hm^2上升到168.99万hm^2；第二个高峰阶段是苹果业飞速发展的阶段，苹果栽培面积从166.16万hm^2上升到298.69万hm^2，平均年增长12.4%。1997年后苹果生产进入调整阶段，非适宜区和适宜区内的老劣品种以及管理技术落后、经济效益低下地区的苹果栽培面积大幅度

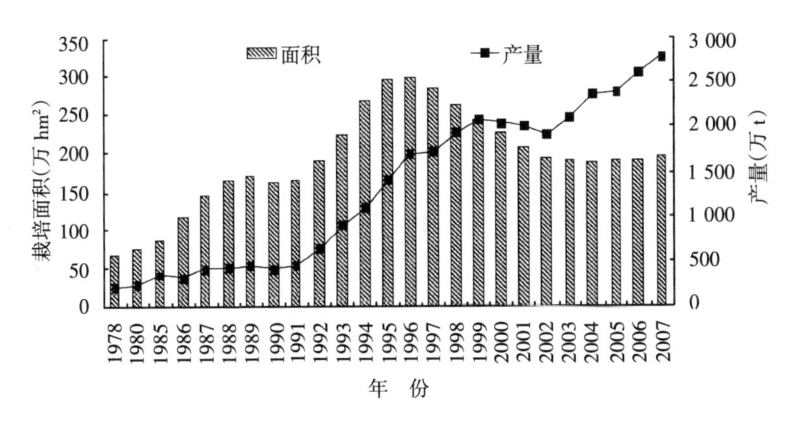

图 1-4 我国苹果栽培面积和产量变化

减少，优生区及经济效益较高的地区苹果稳定发展。苹果生产已由数量扩展型向质量效益型转变，栽培面积渐趋合理。苹果总产量稳步增长，2007 年达 2 786.0 万 t，比 1978 年增加 12.2 倍；单产达 14 201.0kg/hm²，提高 4.3 倍。单位面积产量在一定情况下代表生产水平，国外苹果生产先进国家每公顷产量多在 20t 以上，其中新西兰、意大利、荷兰、巴西和法国等国家苹果的平均单产均在每公顷 30t 左右，而我国单产水平（图 1-5）近 5 年来

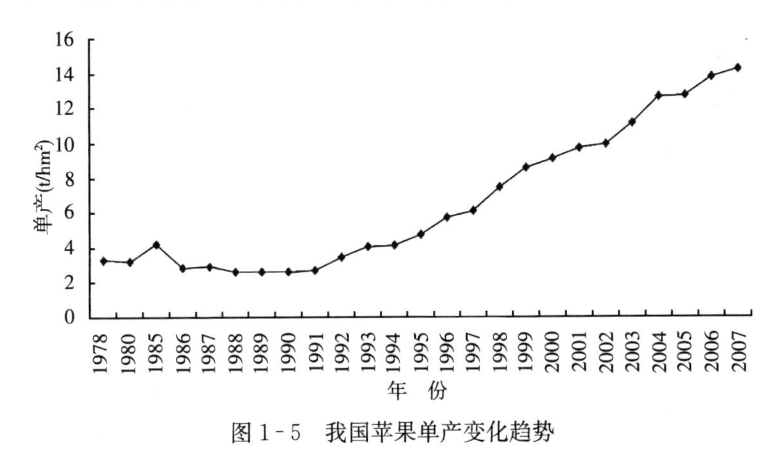

图 1-5 我国苹果单产变化趋势

平均为 12.7t/hm^2，已和世界平均水平持平。在产量增加和单产提高的同时，适应市场需求的变化和栽培技术的提高，苹果质量逐步改善，到 2007 年，全国苹果优质果率达 60%左右，优质示范园区的优质果率达到 70%以上，为逐步提高我国苹果的整体质量和国际市场竞争力奠定了良好的基础。

1.1.2.1.2 **栽培区域逐步集中，品种结构有所改善**

目前我国共有 25 个省（自治区、直辖市）生产苹果。但苹果产区主要集中在渤海湾（山东、辽宁、天津、北京和河北）、西北黄土高原（陕西、山西、甘肃、青海、宁夏）、黄河故道（河南、江苏、安徽）和西南冷凉高地（云南、四川等）等 4 大产区。2002 年农业部制定了苹果优势区域发展规划，把渤海湾产区和西北黄土高原产区作为我国苹果发展的优势区域重点建设，以形成我国苹果生产的核心区域及产业带，充分发挥区域比较优势，提高我国苹果产业的整体水平。确定的重点区域包括山东胶东半岛、泰沂山区，陕西渭北地区，山西省晋中、晋南地区，河南省三门峡地区，甘肃省陇东地区，辽宁省辽西、辽南地区及河北省秦皇岛地区。其中位于渤海湾和西北黄土高原两大苹果优势产区的山东、辽宁、河北、陕西、山西和河南 6 省 2007 年的栽培面积和产量分别占全国栽培总面积的 75.1%和总产量的 84.9%。

我国是苹果属植物的发源地之一，种质资源特别是砧木和小苹果资源极为丰富。但栽培大苹果只有 100 多年的历史，多数品种（系）从国外引进，特别是自 20 世纪 80 年代以富士苹果引进为标志，开始了我国苹果品种的优、新品种引进和更新换代历程。经过 20 多年的广泛选种、引种及试验、推广，全国苹果品种结构逐渐改善，良种比例大幅度提高。目前全国苹果优良品种的比例达 70%以上，红富士、元帅系、金冠、乔纳金、嘎拉和其他优良品种得到快速发展。

1.1.2.1.3 **产后处理明显加强，果品附加值有较大增长**

近年来，我国苹果商品化处理发展较快。目前全国已有洗果、打蜡、分级、包装生产线 50 多条，使优选果率不断提高；70 年代全国苹果冷藏量不足 10 万 t，目前已达 800 万 t 左右，占苹果总产量的 30%左右。

近 10 年来，我国苹果加工业取得了较快发展，加工水平不断提高，加工布局趋于合理，呈现较好的发展趋势。浓缩苹果汁是我国最主要的苹果加工产品，占苹果加工总量的 90%以上。国投中鲁、安得利、海升等果汁龙头企业，引进国外先进的加工设备和工艺，生产的产品主要面向欧洲、美国、澳大利亚和日本等国家和地区出口，在经过了世纪之交短暂几年的波折后，受国际市场价格回升的刺激，近几年我国浓缩苹果汁生产规模快速扩张。其他苹果加工产品还包括苹果酒、苹果醋、苹果脆片和功能性苹果饮料等。目前全国苹果加工量超过 200 万 t，占苹果总产量的 10%左右。

1.1.2.1.4 产业化水平不断提高，贸易持续增长

随着产业化水平的逐步提高，形成了一大批苹果生产、销售及加工龙头企业，对促进苹果产业化的发展发挥了重要作用。如山东复发中记、山东蓬莱园艺场、陕西西安华圣果业集团等。

近年来，我国苹果出口量呈现持续增长趋势。2007 年出口鲜苹果突破 100 万 t，创汇 5.13 亿美元。在 20 多个苹果出口省（直辖市）中，山东、陕西和辽宁位居前列。目前我国鲜苹果主要出口市场是俄罗斯和东南亚国家，占我国苹果总出口量的 70%左右，俄罗斯和越南已成为进口我国苹果最多的国家。

同时，我国苹果浓缩汁的出口增长很快，2007 年我国出口苹果汁已突破 100 万 t，出口创汇 12.45 亿美元，是世界第一大出口国；美国是我国苹果浓缩汁的第一大进口国。

1.1.2.2 主要问题

虽然我国苹果产业已有很大发展，但与入世后国内外市场需求和农业发展新阶段的要求相比，还存在不少问题。主要包括生

产布局和品种结构有待进一步优化，良种苗木繁育体系不健全，果园整体管理技术水平偏低，采后环节薄弱，产业化体系薄弱、营销体系不健全等方面。

1.1.2.3 我国苹果竞争力分析

尽管我国苹果产业发展还存在一些问题，但与其他苹果生产国相比，仍具有明显的竞争优势，主要表现在以下四个方面。

1.1.2.3.1 规模优势

我国是世界苹果生产大国，苹果产量占世界总产量的40%以上，可以说，世界苹果生产的重心在中国。随着我国新发展果园逐渐进入盛果期，苹果产量在世界总产量中的比重还将提高。随着农村产业结构的进一步调整，我国的苹果生产将进一步向优势产区集中，非适宜区和次适宜区的栽培面积和产量将继续减少。随着优势区域内苹果单产的逐渐提高，我国苹果产量仍将有所增加，苹果总量的规模优势将进一步影响世界苹果生产格局，对欧美发达国家苹果生产的压力进一步增加。同时，随着我国苹果加工业规模的逐渐扩大，苹果产业在国际市场上将具有更大的规模优势。

1.1.2.3.2 资源优势

我国西北黄土高原和渤海湾地区是世界上最大的苹果适宜产区，年均温度8.5～13℃，年降雨量500～800mm，年日照时数2 200h以上，着色期日照率在50%以上。除了降雨多数分布在6～8月外，气候条件与美国、新西兰、法国等国家的著名苹果产区相近。尤其是西北黄土高原，海拔高、光照充足、昼夜温差大，具有生产优质高档苹果的生态条件。另外，我国选育和引进的品种近700个，各国主栽品种在我国几乎都有栽培，能够针对国内外市场，生产出适销对路的苹果。

1.1.2.3.3 价格优势

我国苹果的竞争对手主要是美国、欧盟、新西兰、日本等发达国家和地区。与这些国家、地区相比，我国苹果生产具有明显的价格优势。苹果属于劳动密集型产业，生产优质苹果需要大量的人工投入，如套袋、采收等。我国拥有丰富的劳动力资源，劳动力成本低，苹果的生产成本明显低于发达国家。如美国苹果的生产成本为2.0元/kg，而我国优质苹果的生产成本仅为1.0元/kg。另外，由于我国苹果加工原料价格低，以苹果浓缩果汁为主的加工品也具有明显的出口价格优势。

1.1.2.3.4 区位优势

我国与俄罗斯和东南亚国家毗邻，交通便捷，地缘优势突出。东南亚国家均不产苹果，年苹果进口量在100万t左右，这一地区是我国苹果的传统出口市场。俄罗斯年苹果进口量为70万t左右，我国北方产区每年都通过边贸形式向该国出口大量苹果。

1.1.2.4 发展预测

1.1.2.4.1 生产发展预测

未来4年，世界苹果栽培面积仍呈下降趋势，但下降速度有所减缓。同时，随着一些发展中国家生产条件的改善，世界苹果单产仍保持持续上升的基本走势，并且其上升速度超过栽培面积的下降速度，因此，世界苹果产量将继续不断增长。如果按照1996—2006年年均1.06%的增长率计算，2010年世界苹果总产量将达到6 584.5万t。

未来4年，世界苹果浓缩汁总产量基本走势同鲜苹果总产量类似，也呈上升趋势。如果按照1998—1999榨季至2005—2006榨季的年均增长率11.3%计算，2010—2011榨季世界苹果浓缩汁总产量将达到231.9万t。

1.1.2.4.2 消费发展预测

按照2000—2004年间世界人均苹果消费0.31%的年均增长率计算，2010年世界人均苹果消费量将达10.1kg/年左右。根据联合国FAO预测，世界总人口2010年将达到68亿，因此，2010年世界苹果总消费量估计达6 868.0万t，高于世界苹果总产量的6 584.0万t。可以看出，2010年世界苹果供销形势略微趋紧，微有供不应求，供求差额达284.0万t。造成上述状况的原因主要是生产苹果的发达国家由于劳动力成本的上升，导致栽培面积大幅下降，这非常有利于中国等发展中国家的苹果生产与营销。按照2002—2006年间世界苹果浓缩汁消费量3.08%的年均增长率计算，2010年世界苹果浓缩汁消费量将达101.6万t。

1.1.2.4.3　贸易发展预测

近年来，国际市场苹果价格逐渐下滑，导致欧、美和日本等许多国家苹果生产不断萎缩，自给率急剧下降，欧、美国家的苹果自给率由1996年的89%降为2005年的47%，日本由1998年的84%降为2005年的41%。目前，以欧洲为首的发达国家40%～50%的苹果依靠进口，欧洲已成为世界上最主要的鲜苹果进口市场，其鲜苹果需求量每年以3%的速度增长，从而为世界苹果出口创造了巨大的市场空间。如果按照4.27%的年均增长率计算，2010年世界苹果出口总量将达852.9万t。

近年随着欧美等发达国家生活水平不断提高及劳动力成本的提高，其浓缩汁生产的规模不断缩小，进口需求量呈逐年递增的趋势，而且现在发展中国家的进口需求量也在增加。另外，国外90%的饮料生产厂商将浓缩苹果汁作为饮料生产的基础原料。所以，世界对浓缩汁的需求将继续稳定增长，前景看好。按照目前的年均增长率，2010年世界苹果浓缩汁出口量将达136.5万t。

1.2　国内外套袋技术发展和有袋栽培的提出

苹果套袋是一项提高商品外观质量的配套技术，20世纪末开始广泛应用于苹果等果树的优果生产上，目前已形成了较为完整的套袋综合技术。但套袋仅仅是一个技术环节，该技术环节与其相配套的综合技术集成，形成有袋栽培体系，才能更有利于促进优质高档果的生产。

1.2.1 国外套袋技术发展

在国外，日本是最早开始进行套袋栽培的国家。1912 年开始，日本果农为防止桃小食心虫对果实的为害，用旧报纸缝制成袋子套在桃、梨等果实上。随着果品生产发展的需要，日本于 1952 年后相继成功开发了多个果树树种的防菌、防虫的双层纸袋，广泛用于苹果、梨等果树上，至 1963 年，日本青森县苹果的套袋栽培占苹果栽培总面积的 23.1%（王少敏和高华君，1999）；1965 年后，日本又研制和推广了以促进果实着色为主要目的的两层或三层纸袋，受到栽培者欢迎，得到很快推广和应用。目前日本全国苹果套袋栽培面积占苹果园总面积的 47%左右。韩国套袋始于 20 世纪 80 年代，由于劳动力缺乏，套袋栽培面积仅占苹果栽培面积的 5%左右，套袋苹果主要用于出口创汇（李丙智和张林森，2002）。美国的苹果套袋栽培更少，由于劳动力紧缺，未进行推广，仅处于试验阶段，其他国家苹果套袋栽培未见报道（王少敏和高华君，1999）。

1.2.2 国内套袋技术发展

中国果品套袋具有几百年的历史。据史料记载，在几百年前徽州的雪梨就开始套桐油纸袋。南京一带的中晚熟桃品种，一直沿用套报纸袋。新中国成立初期，烟台果农在苹果上套书纸袋和报纸袋，以防治苹果食心虫等食果害虫。20 世纪 60 年代后期，随着一些高毒农药的广泛使用，害虫基本得到控制，套袋基本终止。20 世纪 70 年代，一些南方苹果产区为了防止果锈，对果实进行套纸袋试验，取得了良好的效果，套袋果品的价格得到了较大幅度的提升（王武等，2006）。随着改革开放的进行，果品进入飞速发展期，由于发展初期果品供不应求，果农过于注重产量，再加上分户管理，农药污染较为严重；针对上述情况，1982年俞大中从日本引进纸袋，对中国栽培的长巴梨进行套袋栽培，结果出口效果非常好，于是1983年，同时在山东阳信、冠县和河北泊头市等地区进行出口鸭梨套袋试验，均获得成功。随后几年，俞大中通过外贸和果树技术推广部门，与果农签订协议，收购套袋的长巴梨和鸭梨出口，均获得高额利润。1986年，俞大中在成立“龙口复发中记冷藏有限公司”的基础上，在山东龙口自己建立了制袋厂，所产纸袋全部自产自销，在梨上使用的同时，开始在红星和红富士等苹果上进行应用（刘志坚，2002；韩明玉等，2004b）。与此同时，山东烟台市1986年赴日研修的果树研修生，归国时带回部分苹果专用“小林”纸袋，陆续在烟台果区的龙口市、招远市、牟平区、栖霞市、威海市的苹果园试验。同期，河北省也有人引入“小林”纸袋，在试验基础上，结合当地实际情况研制适合本地区的育果袋。1988年烟台地区陆续生产出全红、个大的套袋红富士苹果，并打入香港市场。随着套袋高档苹果受到港商的青睐，1992年开始，烟台地区开始大面积示范日本的“小林”和“星野”和我国台湾地区的“佳田”和“爱农”以及韩国纸袋等品牌果袋，并进行大力推广。与此同时，中国也加快了果袋技术和果袋生产设备的研制和开发。山东龙口凯祥公司分别于1992年和1993年研制出了中国第一台单层果袋机和双层果袋机，同时推出“凯祥”牌育果袋（刘志坚，2002）。

国内外各品牌的育果袋，不同程度提高了果品质量，并生产出了出口高档果。适应于出口需要，在外商的要求下，20世纪90年代中期开始，套袋在苹果和梨等果实上得到大面积推广与应用。随着国家苹果出口行动计划的实施，2005年开始，农业部设立了财政专项——“苹果套袋关键技术示范补贴”项目，在苹果优势区域山东、辽宁、河北、山西、陕西和河南6省的13个县实施，实施面积6 240hm^2；2008年又在上述省份新的县市继续实施。通过项目5年的实施，有效提高了苹果优质果率，促进了苹果出口。目前套袋已广泛应用于苹果、梨（刘建福等，2001；张振铭等，2006；杨建波等，2008；Cassandro et al，2002a）、葡萄（刘晓海等，1998；周兴本和郭修武，2005；钱昕和王恒振，2008）、龙眼（卢三强等，1998）、枇杷（文卫华等，2000；徐红霞等，2008；沈珉等，2008）、荔枝（胡桂兵等，2000，2001）、猕猴桃（钟彩虹等，2002；王世家，2003）、甜橙（张秋明等，2002；王贵元等，2003；王大平等，2006；王武等，2007）、宽皮柑橘（陶俊等，2003）、柚类（刘顺枝等，2003）、桃（张飒等，2002；沈玉英等，2006；高志红等，2008）、番石榴（张猛等，2003）、石榴（李平等，2003）、油桃（丁勤等，2004；眭顺照等，2005）、芒果（黄战威等，2004）、杨桃（胡广发等，2005）、柠檬（王武等，2007）、香蕉（庄华才等，2008）等多种果品。随着果袋机的推广，国内其他品牌和无品牌的纸袋大量进入市场。据不完全统计，到2007年全国果袋生产企业达到2 000家，各种类型果品育果纸袋用量达到1 000多亿个。

1.2.3　有袋栽培的提出

果品产量的增加满足了市场对果品的需求，促进了农村经济发展，但发展中存在着重数量、轻质量的问题。随着人们生活水平的提高和生活质量的改善，人们对农业发展和农业食品价值的认识发生了巨大的变化，对水果的需求也从“产量时代”跨入“质量时代”，追求优质果品、保健果品和无公害果品已成为时代的主潮流。特别是在中国加入WTO后，关税壁垒的消除，世界许多生产国争相抢占巨大的中国市场，要让中国果品在国内外市场占有一席之地，保证果品质量的技术措施便成为中国目前和今后要解决的主要问题。于是具有促进着色、改善果面光洁度、降低农药残留等优点的套袋技术成为苹果等树种的主要栽培技术措施之一。随着果品套袋经验的完善和效益的稳步提高，广大果农逐渐认识到，今后不是套袋果，很难达到绿色食品（果品）的要求，不仅进不了国际市场，国内市场也难有销路，大多数国外经销商也要求出口果必须是套袋果。但长期以来，试验、研究和推广的均为单一套袋技术，主要集中在套（摘）袋时期及方法等方面，由于果品套袋已由部分果实套袋逐渐推广为全树、全园果实套袋，由此带来的是包括整形修剪、土肥水管理、病虫害防治等在内的整个栽培体系的变化，仅仅单一套袋栽培已不能适应套袋果园综合管理的要求。因此，在套袋技术的基础上提出有袋栽培，以研究和集成各项栽培技术，形成有袋栽培技术体系。

1.3 有袋栽培对提高苹果安全卫生品质和产业体系的影响

果实套袋是随着国内外市场对绿色食品（果品）及无公害食品（果品）越来越大的市场需求，于20世纪90年代年开始推广应用，在仅仅十多年的时间迅速发展起来的。据不完全统计，2007年全国苹果套袋达到1 000多亿个。因其具有促进着色、改善果面光洁度、降低农药残留等显著优点，套袋技术已成为生产无公害优质高档苹果的核心技术和关键技术措施之一，有力地扩大了我国苹果的出口。为此农业部于2005年开始设立了苹果套袋关键技术示范补贴项目，以进一步促进优质果实袋及关键技术的推广应用，扩大苹果出口。为深入了解有袋栽培对苹果安全品质和产业体系的影响，本书作者于2006—2007年对山东、陕西、辽宁、山西、河南、河北等6个套袋项目实施省份的10个县的19个不同规模果园和14个果袋生产企业进行了调查，同时结合相关专家的试验结果，认为有袋栽培在提高苹果安全卫生品质和产业体系方面起到了关键作用。

1.3.1 有袋栽培是提高苹果安全卫生品质的有效措施

随着农产品市场的逐步国际化和国内人们生活水平的不断提高，农产品的安全性成为市场和消费者接受农产品的首要门槛。因此，无公害农产品、绿色农产品和有机农产品也就成为农业生产者密切关注的生产目标。苹果作为我国生产量最高和出口优势最强的果品，其安全性显得更为重要。果实套袋后由于果袋的阻隔和保护作用，避免了农药与果面的直接接触，从而显著降低农药的残留量。王少敏（2002）检测结果表明，套袋红富士的水胺硫磷含量为0.004mg/kg，未套袋果则高达0.022 4mg/kg，农药残留量是套袋果的5.5倍；樊秀芳（2003）报道，不同套袋处理果实农药（铜、砷）残留量及亚硝酸盐含量不同，各处理果实中的残留量均低于国家规定标准；Katami（2000）和刘建海（2003）的研究也表明，套袋可以明显降低果实上有机磷和有机硫的含量；李祥（2006）研究表明，套袋明显降低了果实重金属含量；同时套袋显著降低了果园的用药次数。据调查，套袋果园比不套袋果园年用药次数平均降低3次左右。这些都说明有袋栽培对降低农药残留和果实重金属含量有显著作用，是提高苹果安全卫生品质的重要措施。

1.3.2 有袋栽培是促进果农增收、产业增效的重要手段

1.3.2.1 有袋栽培用药次数减少，防病成本降低

果实套袋后，隔离了部分病虫害对果实的侵染，病虫害发生有较大程度的减轻。根据调查，套袋后果园比不套袋果园年用药次数平均降低2.7次，每$1/15hm^2$节省购药成本200元，减少用工成本60元，共计可节约成本约260元。

1.3.2.2 有袋栽培提高了优质高档果率，果农增收显著

调查结果表明，套袋明显促进了苹果果实着色和提高了果面光洁度，果实着色指数平均提高5个百分点左右，果面光洁度指数平均提高10个百分点左右；同时防止了农药接触果面，杜绝了空气中的尘埃污染，套袋果的优质高档果率平均提高了20个百分点，套袋平均1/15hm^{2}增经济效益4 000元以上。2007年在全国最大的苹果生产市——栖霞市的两个红富士果园调查结果，未套袋果产地平均价格为2.4元/kg，而套袋果平均售价为4.53元/kg，扣除每1/15hm^{2}增加的投入（纸袋、套袋除袋人工等）约1 800元，加上由于减少用药支出约100元，果园平均1/15hm^{2}产量为4 600kg，由于套袋每1/15hm^{2}增加收入在8 000元左右；2007年在陕西富平县的两个粉红女士果园调查结果，未套袋果产地平均价格为1.9元/kg，而套袋果平均售价为3.8元/kg，扣除每1/15hm^{2}增加的投入（纸袋、套袋除袋人工等）约700元，加上由于减少用药等支出约100元，果园平均1/15hm^{2}产量为1 800kg，由于套袋每1/15hm^{2}增加收入2 800元左右，果农增收显著。

1.3.3 有袋栽培是促进苹果产业可持续发展的有力保证

1.3.3.1 有袋栽培显著提高了产业生态效益

随着以果实套袋为核心的综合技术推广，实行标准化生产，主产区果农逐渐改变了先前盲目使用化肥和农药的生产方式，积极使用有机肥和低毒、低残留化学农药或生物农药，减少化肥和农药的使用量，彻底杜绝剧毒、高残留农药的使用，大大降低了化学品对果实和环境的污染，不但提高了苹果的质量和安全性，还有利于环境保护。同时，由于苹果经济效益的逐年高额回报，各地果树发展较快，种植面积不断扩大，尤其是西北黄土高

原的陕西和山东鲁中山区，随着新果园的建设，当地政府不用再号召荒山育林，当地林果满山坡，改变了昔日的干旱小气候，抵挡了沙尘暴的污染，遏止了水土流失现象，使得天更蓝了，空气更清新了，生态更完美了。

1.3.3.2　有袋栽培带动了相关产业的发展

通过果实套袋，不仅套袋和除袋需要雇工，还促进了纸袋生产、运输和包装，造纸业等相关产业的发展，拓宽二、三产业服务领域，有效增加就业机会。据调查，纸袋生产企业每生产 100 万个纸袋平均用工 30 个，以目前的 600 亿个纸袋计算，年可提供就业岗位 180 多万人次；同时苹果套袋平均每 $1/15hm^2$ 需人工 3 个左右，这既增加了农民收入、促进了农村发展，又维护了社会稳定。调查结果还显示，生产企业每生产 100 万个纸袋，平均需支付运输费用 1 500 元，包装费用 1 200 元，税收 3 000 元，这对促进这些行业的发展和增加国家税收成效显著。同时，果袋生产具有低能耗、无污染的特点，这在环境问题日益深刻的今天，对环境的贡献不容忽视。

1.3.4　集成有袋栽培技术，增强鲜果竞争力

目前套袋还存在以下几个主要方面的问题：果袋质量良莠不齐，套袋技术还需进一步规范，套袋对果品内在品质有一定负面影响，套袋投入较大等。由于在未来一段时间内套袋技术还是生产优质果品的重要措施之一，因此，我们要加大对套袋带来的负面影响的研究和改进，优化套袋技术，引导广大果农积极应用以果实套袋为核心的提高果实品质的综合配套技术，进一步提高果农的商品意识和质量安全意识，充分发挥出以技术密集型为核心的产业优势，增强鲜果竞争力，扩大出口，推动苹果业健康、快速、协调、可持续发展。

第二章 有袋栽培下果实外观品质变化研究

有袋栽培提高了果实外观品质和食用安全性。本章围绕该问题讨论了有袋栽培对果实外观品质影响的研究进展；试验研究了有袋栽培下微生物种群结构变化特点和有袋栽培下苹果果皮发育进程；明晰了苹果套袋微域环境下，不同育果袋种类、果实不同部位、不同时期和不同气象条件下的微生物种群结构，以及套袋对果皮发育进程和相关酶活性的影响。

2.1 研究进展

2.1.1 有袋栽培对果实着色的影响

果实色泽是苹果商品性的重要指标。套袋改善了苹果果皮色素的组成，促进了成熟期果实果皮花青苷合成速度和积累量。同时，降低了果皮叶绿素的含量，改变了果实显色背景，使果实色泽鲜艳，极大地提高了果实外观品质。

果皮色素是由花青素、叶绿素、类胡萝卜素、类黄酮等色素相互作用形成的，出现不同的“色相”和“色调”（Arakava, 1988a）。套袋后果实处于弱光条件下，花青素合成过程中的酶，如苯丙氨酸解氨酶（PAL）、查儿酮合成酶（CHS）、类黄酮－3－葡萄糖基转移酶（UFGT）等的活性受到抑制，花青素的合成受阻。但花青素的前体物质如原花色素、糖、光受体、光合成酶等仍然充足，这些前体物质可通过其他途径合成。去袋后，PAL、CHS、UFGT 水平迅速升高，花青素及其前体物质的合成积累也迅速增加，促进了苹果着色（原永兵等，1995；程存刚等，2002；Wang et al.，2000；Ju et al.，1995，1998；高华君等，2006）。

套袋改变了果实光受体的浓度，果皮的叶绿素含量显著减少、果实黄化。套袋的黄化果实比绿色果实需较少的光辐射就能形成大量的花青素，所以，除袋后果实得到光照，作为花青素光受体之一的光敏色素受光诱导激活 PAL 的活性，最终加速花青素的合成，从而迅速着色（Jose and Schafer，1978；Arakava，1988b）。Ferree（1984）研究认为，花青苷的合成还受其他外在因素影响。除袋后的低温不利于花青苷合成，而昼夜温差大、阴雨天后的晴天都会加快花青苷的合成。

李秀菊等（1998）对红富士超微结构的观察表明，套袋果皮表层细胞叶绿体片层结构不如未套袋果实发达，但摘除果袋后苯丙氨酸解氨酶（PAL）活性迅速增加，叶绿素没有多大变化。因此，花青苷的显色背景改善，表现鲜红或艳红色，着色均匀，而果皮中花青苷总量不及未套袋果。王少敏等（2000a）研究表明，红富士苹果套外灰内红育果袋（如小林双层育果袋），其果皮中花青素、叶绿素和类胡萝卜素含量均极显著低于未套袋果，但花青素与叶绿素加类胡萝卜素的比值极显著高于未套袋果，苹果着色充分，外观由深红到鲜红色；未套袋果色泽暗淡，外观不及套袋果（Arakava，1988b）。高华君等（2000）研究认为，套袋后，果皮的叶绿素含量显著减少，降低了对花青素的屏蔽效应，套袋苹果需要较少的光辐射就能形成大量的花青苷，除袋 1d 后，花青苷合成酶即被激活，几天后，果实着色超过未套袋果。

另外，套不同种类育果袋，对果皮色素也有影响。对短枝红富士苹果套袋研究结果表明，套双层育袋果皮叶绿素含量低于单层育袋果，未套袋最高。单层袋果花青素含最高，双层袋果次之，未套果最低，采收时均有些下降；套双层袋，果皮细嫩，色泽艳丽，套单层袋果，果面稍粗糙，外观不如双层袋果艳丽（刘寄明和王少敏，2000）。

2.1.2 有袋栽培对果面光洁度的影响

套袋改变了果实发育所需的光照、温度、湿度和透气状况（张建光等，2005b），减少了不良因素的刺激和损害，提高了果面光洁度，果锈减少。在不同地区和不同品种上的试验结果均表明，套袋显著提高果面光洁度（孙庆忠等，1995；王文江等，1996；王少敏等，2000b；韩明玉等，2004a；高文胜，2005）。对于其机理，研究认为套袋避免了风雨、药剂和一些机械摩擦等不良因素对果皮的刺激与损伤，且套袋后的果实所处微域环境的温度、湿度相对稳定，延缓了表皮细胞、角质层、胞壁纤维等结构物质的老化，使角质层分布均匀，果皮有较大的韧性，不易破裂（李秀菊等，2000）。套袋使果实水分交换率降低，从而降低了果实表面的紧张压力，防止了表皮细胞紊乱现象。同时，套袋后抑制了 PAL、PPO、POD 等酶的活性，表皮层细胞分泌蜡质少，木质素合成减少，木栓层的发生受到抑制，皮孔小，果点颜色浅，从而提高了果面光洁度（Ferree，1984；高华君等，2000；张建军和马希满，1996）。以金矮生和金冠为试材套袋试验结果表明，落花后 10d、15d 套袋处理及对照果锈面积分别为 2.1%、7.1%、17.8%和 0.0%、3.1%、39.0%，说明套袋可以减轻果锈，且提早套袋更有利于防锈，从而提高果面光洁度（张建军和马希满，1996；万惠民等，1998；杨丽媛等，2006）。据分析，在相对光强小于 20%的条件下果面光洁度最高。但是，选择透气性不好的劣质果袋提供的高湿环境往往引起果锈发生（孙建设等，2000）。

2.1.3 有袋栽培对果皮结构的影响

套袋影响了果皮细胞和结构。套袋红富士果皮细胞大小均匀、排列整齐，角质层加厚均匀，细胞壁加厚均匀，细胞壁内胞间连丝等输导系统发达，细胞壁各组分之间结合稳定，果皮的表皮细胞个体较大，皮层第一层细胞中叶绿体片层结构不发达，这与极低弱光环境有关（李秀菊等，2000；金强等，2004）。李慧锋等（2006）通过对套不同类型果袋（反光膜袋、双层纸袋、塑膜袋）寒富苹果果皮特征的观察表明，套反光膜袋，角质层变薄，角质层光滑均匀度好，个别处有V形凹陷，表皮细胞变大，形状近圆形；套双层纸袋和塑膜袋，角质层均变厚，有较深的V形凹陷，表皮细胞形状不规则；不套袋果，角质层较均匀光滑，表皮细胞狭长且小。同时，套袋后果实的表皮细胞变大，且细胞壁变厚，改变了表皮细胞的排列方式，减少了表皮细胞层数，降低了机械组织的厚度及层数。对套袋国光苹果果皮结构研究发现，套袋果角质层覆于表皮层上，几乎不进入表皮细胞间，下表皮细胞厚，活化程度低，且细胞间隙小，排列较有规律，对照果的角质层往往进入表皮细胞间隙，下表皮及细胞厚膜化，且细胞间隙大，因此，套袋果比对照果果面光洁度好（Kuboy，1998）。

2.1.4　有袋栽培对果实大小与果形指数的影响

对于套袋影响果实大小的报道较多，结果也不完全一致。王少敏等（1998）试验表明，套双层纸袋的红富士果实与套单层纸袋的果实单果重差异不显著。在不同地区和不同品种上的试验结果都证明套双层纸袋的果实略小于无袋果，而套塑膜可增大果个（范崇辉等，2004；潘增光和辛培刚，1995；张艳芬等，1998）。潘增光和辛培刚（1995）在新红星苹果上研究认为，套塑膜袋后，袋内昼夜温差大，且保水能力强，能满足果实对水分的要求，果实生长快；对于吸热太强的黑纸袋，白天袋内温度过高，且持续时间太长，超过果实生长的最适温度，不利于果实的生长。也有纸袋增大果个的报道，孙忠庆等（1995）研究认为，果实套纸袋后有增大的趋势。

对新红星和红富士套纸袋的试验表明，套袋对果形指数均无显著影响（潘增光和辛培刚，1995；王少敏等，1998）。刘志坚（2002）调查结果表明，高桩红富士套双层纸袋后，80%以上果形指数不足0.8。

2.1.5 有袋栽培对微生物种群结构影响

食品安全问题已成为各国政府、公众关注的焦点问题。在众多食品安全相关项目中，微生物及其产生的各类毒素引发的污染备受重视。微生物污染造成的食源性疾病仍是世界食品安全中最突出的问题（李志勇等，2004）。目前对苹果微生物的研究主要集中在根际环境，对地上尤其是果实研究较少。张庆等（1996，1997）曾对苹果叶表附生微生物区系及有益菌进行过研究，分析了同一生态条件下苹果褐斑病的抗感品种叶面微生物类群。结果表明，不同抗病品种的叶片、感病品种中已感病的叶片、未感病叶片的叶面附生微生物数量和组成不同。苹果叶面附生微生物由真菌、细菌、酵母菌、放线菌及自生固氮菌组成。在苹果生育期中，苹果叶面微生物的数量在盛花期有所下降，以后逐渐上升，果实膨大期达到最大值。张学君等（1995）对新收获及市售的8个品种苹果表皮微生物区系进行分析，结果表明，苹果表面存在大量种类各异的微生物，每克苹果表皮上细菌和真菌的含量分别为$4.87\times10^3\sim7.38\times10^5$CFU和$2.63\times10^2\sim4.75\times10^3$CFU，经分离纯化后得到细菌菌株273个，真菌菌株75个。其他关于果面微生物结构及对果实影响未见报道。针对苹果果实套袋后部分病虫害有加重趋势的生产现状，笔者初步研究了红富士苹果套袋微域环境下的微生物构成，分离出的主要真菌是链格孢菌（*Alternaria*）。另外还包括镰刀菌（*Fusarium*）和青霉菌（*Penicillium*）；分离出主要放线菌是烬灰类群（*Cinereus*），另外，还有白色类群（*Albosporus*）、绿色类群（*Viridis*）和黄色类群

(*Flavus*) 等。不同育果袋种类和果实不同部位的微生物种群结构差异不显著（高文胜等，2007）。不同时期和不同气象条件下微生物种群结构和消长规律需进一步研究。

2.2　有袋栽培条件下微生物种群结构变化研究

关于国内外套袋技术的研究，大多侧重于套袋对果实品质的影响、病虫害发生规律、套袋与除袋技术及储藏期的生理性能等方面。对套袋后袋内及果实表面微生物状况研究未见报道。由于果实套袋后，袋内光照、温度、湿度和透气性等果实微域环境因子发生明显的变化，黑点病等果实病害有加重发生和果实品质下降的趋势，人们开始关注果实套袋生产的果实品质和食品安全性等问题。

本研究选择了我国苹果栽培面积最大的红富士品种和具有自主知识产权、优良的抗寒品种寒富为试材，研究套袋后果实微域环境中微生物种群结构变化的时期和特点、不同种类的育果袋和不同气象条件对果实微域环境微生物种群结构的影响。进而探讨果实套袋与果实安全性的关系，为解决套袋生产中的果实真菌病害和苹果的无公害生产提供参考依据。

2.2.1　材料与方法

2.2.1.1　供试材料

本试验于 2006—2008 年分别在山东省蓬莱市、辽宁省绥中县和沈阳农业大学果树试验基地进行。

山东省蓬莱市试验园位于该市湾子口园艺场。果园为沙质壤土，通透性好；主栽品种为 13 年生乔化红富士，株行距 3m×5m，树势中庸，生长较好，树体差异性小，果园管理水平较高。试验用育果袋均为双层纸袋，分别为小林牌（青岛小林制袋有限公司生产）、凯祥牌（山东龙口凯祥有限公司生产）、丰华牌（沂源县丰华纸业有限公司生产）、爱农牌（青岛爱农制袋有限公司生产）和清田牌（烟台清田果蔬有限公司生产）。

辽宁省绥中县试验园位于该县李家乡铁厂果园。果园为棕壤土，通透性良好；供试品种为26年生红富士苹果，树形为开心形，树势中庸，生长较好，树体差异性小，果园管理水平较高。试验用育果袋均为双层纸袋，分别为小林牌、彤乐牌（辽宁瓦房店市彤乐果袋厂生产）和前卫牌（葫芦岛前卫果袋厂生产），以不套袋苹果为对照。

沈阳农业大学果树试验基地试验园为5年生寒富苹果树，砧木为山定子，树形采用自由纺锤形，栽培管理水平较高。试验用育果袋为小林牌双层纸袋及和除去内袋的小林牌双层纸袋，以不套袋苹果为对照。

2.2.1.2 试验设计

山东省蓬莱市试验于2006年进行。选择树相一致、生长良好、结果量基本一致，且适量的植株为试材。单株小区，5次重复。套袋时间为6月10日（晴天），于当天9～11时全部套完试验树，果实全部套袋。于10月11日将每株树随机取5个果实同果袋1次性摘下，然后在实验室进行微生物检测。

辽宁省绥中县试验于2007年进行。选择树相一致、生长良好、结果量基本一致，且适量的植株为试材。单株小区，5次重复。套袋时间为花后40d（6月7日，晴天），于当天全部套完试验树，果实全部套袋。在套袋后当天及套袋后每隔15～20d取样1次，直到采收（10月21日）为止。摘袋时间为9月22日。取样时每株树随机取3个果实，摘袋时将套袋果实同果袋1次性摘下，然后在实验室进行微生物检测，以未套袋为对照。

沈阳农业大学试验于2008年进行。选择光照条件良好、长势一致、树势中庸、挂果适量，且分布均匀的植株为试材。套袋时间为盛花后40d（晴天），10月中旬采收。试验设处理A（小林袋）和处理B（无内袋小林袋）2个不同套袋处理，每种果袋至少套3株树。套袋时使幼果处在果袋的中央部位，呈悬空状态。采用3套浙江大学电气设备厂制造的ZDR-20J型温、湿度记录仪实施连续监测，分别统计前期Ⅰ（6月10至7月10日）、中期Ⅱ（7月11日至8月31日）、后期Ⅲ（9月1～30日）的温、湿度变化。将记录仪分别在选定的树干上置盒固定，将温、湿度探头放入树体西南方位外围套袋果实内，探头与果袋和果实均不接触，每1h自动记录1次数据。在套袋前期、中期和后期分别选择连续晴朗正常天气、连续高温天气和连续阴雨天气，均为第3d进行取样。取样时每株树随机取3个果实，摘袋时将套袋果实同果袋1次性摘下，然后在实验室进行微生物检测，以未套袋为对照。

2.2.1.3 培养基配制和培养条件

微生物分离采用常规平板法，放线菌分离采用高氏1号培养基，真菌分离采用马丁氏培养基，纯化采用马铃薯葡萄糖琼脂培养基（中国科学院南京土壤研究所微生物室，1985）。操作程序：在超净工作台内将果袋轻轻取下，然后用针和刀片分别将苹果皮孔和无皮孔的光滑果面取下少许，倒贴于培养基表面；将果袋轻轻翻转过来，用剪刀将内果袋剪下少许，倒贴于培养基表面。5次重复。所用器具均高温、湿热灭菌。

2.2.1.4 鉴定内容及方法

2.2.1.4.1 真菌的鉴定

参照魏景超（1979）、戴芳澜（1987）的方法，描述真菌在孟加拉红培养基、PDA培养基平板上的菌落形态，并采用压片法制片，进行真菌的显微结构观察，了解菌丝的形态，对照“三纲一类”的分类体系进行分类鉴定。

2.2.1.4.2 放线菌的鉴定

根据放线菌在高氏1号培养基平板上的菌落形态，培养基内菌丝和气生菌丝的颜色，并进行放线菌的显微结构观察，了解基丝的形态，气丝孢子链数目和着生方式，进行放线菌的初步鉴定（阎逊初，1992）。

2.2.2 结果与分析

2.2.2.1 有袋栽培对果实真菌种群结构变化的影响

果实套袋能够改变果实微域环境因子，进而引起微域环境真菌种群结构的改变。由表 2-1 可知，试验共分离出 4 种真菌，分别是链格孢霉（*Alt*）、青霉（*Pen*）、木霉（*Tri*）和曲霉（*Asp*）。在果实发育过程中，有袋栽培下果实微域环境的真菌种群结构和真菌出现的时间均发生了变化。套袋果的青霉和木霉出现的时间明显早于对照，套袋果实分离出青霉和木霉时期分别在 7 月 7 日和 8 月 7 日，分别较对照提前了 53d 和 65d。对照果实真菌种群结构主要由链格孢霉和青霉组成，10 月 8 日分离出木霉，其他时期均未分离出木霉。

2.2.2.2 有袋栽培对果实不同部位微生物种群结构变化的影响

2.2.2.2.1 有袋栽培对果实不同部位真菌种群结构变化的影响

通过对果实果皮的皮孔、非皮孔和内果袋 3 个部位的真菌种类分离、鉴定结果可知（表 2-1），有袋栽培明显影响 3 个部位的真菌种群结构，且不同种类果袋之间也存在差异。套小林袋和彤乐袋的果实，在摘袋前非皮孔处和内果袋的真菌种类和变化规律基本一致，分离出链格孢霉、青霉和木霉，仅在 10 月 8 日的小林袋非皮孔处分离出曲霉；皮孔处的真菌种类与非皮孔处和内果袋相同时期的不完全相同。绝大部分时期在皮孔处能分离出木霉的时期非皮孔处和内果袋则没有分离出。前卫袋 3 个部位的真菌种类变化与上述两种果袋存在明显差异，内果袋只分离出链格孢霉，皮孔和非皮孔处的真菌种群结构基本一致，且只有链格孢霉和青霉两种真菌。不同果袋之间的差异应与果袋的质地有关，尤其是内袋的质地。

表 2-1　有袋栽培对果实真菌种群结构变化的影响

（辽宁绥中，2007）

日期（月—日）	果袋种类									对照CK	
	前林袋						彤乐袋				
	皮孔	非皮孔	内果袋	皮孔	非皮孔	内果袋	皮孔	非皮孔	内果袋	皮孔	非皮孔
06—07	—	—	—	—	—	—	—	—	—	—	1
06—22	—	1	1	—	1	1	—	1	1	—	1
07—07	—	1,2	1,2	—	1,2	1	—	1,2	1	—	1
07—22	—	1,2	1,2	—	1,2	1,2	—	1,2	1	—	1
08—07	1,2	1,2,3	1,2,3	1,2	1,2,3	1,2,3	1	1,2	1	1	1
08—22	1,2,3	1,2	1,2	1,2	1,2	1,2	1	1,2	1	1	1,2
09—07	1,2,3	1,2	1,2	1,2,3	1,2	1,2	1,2	1,2	1	1,2	1,2
09—22	1,2	1,2,3	—	1,2,3	1,2,3	—	1,2	1,2	—	1,2	1,2
10—08	1,2	1,2,4	—	1,2	1,2,3	—	1,2	1,2	—	1,2,3	1,2
10—21	1,2	1,2	—	1,2	1,2	—	1,2	1,2	—	1,2	1,2

注：1. 链格孢霉（*Alt*）　2. 青霉（*Pen*）　3. 木霉（*Tri*）　4. 曲霉（*Asp*）

表 2-2　不同种类育果袋对果实不同部位真菌种群结构的影响

（山东蓬莱，2006）

部位	果袋种类				
	小林袋	凯祥袋	清田袋	丰华袋	爱农袋
皮孔	1，3	2	1	1	1
非皮孔	1	2	1	1	1
内果袋	1	1	1	1	1

注：1. 链格孢霉（*Alt*）　2. 青霉（*Pen*）　3. 镰刀菌（*Fus*）

由表 2-2 可知，不同部位（皮孔、非皮孔、内果袋）主要真菌为链格孢霉。另外，还包括镰刀菌和青霉。皮孔部位小林袋分离到链格孢霉和镰刀菌，而凯祥袋只分离到青霉，其他3种果袋仅分离到链格孢霉。非皮孔部位小林袋、清田袋、丰华袋和爱农袋仅分离到链格孢霉，而凯祥袋仅分离到青霉菌。各种果袋内果袋上仅分离出链格孢霉，未发现其他菌类。说明有袋微域环境下果袋内果袋上真菌种群较单一。

2.2.2.2.2 有袋栽培对果实不同部位放线菌种群结构变化的影响

表2-3 不同种类育果袋对果实不同部位放线菌种群结构的影响

（山东蓬莱，2006）

部位	果袋种类				
	小林袋	凯祥袋	清田袋	丰华袋	爱农袋
皮孔	1，2	1，3	1，2	1	1
非皮孔	1，3	3	2，3	1	1
内果袋	1	1，4	1，3	1	1

注：1. 烬灰类群（*Cin*） 2. 白色类群（*Alb*） 3. 绿色类群（*Viri*） 4. 黄色类群（*Fla*）

由表2-3可知，苹果有袋栽培微域环境下，不同部位（皮孔、非皮孔、内果袋）主要放线菌为烬灰类群（*Cinereus*）。另外，还包括白色类群（*Albosporus*）、绿色类群（*Viridis*）和黄色类群（*Flavus*）。各种育果袋内果实皮孔均分离到烬灰类群，而小林袋、凯祥袋和清田袋处理均分离出其他种群，分别为白色类群、绿色类群和黄色类群。各种育果袋的内果袋亦均分离到烬灰类群，而凯祥袋和清田袋的内果袋均分离出其他种群，分别为黄色类群和绿色类群。各种育果袋内果实非皮孔部位放线菌种群结构的变化规律和差异不明显。

2.2.2.3 有袋栽培对不同时期果实微生物种群结构变化的影响

由表2-1可以看出，试验分离出了4种真菌，分别是链格孢霉、青霉、木霉和曲霉。链格孢霉在不同果袋、不套袋、不同部位及不同时期均存在。说明该菌是果实表面的主要真菌之一；青霉为该试验分离出的第二大真菌。在有袋条件下，其在非皮孔处的分离时间为7月7日，且以后持续存在，在皮孔形成后该部位除前卫袋于9月7日分离出并一直存在外，其他两种果袋都是立即分离出了且一直存在。在彤乐袋和小林袋还分离出了木霉，且其消长规律基本一致，都是先出现在非皮孔处和内果袋，然后出现在皮孔处，在内果袋上仅分离出1次，而基本上是在皮孔部位分离出后，非皮孔处就未分离出，在非皮孔部位分离出后，皮孔处就未再分离出，到果实采收后未再分离出该真菌。曲霉仅在小林袋的非皮孔部位于10月8日分离出，其消长规律还需进一步试验观察。

2.2.2.4　不同种类育果袋内果实微生物种群结构的变化

2.2.2.4.1　不同种类育果袋内真菌种群结构的变化

由表2-1可以看出，小林袋分离出了链格孢霉、青霉、木霉和曲霉，是分离出真菌种类最多的果袋；彤乐袋分离出了链格孢霉、青霉和木霉；前卫袋仅分离出了链格孢霉和青霉。不同真菌种类在各种果袋的消长动态基本一致，而不套袋的青霉和木霉等的出现明显晚于套果袋。各种果袋在7月7日就分离出了青霉，不套袋的青霉在8月22日才分离出；木霉更是在小林袋和彤乐袋下8月7日就分离出，不套袋的10月8日才分离出。但3种果袋的真菌种群消长动态基本一致。小林袋为目前市场上质量最好的果袋之一，彤乐袋为辽宁地区普遍使用的优质果袋，两者内袋同为红色且涂蜡，分离出的菌类结构基本一致；而在内袋为黑色，且未涂蜡的前卫袋未分离出木霉，且在内果袋上未分离出青霉。分析认为前卫袋内湿度、温度均要低于前两者，透气性好的缘故。

由表2-2可以看出，只有小林袋和凯祥袋所套果实的皮孔和非皮孔部位分离到链格孢霉以外的菌类，而其他各种果袋所分离到的真菌种群结构较单一，均为链格孢霉。各种果袋内果袋上及果皮表面微生物种群结构差异不显著。

2.2.2.4.2 不同种类育果袋内放线菌种群结构的变化

由表2-3可以看出，各种果袋内果实皮孔部位均分离到烬灰类群，而小林袋、凯祥袋及清田袋内又分别分离到黄色类群、绿色类群及白色类群；各种果袋的内果袋亦均分离到烬灰类群，而凯祥袋和清田袋的内果袋又分别分离到黄色类群和绿色类群；各种果袋内果实非皮孔部位放线菌种群结构的变化规律不明显。

2.2.2.5 有袋栽培对不同时期不同气象条件下袋内温度、湿度及果实微生物种群结构的影响

2.2.2.5.1 有袋栽培对不同时期正常天气条件下袋内温度、湿度及果实微生物种群结构的影响

为深入了解有袋栽培对不同时期正常天气条件下袋内温度、湿度及果实微生物种群结构的影响，试验分为前期、中期和后期3个时期。时期的划分充分考虑到果实本身的生长发育和外部环境的变化。前期主要考虑果实各组织幼嫩，生命力旺盛，对环境敏感；中期主要考虑气象条件高温、多湿；后期主要考虑果皮保护组织完善、糖分和病原菌等增多。图2-1表明，各处理前期、中期和后期袋内温度日变化均呈“上升—下降—上升—下降”变化。前期各处理温度的峰值均分别出现在1时和13时，有袋栽培处理在7～17时期间温度均高于对照，且处理A高于处理B。处理A、处理B和对照各处理最高温度分别为33.1℃、32.4℃和31.0℃，其他时间各处理温度变化趋于一致，差异不明显。中期各处理温度的峰值均分别出现在1时和14时，有袋栽培处理在7～17时期间温度均高于对照，且处理A在7～12时期间高于处理B，12～18时期间则低于处理B，处理A、处理B和对照的最高温度分别为40.4℃、39.4℃和36.9℃，19～7时期间各处理温度变化趋于一致，差异不明显。后期处理A、处理B和

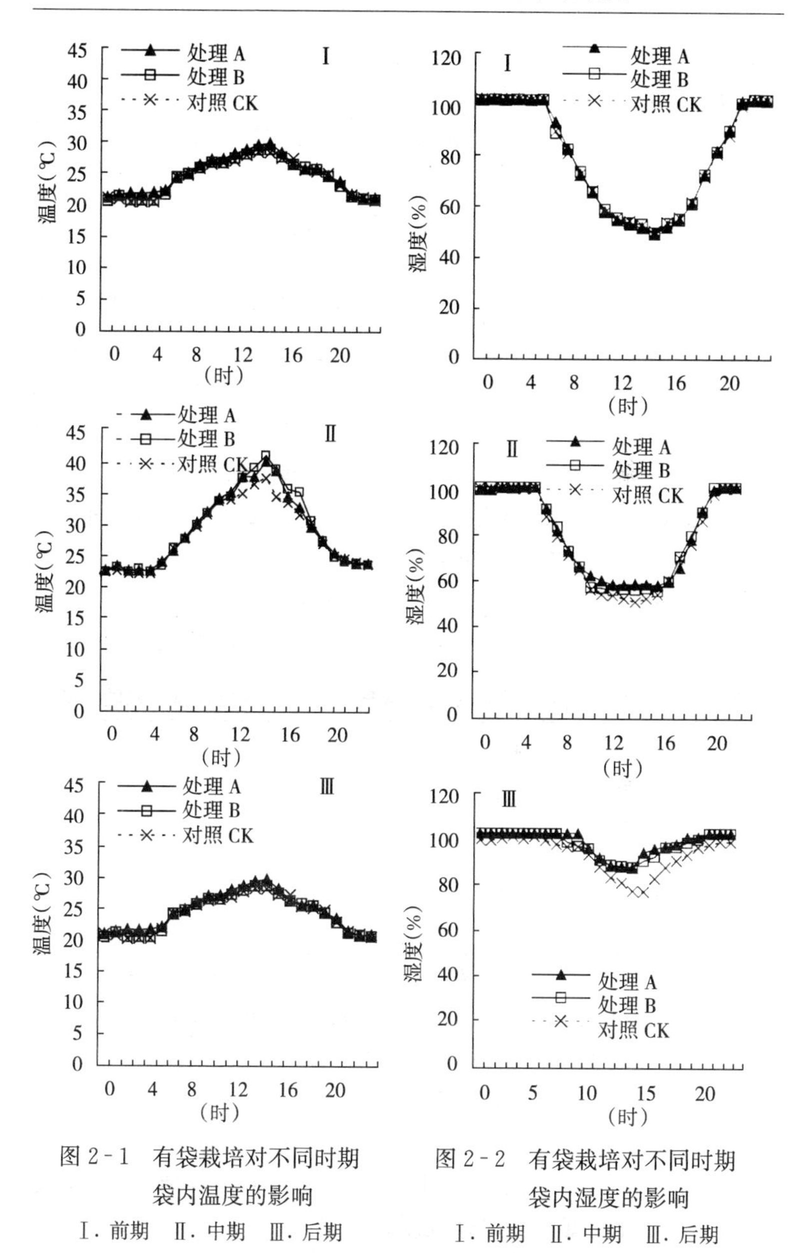

图 2-1　有袋栽培对不同时期袋内温度的影响

Ⅰ. 前期　Ⅱ. 中期　Ⅲ. 后期

图 2-2　有袋栽培对不同时期袋内湿度的影响

Ⅰ. 前期　Ⅱ. 中期　Ⅲ. 后期

对照的峰值分别出现在 2 时和 14 时、1 时和 14 时、24 时和 13 时，最高温度分别为 29.4℃、28.4℃和 28.0℃，在 1～5 时和 7～15 时期间温度均表现为套袋处理高于对照，且处理 A 高于处理 B，其他时间变化趋于一致。

图 2-2 表明，各处理前期、中期和后期袋内湿度日变化均呈“平缓—下降—上升—平缓”变化。前期各处理袋内湿度日变化趋于一致，处理间差异不明显，均表现为在 21～5 时期间变化平缓，5 时之后骤然下降，最小值出现在 14 时，尔后迅速升高。中期各处理袋内湿度日变化趋势一致，均表现为在 22～5 时期间变化平缓，5～10 时间骤然下降，10～17 时间变化趋于平缓，且表现为套袋处理明显高于对照，处理 A 高于处理 B，而后迅速升高。后期整个过程中温度均表现为套袋处理高于对照。各处理日变化表现为 21～9 时期间变化平缓，9 时后骤然下降。但下降幅度均小于前期和中期。套袋处理和对照的最小值分别出现在 14 时和 15 时，尔后迅速升高，且升高速度均小于前期和中期。

表 2-4　有袋栽培对不同时期正常天气条件下微生物种群结构的影响

处理	时　　期		
	前期	中期	后期
处理 A	1	1，2	1，2，3，4
处理 B	1	1，2	1，2，4
对照 CK	1	1，2	1，2

注：1. 链格孢霉（*Alt*）　2. 青霉（*Pen*）　3. 木霉（*Tri*）　4. 曲霉（*Asp*）

由表 2-4 可知，各处理在果实发育前期，果实表面真菌种群结构完全一致，均为链格孢霉；中期果实表面真菌种群结构完全一致，均为链格孢霉和青霉；后期各处理果实表面真菌种群结构差异明显，处理 A 在中期的基础上又鉴定出曲霉和木霉，而处理 B 较中期增加了曲霉，CK 则与中期真菌种群结构一致，这可能与各处理温湿度变化有直接关系。

2.2.2.5.2　有袋栽培对异常天气条件下袋内温度、湿度及果实微生物种群结构的影响

图 2-3 表明，高温天气下，各处理最高温度均达到 36℃以上，其中以处理 B 最高，为 40.3℃；而各处理最低温度均维持在 19～20℃之间，且温度变化基本一致。阴雨天气条件下，处理 B 温度始终高于其他处理，最高温度达 25.8℃；而对照温度也始终高于处理 A，最高温度达 24.4℃。

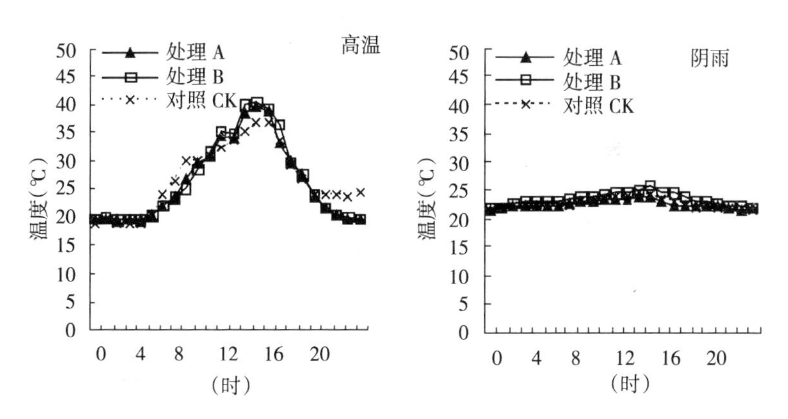

图 2-3　有袋栽培对异常天气条件下袋内温度的影响

图 2-4 表明，处理 A 及处理 B 最小湿度均高于对照。但对

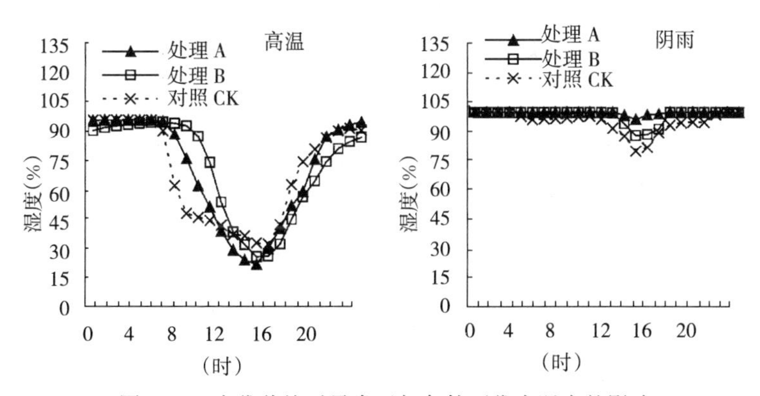

图 2-4　有袋栽培对异常天气条件下袋内湿度的影响

照与处理A处于饱和湿度的时间较长。阴雨条件下各处理间湿度差异最为明显。处理A只在13～16时处于非饱和状态，最低湿度为96.4%；对照仅在22时至次日3时处于饱和状态，最低湿度为80.8%。

由表2-5可知，有袋栽培处理在高温天气条件下果皮表面真菌种群结构完全一致，均为链格孢霉和青霉，对照仅鉴定出链格孢霉；阴雨条件下处理A真菌种类最多，分别为链格孢霉、青霉、曲霉和木霉；处理B为链格孢霉、青霉和曲霉；对照只鉴定出链格孢霉和青霉。

表2-5 有袋栽培对异常天气条件下微生物种群结构的影响

处理	异常天气	
	高温	阴雨
处理A	1，2	1，2，3，4
处理B	1，2	1，2，4
对照CK	1	1，2

注：1. 链格孢霉（*Alt*） 2. 青霉（*Pen*） 3. 木霉（*Tri*） 4. 曲霉（*Asp*）

2.2.3 讨论

2.2.3.1 不同种类育果袋对果实微生物种群结构的影响

生产中，不同果袋对果实质量的影响有较明显的差别。在连续几年的试验中，不同品牌的双层纸质育果袋，由于其用纸种类和加工工艺的不同，其质量有较为明显的差别。2006年的试验中，5种不同的育果袋均分离出了链格孢霉，小林袋和凯祥袋还分别分离出了镰刀菌和青霉。2007年试验结果表明，在苹果套袋微域环境下，主要真菌亦为链格孢霉。小林袋和彤乐袋还分离出青霉、木霉和曲霉，而另一个供试纸袋品种的前卫袋内真菌种群结构相对以上两种果袋来说较少，未分离出木霉和曲霉，这可能是由于前卫袋内袋为黑色，且未涂蜡的原因，相对于内袋为红色，且涂蜡的小林袋和彤乐袋，未涂蜡的前卫内袋湿度、温度均要低于前两者，透气性好，与未套袋果实的真菌结构基本一致。说明前卫袋内的微域环境与袋外基本相同。由此可见，前卫袋内的环境条件更加接近袋外，较其他两种处理可能产生更少的真菌病害。2006 年试验中分离出了放线菌，分离到主要放线菌是烬灰类群。另外，还有白色类群、绿色类群和黄色类群。但 2007 年的试验中未分离出放线菌，原因可能是不同湿度所致。由于目前尚未见放线菌对果实致病的报道，各种放线菌，尤其是最多的烬灰类群对果实病害、果面光洁度有什么样的影响，需进一步试验研究。

本研究中的小林袋为目前市场上质量最好的育果袋之一，凯祥袋和彤乐袋分别为试验地区普遍使用的优质育果袋。上述 3 种育果袋相比其他育果袋却分离出了更多的真菌，包括青霉、木霉和曲霉等，这些真菌种群结构是否与果袋种类（不同果袋的内袋处理不同）有关，尚需进一步研究。生产实际中优质育果袋的黑点病等的发生明显要低于其他供试育果袋，所以，链格孢霉以外的真菌对微域环境下果实病害有怎样的影响尚需进一步研究。

2.2.3.2　有袋栽培下不同时期真菌种群结构

2007 年试验中对有袋栽培下不同时期真菌种群结构进行了研究。结果发现，在套袋后的前期只分离到链格孢霉，进入 7 月之后才分离到青霉、木霉和曲霉。这可能是因为在套袋之后的 6 月，绥中地区一直无降水，而且平均温度不是很高。然而，7 月份之后绥中地区进入高温、多雨季节，连续的降水和高温导致果袋内的温、湿度升高。由此可见，夏季雨后，果袋内高温、高湿环境给予了更多真菌种群生活条件，导致更多种类真菌出现。在套袋前育果袋的鉴定发现，育果袋内果袋中并未分离出链格孢霉、青霉等真菌。说明育果袋内的真菌可能是由于生长季内气候的变化导致果袋内微域环境的变化所产生的。不同的微域环境制约着不同真菌种群的生存，不同种群结构真菌的消长规律尚需进一步研究。

2.2.3.3 不同气象条件对真菌种群结构的影响

对不同气象条件下套袋苹果果皮表面真菌结构进行了研究。可以看出，套袋处理后，果袋内温、湿度在1d内的变化幅度小于对照，这使得套袋后果皮木栓层、木栓形成层及角质层等结构发育平缓，这也是果实外观品质改善的重要原因。本试验研究表明，在套袋后的中、前期，由于各处理与对照果实温、湿度差异不大，所以套袋果实表面真菌种群结构与对照相比完全一致。说明果实套袋后的微域环境是引起果实斑点病的重要因子。套袋后期由于各处理与对照果实之间温、湿度差异逐渐拉大，尤其是在湿度方面表现得更为明显，套袋处理最低湿度较不套袋高10%左右，各处理间真菌种群结构差异明显，以不套袋果实表面真菌种类最少，仅为链格孢霉和青霉，而袋内湿度较大的套袋处理果实表面真菌种类则较多，不仅鉴定出链格孢霉和青霉，同时还鉴定出曲霉和木霉。

高温、阴雨等极端天气条件对套袋果实表面真菌种群结构也存在很大影响。高温天气下，套袋处理袋内最高温度均高于40℃，较不套袋高5～6℃，但果实表面真菌种群结构并无差异，均鉴定出且只有链格孢霉和青霉。由此可见，温度并不是决定各处理果皮真菌种类多少的主要因子。而阴雨条件下，双层育果袋处理湿度明显大于其他处理，且在1d内长期处于饱和湿度状态，最低湿度也高达96.4%，在其果实表面鉴定出的真菌分别为链格孢霉、青霉、曲霉和木霉。相反，未套袋处于饱和湿度的时间要远低于套袋处理，最低湿度也只为80.8%，且只鉴定出链格孢霉和青霉。可见阴雨天气下果袋内高湿环境为更多真菌提供了适宜的生长环境，导致真菌大量积累。

2.2.3.4　有袋栽培下微生物对果实安全性的影响

苹果套袋是生产优质、无公害果品的必要技术之一，目前在全国各地苹果主产区都普遍采用。墨西哥、智利、阿根廷等进口我国苹果的国家对进口苹果也作出了必须是套袋果的要求。果实套袋以后，由于果袋透气性有限，果袋内环境与果袋外环境热量交换受阻，导致袋内温度高、湿度大，形成了独特的微域环境。虽然套袋能有效地改善果实外观品质，明显减少农药残留，以及减轻苹果轮纹病、炭疽病等病害发生，避开了害虫的啃食。但由于果实不能很好的适应果袋内微域环境条件，或不能很好适应除袋后袋外环境条件的变化，同样会加重或诱发某些生理病害的发生（毛丽萍等，2002）。同时，袋内湿度高于袋外环境湿度20.3%～50.7%，而高温和高湿环境能够加剧由致病真菌所导致的生理病害的发生。链格孢霉为套袋微域环境下所分离到的主要真菌之一，曾是导致鸭梨黑斑病而影响我国鸭梨出口锐减的重要因素，尤其是在袋口封闭不严而进雨水，加上高温导致袋内高温、高湿的条件下发病较重（毛丽萍等，2002；高文胜等，2007）。据研究证明，链格孢霉是造成苹果黑点病的主要侵染病原之一（徐秉良等，2000；吴桂本等，2003；郝兴安等，2004；郭云忠等，2005）。本试验对不同果袋、不同部位、不同气象条件下的微生物鉴定结果表明，在苹果套袋微域环境下，主要真菌亦为链格孢霉，此与以上研究报道一致，但未发现报道中导致苹果黑点病的另一个主要病原粉红聚端孢霉，至于原因尚需进一步研究。

同不套袋果相比，套袋后真菌的种类仅多了曲霉，仅在小林袋处理下的摘袋后存在，采收时未分离出，而且该病菌也未表现出致病能力。因此，本试验结果认为，套袋后微域环境下产生的真菌类群对果实的安全性没有直接影响。

2.2.4 小结

在苹果套袋微域环境下，不同育果袋、果实不同部位、不同时期和不同气象条件下的真菌主要是链格孢霉，且在套袋后的整个生长季一直存在。青霉为第二大真菌，在7月份分离后持续存在，在非皮孔部位的出现要早于内果袋和皮孔部位。8月份后在内袋红色涂蜡的育果袋上分离出了木霉，其先出现在非皮孔处和内果袋，然后出现在皮孔处；在内袋为黑色，且未涂蜡的育果袋和未套袋果上未分离出木霉。曲霉和镰刀菌仅在内袋红色涂蜡的小林袋的非皮孔部位和皮孔部位于摘袋后分离出；未套袋果仅仅分离出链格孢霉和青霉，且分离出青霉的时期（8月22日）要晚于套袋果（7月7日）。主要放线菌是烬灰类群，另外，还有白色类群、绿色类群和黄色类群等。

不同气象条件下结果表明，在套袋后的前、中期，各处理果实温、湿度差异不大，套袋果实表面真菌种群结构与对照相比完全一致；套袋后期，各处理与对照果实之间温、湿度差异逐渐拉大，尤其是在湿度方面表现得更为明显。套袋处理最低湿度较不套袋高10%左右，各处理间真菌种群结构差异明显。以不套袋果实表面真菌种类最少，仅为链格孢霉和青霉，而袋内湿度较大的套袋处理果实表面真菌种类则较多，不仅鉴定出链格孢霉和青霉，同时，还鉴定出曲霉和木霉。高温天气下，套袋处理袋内最高温度均高于40℃，较不套袋高5～6℃，果实表面真菌种群结构并无差异，均鉴定出且只有链格孢霉和青霉；阴雨条件下，双层纸袋在其果实表面鉴定出的真菌分别为链格孢霉、青霉、曲霉和木霉；未套袋只鉴定出链格孢霉和青霉。

2.3　有袋栽培下苹果果皮发育进程研究

果皮是果实的重要组成部分，也是形成果实品质的重要因素。由于套袋后改变了果皮结构，进而改善了果皮的光洁度，提高了果实的外观品质。

本研究选择了我国苹果栽培面积最大的红富士品种和具有自主知识产权、优良的抗寒品种寒富为试材，研究套袋后不同种类育果袋对果实果皮发育进程的影响和套袋苹果果皮发育相关酶活性变化。进而探讨果实果面光洁度提高的机理，为实际生产中提高果实外观品质提供参考依据。

2.3.1　材料与方法

2.3.1.1　供试材料

试验于2007—2008年在辽宁省绥中县和沈阳农业大学果树教学基地进行。

绥中县试验园位于该县李家乡铁厂果园，果园为棕壤土，通透性良好；供试品种为26年生红富士苹果，树形为开心形，树势中庸，生长较好，树体差异性小，果园管理水平较高。试验育果袋选择小林牌双层纸袋和前卫牌双层纸袋2种；以不套袋苹果为对照。

校内试材为5年生寒富苹果树，砧木为山定子。全园通风透光良好，树形采用自由纺锤形，栽培管理水平较高。在园中选择光照条件良好、长势一致、树势中庸、挂果适量，且分布均匀的植株作为试验树。供试育果袋为小林牌双层纸袋。

2.3.1.2　试验设计

套袋苹果果皮发育进程试验于2007年在绥中试验园进行。

在园内选出树相一致、生长良好、结果量基本一致且较多的5株树，作为试验用树。套袋时间为花后40d（晴天），于当天全部套完试验树，果实全部套袋。在套袋后当天及套袋后每隔30d左右取样1次，直到采收为止。

套袋苹果果皮发育相关酶活性变化试验于2008年在校内基地进行。选择3株树冠丰满，大枝分布均匀的植株进行套袋。盛花后40d套袋，10月中旬采收。3株未套袋植株为对照，分别于6月10日至10月10日每隔1个月取样1次。取样后立即将果实带回实验室，削取果实阳面表皮（包括表皮及近表皮少部分果肉组织，厚0.5～1.0mm)，测定其POD、PPO活性。

2.3.1.3 测定方法

2.3.1.3.1 材料固定

从每处理中各选阳面果实5个，分别在果实阳面取1cm^2果皮，用FAA固定液固定。

2.3.1.3.2 石蜡制片制作

（1）脱水、透明。70%纯酒精（2h）—70%纯酒精（2h）—80%纯酒精（2h）—90%纯酒精（2h）—95%纯酒精（2min）—纯酒精（1h）—1/2二甲苯＋1/2纯酒精（2h）—二甲苯（1.5h）—二甲苯（1.5h）。

（2）浸透。(在小瓶中石蜡和二甲苯的比例为：3/2）35～37℃（6h后盖盖）—59℃（2～5h）—纯蜡（1～2h）—纯蜡（1～2h）。

（3）包埋。包埋之前，先准备好一把镊子、一盆冷水。然后准备包埋纸盒。纸盒要用硬而光滑的纸折成，大小根据材料而定。在叠好的纸盒内倒入石蜡，并用镊子不断赶走气泡。待纸盒底部有一层蜡凝固后将材料垂直放入纸盒底约1/3处，待表面凝固成一层蜡时放入预先准备好的冰水中冷却。注意包埋时要尽量迅速，如石蜡凝固太慢会发生结晶，已结晶石蜡不易切片。

（4）修蜡（蜡凝固后进行)。包埋好的材料被割成小块，每个小块包含1个材料切片（用切片机，调好角度和切片厚度8～10μm。固定材料时要使材料的切面与切片刀口平行）。

（5）粘片。用彻底清洗的载玻片涂上明胶，自然均匀，粘片。

（6）融蜡（2h）。二甲苯（37℃，40min～1h）—2/3二甲苯+1/3纯酒精（5min）—1/2二甲苯+1/2纯酒精（5min）—1/3二甲苯+2/3纯酒精（5min）—纯酒精（5min）—95%纯酒精（5min）—80%纯酒精（5min）—70%纯酒精（5min）—50%纯酒精（5min）。

（7）染色、封片。1%的50%酒精番红（18h）—70%纯酒精（30s）—83%纯酒精（30s）—0.5%的95%酒精固绿（30s）—快速用纯酒精脱水2次—2/3纯酒精+1/3二甲苯（10s）—1/2纯酒精+1/2二甲苯（10s）—1/3纯酒精+2/3二甲苯（10s）—纯二甲苯—封片。

2.3.1.3.3　组织结构观察

在Leica-DME型光学显微镜下，选择30个典型视野观测，测微尺测量角质层厚度、表皮细胞大小和表皮层机械层厚度。

2.3.1.3.4　POD酶活性测定

POD酶活性测定参照李合生（2003）的方法略作改动。

酶液制备：取5.0g果皮液氮研磨，加适当0.1mol/L磷酸缓冲液（PBS），研磨至匀浆。将匀浆液全部转入离心管，4℃下10 000r/min离心15min，上清液转入25ml容量瓶。沉淀用5ml磷酸缓冲溶液再提取两次，上清液并入容量瓶，定容至刻度。

酶活性测定：酶活性测定的反应体系包括2.9ml 0.05mol/L磷酸缓冲溶液；1.0ml 2%H_2O_2；1.0ml 0.05mol/L愈创木酚和0.1ml酶液。用加热煮沸5min的酶液为对照，反应体系加入酶液后，立即于34℃水浴中保温3min，后迅速稀释1倍，测定470nm处OD值，每隔1min记录1次吸光度，共计5次，然后以每分钟内A_{470}变化0.01为一个酶活性单位（U），5次重复。

2.3.1.3.5 PPO酶活性测定

PPO酶活性参照陈昆松等（1991）方法略作改动。

酶液制备：取5g果皮液氮研磨，加5ml磷酸缓冲液（pH6.8，0.05mol/L）2%～5%PVP，研磨至匀浆，13 000r/min离心20min，上清液即为酶提取液，低温下保存备用。

酶活性测定：取上清液0.5ml加4.5ml缓冲液，2ml的0.1mol/L邻苯二酚混匀后于30℃保温10min，迅速冰浴，立即加2ml 20%三氯乙酸灭活，测定525nm处OD值。以每1minA_{525}变化0.001为一个酶活单位（U），5次重复。

2.3.1.4 数据分析

本试验数据采用Dps和Excel软件进行分析处理。

2.3.2 结果与分析

2.3.2.1 有袋栽培对果实果皮发育进程的影响

2.3.2.1.1 不同种类育果袋对苹果果皮角质层厚度的影响

不同种类育果袋对角质层厚度的影响见表2-6和图版。不套袋（图版1～图版5）的果皮，在6月22日至8月22日，角质层平滑，没有V形凹陷，8月22日至10月21日，角质层出现极浅V形凹陷；套小林袋（图版6～图版10）的果皮，套袋后至6月22日，角质层平滑，没有V形凹陷，6月22日至10月21日，角质层凹凸不平，并且出现较浅V形凹陷；套前卫袋（图版11～图版15）的果皮，套袋后至6月22日，角质层平滑，没有V形凹陷，7月22日，角质层不均匀，并已出现较深V形凹陷，7月22日至10月21日，V形凹陷逐渐加深。

由表2-6可知，6月22日至7月22日，对照与其他处理之间的角质层厚度无显著差异；8月22日，套前卫袋的果皮角质层厚度显著高于小林袋处理；8月22日至10月21日，套前卫袋的果皮角质层厚度显著高于其他处理。

表 2-6　不同种类育果袋对苹果果皮角质层厚度的影响

处理	日期（月—日）				
	6—22	7—22	8—22	9—22	10—21
前卫袋	15.08a	15.46a	21.37a	21.53a	23.88a
小林袋	15.09a	15.49a	17.93ab	18.63b	19.56b
对照 CK	14.32a	14.32a	15.46b	16.51b	18.54b

注：不同字母表示经 Duncan 检验有显著差异（$P=0.05$）。下同

2.3.2.1.2　不同种类育果袋对苹果果皮表皮细胞大小的影响

因处理间存在差异，所以表皮细胞的大小、形状和排列方式不尽相同。不同种类育果袋对表皮细胞大小的影响见表 2-7 和图版。套袋后至 6 月 22 日，套小林袋（图版 6～图版 10）的果皮表皮细胞呈近圆形，排列紧密，7 月 22 日之后，表皮细胞形状不规则，排列疏松，极个别区域有轻微空隙，空隙处被角质层填满；套前卫袋（图版 11～图版 15）的果皮表皮细胞在套袋后至 7 月 22 日，表皮细胞排列紧密，呈近圆形，8 月 22 日之后，表皮细胞排列疏松，呈圆形和长椭圆形，个别处有空隙产生，空隙处被角质层填满；对照（图版 1～图版 5）的果实表皮细胞在套袋后至 6 月 22 日，表皮细胞排列紧密，呈三角形和近圆形，7 月 22 日，表皮细胞拉长，呈长椭圆形，8 月 22 日表皮细胞排列疏松，并且出现轻微空隙，8 月 22 日之后，表皮细胞形状极其不规则，排列非常疏松，空隙现象大量产生，空隙处被角质层填满。

表 2-7　不同种类育果袋对红富士苹果果皮表皮细胞大小的影响

处理	日期（月—日）				
	6—22	7—22	8—22	9—22	10—21
小林袋	130.41a	160.92a	178.09a	200.17a	218.01a
前卫袋	141.80a	184.34a	184.34a	197.35a	208.07a
对照 CK	112.73a	127.94b	131.20b	151.93b	163.73b

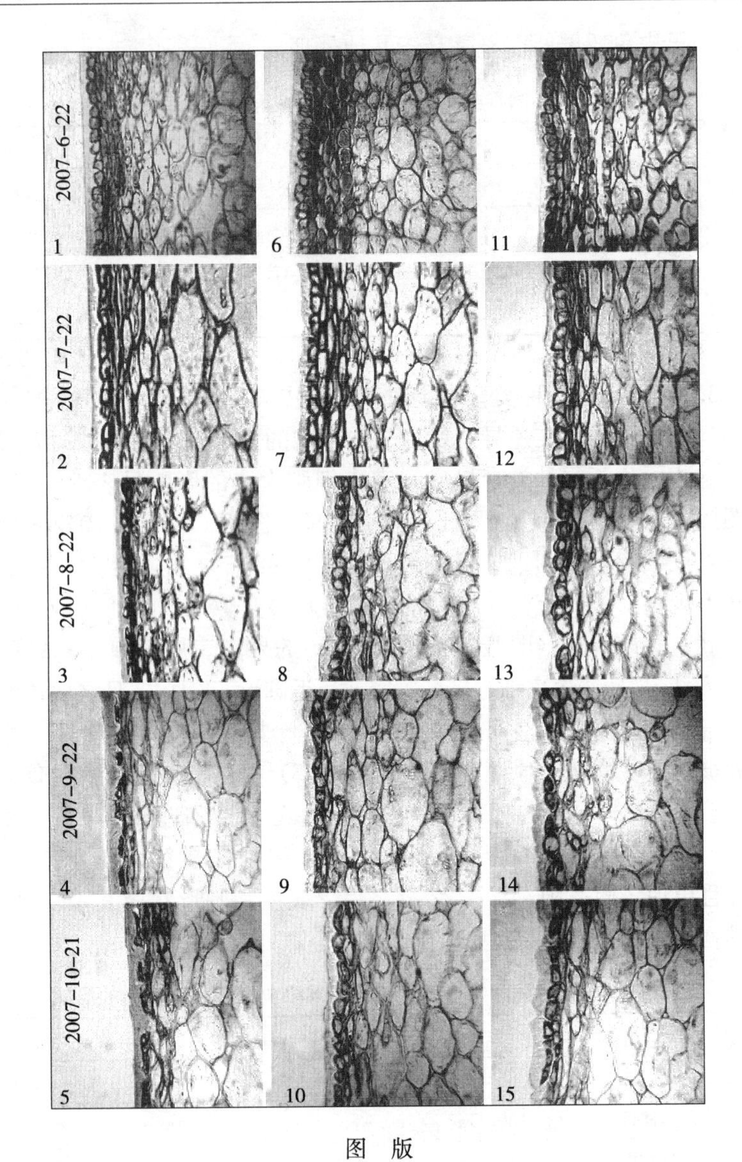

图 版

1～5. 对照（×400） 6～10. 套小林袋（×400） 11～15. 套前卫袋（×400）

（注：从左至右为同一时期不同处理）

由表 2－7 可知，各处理表皮细胞大小在采收时为小林袋大于前卫袋大于对照，在 8 月 22 日至 10 月 21 日，套袋果实表皮细胞大小均显著高于对照，小林袋处理和前卫袋处理之间差异不明显。

2.3.2.1.3　不同种类育果袋对苹果果皮机械组织厚度的影响

不同种类育果袋对机械组织厚度的影响见表 2－8 和图版。套袋后至 6 月 22 日，套小林袋（图版 6～图版 10）的果实机械组织层数为 4～5 层，7 月 22 日，机械组织层数为 3～4 层，7 月 22 日至 10 月 21 日，机械组织层数为 1～2 层；套前卫袋（图版 11～图版 15）的果实机械组织层数变化趋势与小林袋处理基本一致；套袋后至 7 月 22 日，未套袋（图版 1～图版 5）果实机械组织层数为 4～5 层，排列紧密；8 月 22 日至 10 月 21 日，机械组织层数为 2～3 层。套袋后至 7 月 22 日，处理间机械组织厚度均无显著差异，8 月 22 日至 10 月 21 日，未套袋果实机械组织厚度均显著高于套袋果实，套袋果实处理间机械组织厚度均无显著差异。

表 2－8　不同种类育果袋对红富士苹果果皮机械组织厚度（μm）的影响

处理	日期（月—日）				
	6—22	7—22	8—22	9—22	10—21
对照 CK	60.57a	52.42a	44.34a	37.40a	36.17a
前卫袋	61.21a	43.97a	28.95b	24.45b	23.68b
小林袋	70.36a	40.12a	26.12b	22.71b	21.54b

2.3.2.2　套袋苹果果皮发育相关酶活性变化

2.3.2.2.1　不同时期套袋苹果果皮 PPO 活性变化

从图 2－5 可以看出，套袋果 PPO 活性在果实发育前期高于对照，但随着温度升高，对照果实 PPO 活性在果实发育中期迅速上升，反而高于套袋处理。8 月 10 日后，对照果实与套袋果实 PPO 含量均开始下降，并且在果实发育中、后期处于较低水平，至 10 月 10 日，对照果实和套袋果实 PPO 活性均为整个生长发育期中的最低水平。

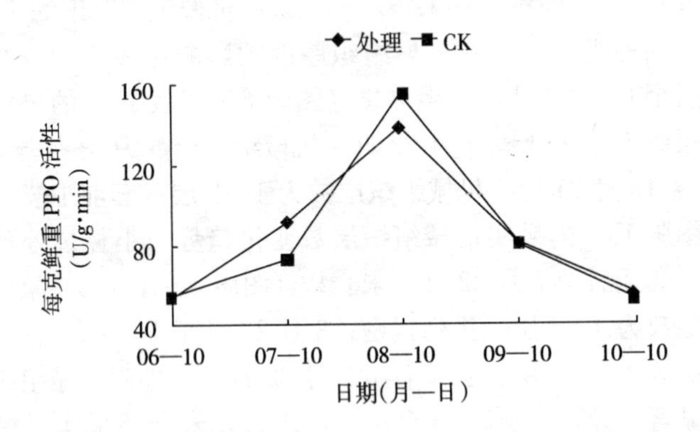

图 2-5　套袋与未套袋苹果果皮 PPO 活性变化趋势

2.3.2.2.2　不同时期套袋苹果果皮 POD 活性变化

图 2-6 表明，套袋果实和对照果实 POD 活性变化趋势与 PPO 活性变化趋势基本一致，都是呈先升高后降低趋势。不同的是，套袋果实 POD 活性在 8 月 10 日之前低于对照果实。但在

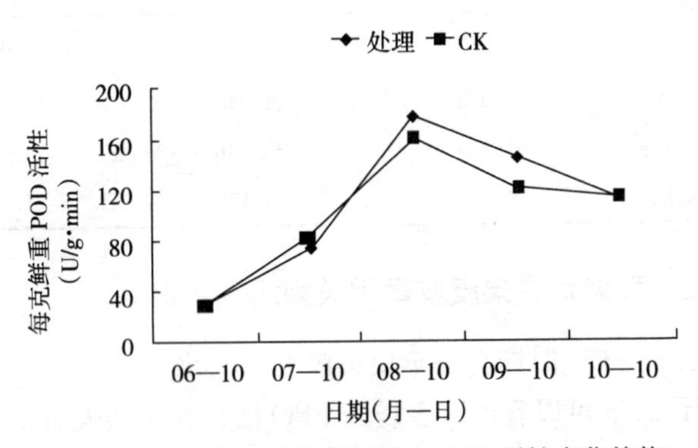

图 2-6　套袋与未套袋苹果果皮 POD 活性变化趋势

8 月 10 日之后，套袋果实 POD 活性下降幅度平缓，而对照果实 POD 活性则急剧降低。套袋抑制了苹果果皮 POD 的活性，也在一定程度上抑制了苹果果皮细胞壁木质素的合成。

2.3.3 讨论

2.3.3.1 套袋对苹果果皮结构的影响

果皮是果实的重要组成部分，也是形成果实品质的重要因素。李慧峰等（2006）认为，套双层袋改变了角质层、表皮细胞以及表皮层的结构，果皮光洁度和果皮着色均好于不套袋果实。套袋后果点密度和果点直径降低，从而大大提高了果实的外观品质。套袋后果实所处的微域环境相对稳定，延缓了表皮细胞、角质层、胞壁纤维的老化，果皮有较大的韧性，表皮层细胞排列紧密。对套袋国光苹果果皮结构的研究发现，套袋果的角质层覆于表皮层上，几乎不进入表皮细胞间（Kubo Y，1988）。本研究表明，与未套袋果实相比，套袋果实表皮细胞增大，排列相对紧密，角质层很少进入表皮细胞间；而未套袋果实，表皮细胞形状不规则，并且出现较多断裂处和空隙处，角质层已进入表皮细胞间。这些现象均与以上研究结果相一致。因此，可以认为，由于套袋后改变了果皮结构，进而改善了果皮的光洁度，提高了果实的外观品质。邓继光等（1995）认为，角质层厚度质地均匀无断裂口，会增加其抗挤压、耐储运的特性。同时，刘彦珍（2004）认为，相同条件下，套袋红富士苹果在储藏 4～5 个月后，果肉褐变明显增大，套袋果果肉褐变明显比不套袋深，说明套袋果实不如对照耐储。本研究表明，对照果实的角质层平滑、均匀一致，很少出现断裂情况；而套双层袋果实角质层有较多 V 形凹陷。综上所述，我们可以认为，角质层出现断裂可能是套袋后红富士苹果耐储性下降的一个原因，至于不同类型果袋的影响效果差异，尚需进一步研究。

2.3.3.2 不同果袋对果皮发育的影响

由于黑点、锈斑、角质层、皮孔、木栓层的形成与果实酚类物质代谢密切相关。所以，我们认为，不同类型果袋可能对果实酚类物质合成的关键酶 PAL、PPO、POD 的活性影响不同，进而导致不同处理下，果实角质层发育的差别。本试验发现，套前卫袋的果实角质层厚度要显著高于其他处理和对照，这可能与纸袋的材质或套不套袋有直接关系。本研究认为，套袋后，果皮结构在不同时期变化规律不同，这可能与 PAL、PPO、POD 等木质素、蜡质、角质等合成酶的活性有关。果实发育不同时期，外界气候环境条件千差万别，导致果袋内微域环境各有不同，对木质素、蜡质、角质等合成酶活性产生不同影响，进而导致不同时期果皮发育存在差异。厉恩茂等（2008）研究认为，红富士苹果套小林袋后，果实的微域环境得到了改变，袋内极值温度 42.3℃，平均湿度 83.8%；高大同（2006）研究表明，砀山酥梨在套外黄内黑，且内袋未涂蜡的双层纸袋（纸质和颜色均与前卫袋处理基本一致）后，袋内极值温度和平均湿度均低于外黄内红的双层袋（纸质和颜色均与小林袋处理基本一致）。因此，可以认为，由于两种纸袋的质地和颜色不同，尤其是小林袋内袋为红色，涂蜡，前卫袋内袋为黑色，未涂蜡，导致小林袋和前卫袋在透气性、表面吸水性、不透明度、抗张指数和撕裂指数上存在差别，致使果袋内的微域环境存在差异。

2.3.3.3 套袋对苹果果皮 PPO 活性的影响

前人的研究结果表明，过氧化物酶（POD）、多酚氧化酶（PPO）和苯丙氨酸解氨酶（PAL）等酚类物质代谢酶类，参与了果皮木质素、栓质素等结构物质的合成以及细胞壁的构建，与果实生长发育和外观品质形成有着密切关系（王少敏等，2002）。套袋通过抑制果实中这些酶的活性水平，延缓了表皮细胞、角质层、胞壁纤维的老化，果皮发育稳定、和缓，蜡质、角质层分布均匀一致，表皮层细胞排列紧密。

从果实内 PPO 活性水平的变化动态看，在果实发育前期，随幼果生长发育，PPO 活性水平呈上升趋势，尔后又逐渐下降，到果实开始成熟时，无论套袋果实或对照，其 PPO 活性均降至最低。此结果与张华云等（1996）和郑少泉等（2001）的研究结果基本一致。另外，单从套袋对果实内 PPO 活性水平的影响效应看，套袋能明显提高发育前期果实内的 PPO 活性水平。这一点与郑少泉等（2001）对枇杷果实的研究结果相一致，而与张华云等（1996）对莱阳茌梨的研究结果相反，这可能与各研究所采用的果袋种类不同有关。总体上，套袋对果实发育前期 PPO 活性的影响较大，对发育后期的影响较小。在果实发育后期，套袋果实的 PPO 活性水平低于对照，说明套袋果实的成熟衰老略早于对照，这一点也与郑少泉等（2001）的研究结果相类似。

2.3.3.4　套袋对苹果果皮 POD 活性的影响

研究表明，套袋抑制了果实 POD 活性，并在一定程度上抑制了果实发育期（尤其是果实发育前期）的 POD 活性，而对照果实则随着温度的升高和光照的加强在果实发育前期 POD 活性的迅速上升。张华云等（1996）采用单层袋对莱阳茌梨套袋的研究表明，套袋对茌梨果实的 POD 活性有一定的抑制作用；郑少泉等（2001）采用牛皮纸袋对枇杷果实套袋的研究表明，套袋能提高 POD 活性。此外，套袋能诱导鸭梨 POD 活性的提高，导致果实呼吸强度增强（汪景彦，1997）。同样，套袋能提高红富士苹果在套袋早期的呼吸强度（Xuetong Fan et al.，1998）。故此认为，不同果实袋型由于所形成的果实发育微域环境的差异而对套袋果实 POD 活性的影响不同。果实发育中、后期，POD 作为酚类物质代谢的关键酶之一，对果皮组织发育和果实锈斑的形成有很大影响（Lewis N et al.，1990；Van Huyster R B，1987；

Christensen J H et al.，1998；Graham et al.，1991）。本试验研究表明，果实发育前期，套袋果实 POD 活性得到抑制，这恰好与套袋通过抑制果实中 POD 酶活性，延缓了表皮细胞、角质层、胞壁纤维的老化，果皮发育稳定、和缓，蜡质、角质层分布均匀一致，表皮层细胞排列紧密的分析结果相一致（郝燕燕等，2003）。

另外，本研究认为，在果实发育的中、后期，套袋果实 POD 活性水平的提高，不仅仅是由于套袋提高了果实温度所致，更可能是果实套袋后由于袋内温度太高（尤其是在中午前后），导致果实失水，造成果实生理干旱的原因。当套袋果实受到高温及干旱胁迫时，导致生理紊乱，有害自由基积累，从而激发了果实 POD 活性的提高。这与前人在抗逆生理研究中，POD 和 SOD 等保护性酶系统活性变化的研究结果相一致（张建光等，2004）。

2.3.4 小结

套内袋为红色涂蜡的小林袋的果实，角质层在果实发育前期均匀一致，表皮细胞排列紧密，机械组织 4～5 层；发育中、后期，角质层出现较浅 V 形凹陷，表皮细胞拉长，表皮细胞大小显著高于未套袋果实，机械组织 1～2 层。套内袋为黑色未涂蜡的前卫袋的果实，角质层、表皮细胞排列和机械组织的变化趋势与小林袋处理基本一致，不过在果实发育的中、后期，出现较深 V 形凹陷，角质层厚度显著高于未套袋果实。未套袋果皮角质层在发育前期均匀一致，表皮细胞排列紧密，机械组织为 1～2 层，果实发育的中、后期，角质层出现极少数 V 形凹陷，表皮细胞拉长，并且出现较多断裂和空隙现象，机械组织为 2～3 层，显著高于套袋果实。

套袋后，果实表面 PPO、POD 活性均呈先升后降趋势。不同的是，相比对照果实，套袋果实 PPO 活性在果实发育前期高于对照，而在发育的中期对照果实 PPO 活性迅速上升超过套袋果实；果实发育后期，套袋果实与对照果实 PPO 活性变化基本一致。套袋果实 POD 活性在果实发育前期表现为略低于对照，但在发育中期套袋果实 POD 活性迅速提高，直到采收前其活性一直高于对照。

第三章　有袋栽培下果实内在品质变化研究

有袋栽培降低了果实内在品质和增加了果实苦痘病和痘斑病等的发生。本章围绕该问题讨论了有袋栽培对果实内在品质和病虫害影响的研究进展；试验研究了有袋栽培下苹果果实中主要糖代谢及相关酶的活性和有袋栽培下果实钙组分变化。明晰了苹果有袋栽培下，果实主要糖代谢规律、相关酶活性变化、糖代谢和酶之间的相关性以及钙组分的变化特点等。

3.1　研究进展

3.1.1　有袋栽培对内在品质的影响

果实套袋所产生的微域环境（Han J H et al.，2002；张建光等，2005a，2005b；张华等，2008；厉恩茂等，2008）使果实内部的物质代谢状况发生改变，影响了糖、酸、维生素C、矿质元素等物质的含量和芳香物质的构成等，对果实的内在品质造成了一定影响。

3.1.1.1　果实糖、酸等内含物含量

果实中糖、酸的含量及其比值是形成果实风味的重要因素（陈俊伟等，2004）。王少敏等（2002a）对套小林袋红富士苹果果实内含物的含量变化研究结果表明，套袋果的可溶性糖含量与对照存在一致的变化趋势，但其含量始终低于对照，摘袋后，果实蔗糖和山梨醇含量下降最为明显，而葡萄糖和果糖含量相差较

小。套袋降低了山梨醇和蔗糖的含量，而葡萄糖和果糖含量降低幅度较小（牛自勉等，1996；Fallahi et al.，2001）。因为山梨醇和蔗糖是苹果同化物运输的主要形式（Beruter J，1985），说明套袋主要抑制了光合同化物向果实内的运输，但对同化物转化为葡萄糖和果糖的影响不大（Yamaki S and Ishiwaka K，1986；Beruter J et al.，1997）。Arakawa et al.（1994）。研究发现，套双层纸袋后，苹果果实总糖含量显著降低。其中蔗糖含量下降比较明显，糖酸比较对照略有升高。高华君等（2000）在研究红色苹果套袋与除袋机理中发现，苹果的绿色果皮具有叶片 1/10 的碳同化能力，光合产物可直接储存在果实中。果实套双层纸袋后，果袋的遮光作用使果实基本不具备光合能力，不利于糖、酸等物质的积累。另外，育果袋所特有的温室效应，使果实在高温环境下呼吸强度高，对碳水化合物的消耗也有所增加。翟衡等（2006）对套袋苹果树进行光合测定发现，套袋造成了投影部位 5 片以上叶子遮光，无论树冠外围还是内膛，被遮光的叶片净光合速率均为负值，大量套袋极显著降低了树冠中部和内膛叶片的光合能力。果树的光合产物主要靠叶片制造（Hansen P，1970），果实生长所需要的营养主要靠附近叶片制造，并运送到果实中。因此，套袋处理内膛叶片光合能力的下降必将影响果实的生长发育，这也可能是果实含糖量下降的又一主要原因。王少敏等（2007）研究表明，套袋处理内膛叶片制造同化物的能力和时间明显比对照差，主要原因是果袋造成了光照环境的恶化，从而影响其功能。

不同类型育果袋及不同套袋、除袋时期对果实糖、酸等内含物也有不同影响（张艳芬等，1998）。王少敏等（2000a）研究发现，套双层纸袋的红富士果实淀粉含量最低，单层纸袋次之，未套袋果的淀粉含量最高。套袋果的可溶性固形物含量低于未套袋果，套单层袋果实的可溶性固形物、总糖含量显著高于套双层袋的果实（王少敏等，1998）。李慧峰等（2006）指出，套袋对寒富苹果果实内在品质有不利影响。其中套塑膜袋对果实影响较少，套反光膜袋和双层纸袋对果实影响较大。套袋后果实淀粉含量、可溶性固形物含量、有机酸含量和硬度略有下降，而可溶性糖含量、维生素C含量均不同程度增加。其中，套反光膜袋和塑膜袋的果实中维生素C含量与对照差异显著。套袋过早及去袋过晚均不利于糖类物质积累，同时遮光性强的育果袋也不利于糖类物质的积累（王少敏等，2000a）。孙庆忠等（1995）试验发现，除袋过晚能降低富士苹果可溶性固形物的含量。王少敏等（2002a）和Arakawa et al.（1994）的研究结果认为，未套袋果维生素C含量高于套袋果。刘会香和公维松（2001）认为，套袋果的维生素C和维生素E含量下降。

糖卸载到果实的过程在很大程度上取决于果实的库强（Farrar J et al.，2000），而库强大小的一个重要的生化标志就是与糖代谢有关酶的活性（Davies C and Robinson S P，1996；Vizzoto G et al.，1996；Odanaka S et al.，2002）。育果袋所特有的微域环境对果实糖代谢，尤其是糖代谢的关键酶活性产生了一定影响。魏建梅等（2008）研究发现，套袋不利于果实糖分积累的原因在于其影响了糖代谢相关酶的活性，从而改变了其“库”、“源”水平。李永梅等（2007）研究认为，套袋可能通过影响果实发育过程中糖代谢相关酶的活性来调控果实糖分积累和品质形成。而转化酶是衡量库强的一个十分重要的标志（魏建梅，2005b；Leigh R A et al.，1979；Yelle S et al.，1988；Dickinson C D et al.，1991；Stitt M et al.，1991）。山梨醇作为蔷薇科果树所特有的重要光合同化物（Moriguchi T et al.，1990），但在关于套袋对其含量变化及相关酶活性影响的研究还相对较少。

3.1.1.2 芳香物质

果实的芳香物质主要包括酯类、醇类、醛类、酮类和挥发性酚类物质等。其中2-甲基丁酸乙酯和反式-2-己烯醛是苹果重要的香气成分（原永兵等，1995）。大多研究表明，套袋降低了果实酯类物质含量（牛自勉等，1996；卜万锁等，1998；王少敏等，2000a；赵长星等，2001；赵峰等，2006）。套袋后红富士苹果中的芳香物质总量减少，含量仅相当于未套袋果的91.38%；果实中酯类和醇类成分均有不同程度的降低，分别相当于未套袋果的42.75%和82.98%，而醛类物质增加，为未套袋果的1.77倍。认为套袋后酯类物质含量的减少和醛类物质增加，使得红富士苹果作为“酯香型”的特征不能充分表达，风味改变（赵峰等，2006；王少敏等，2000a）。套袋对果实风味质量有多重影响，不同袋种处理的富士果实芳香物质中的乙醛、丙酮及醇类物质相对稳定，但有的果袋显著降低了果肉中酯类物质含量。说明果肉芳香物质中的乙醛、丙酮及醇类物质在不同处理之间相对稳定，是构成果实基本风味的基础，而酯类的变化构成了果实风味的细微差异（牛自勉等，1996；卜万锁等，1998）。但赵长星等（2001）研究表明，长富2号储藏3个月后乙醛和丙酮的含量对不同处理没有显著差异，套袋处理导致了醇类物质含量的降低和酯类物质含量的提高，表现出一定耐储性，这种变化可能与多酚氧化酶的活性滞后反应有关。

3.1.1.3　矿质元素

苹果果实中矿质元素的含量及不同比例与果实的品质形成及耐储性有密切的关系。钙、钾含量高的果实果肉致密，细胞间隙小，储藏期软化速度慢，肉质好，耐储藏；锰、铜含量低，果实脆度高，含量高则果实硬度大（李宝江等，1995）；钙对果实品质的影响要远远大于氮、磷、钾、镁等元素（谢玉明等，2003），且果实套袋后产生的许多生理病害也与钙含量的变化有关（顿宝庆等，2002；赵同生等，2007）。果实钙素吸收和运转与果面湿度及其蒸腾作用有关（Jones H G and Samuelson T J，1983；

Cline J A and Hanson E J，1992）。由于果实套袋后温度较高，有时会比自然温度高 10℃以上，不利于钙向果实内的运输和积累（Fallahi E et al.，2001）。大多研究表明，套袋降低了果实钙含量（李明媛等，2008；Witney G W et al.，1991）。但李方杰等（2007）研究表明，果实套袋后钙素吸收受到抑制，主要表现在果皮上，整个生长发育期间套袋苹果的果皮钙含量显著低于对照；果心与果肉钙含量与对照果实相差不大，甚至略高于对照果实；去袋后，套袋果实的钙吸收量高于对照果实。另外，不同的育果袋类型及套袋时期对果实钙素含量的影响也不同，但目前尚没有统一的结论（东忠方等，2007；李明媛等，2008；Jackson et al.，1977；Witney G W et al.，1991；Amarante C et al.，2002）。

3.1.1.4　果实硬度和耐贮性

套袋对果实硬度的影响研究结果不一致。陈彦同（1997）在日本套袋果园的试验表明，未套袋果硬度开始时略低于套袋果，随着果实的成熟，其差距变小。单、双层纸袋处理的果实硬度差异不显著，与无袋果的硬度差异也不显著（王少敏等，1998，2000b）；套双层纸袋的红富士果实硬度增加，新红星套单层和双层纸袋硬度均提高（潘增光和辛培刚，1995）；Arakava et al.（1988a）的研究也表明，陆奥（Mutsu）和乔纳金（Jonagold）苹果套双层纸袋处理能显著提高果实硬度。在富士上的研究表明，苹果套双层纸袋后果实硬度有所下降（王文江等，1996），可见套纸袋对果实硬度的影响尚需进一步试验研究。套塑膜袋后果实硬度有所下降（潘增光和辛培刚，1995；韩明玉等，2004a）。

苹果是典型的呼吸跃变型果实。套袋果在储藏期间硬度、可溶性固型物、可溶性糖和果实失水率等指标较未套袋处理都有一定的差异。果实失水率是反应果实储藏品质的重要指标之一，果皮失水皱缩直接影响果实的商品价值。果实套袋后皮孔覆盖值降低，角质层分布均匀一致，果实不易失水和褐变，从而提高果实的耐储性（Noro et al.，1998；高华君等，2000）。胡桂兵等（2001）研究认为，套袋后有利于增强果皮的保水能力和延迟衰老，从而推迟失水褐变出现的时间，延长果实的储藏寿命。王少敏等（2000b）研究表明，红富士在储藏期间除可滴定酸外，套袋果硬度、可溶性固形物及可溶性糖含量降幅较大，未套袋果变化较为平缓，且滞后于套袋果的变化。这可能与果实套袋后引起各物质变化的相关酶的活性高有关。刘彦珍（2004）和马慧等（2007）研究结果认为，套袋果的耐储性降低。卜万锁等（1998）研究认为，随储藏期的延长，不同袋种处理的果实醇类物质含量普遍下降。在小袋气调储藏 90d 时，低于未套袋果。但酯类物质含量增加，该变化可能与 POD、PPO 活性的滞后效应有关，也可能与采收后酯类物质的低水平释放有关，其作用机理有待进一步研究。

3.1.1.5　果实安全性

苹果既是一种时令食品，又是一种食品原料，它的安全直接关系到制品的安全，成为苹果出口的贸易壁垒，因而引起了各国政府的高度重视。美国食品和药物管理局（FAD）从 1987 年开始实施农药残留检测项目，从 2000 年开始将重金属元素检测纳入果园的营养管理（Peryea，2001）；其他发达国家也将苹果农药残留作为评价食品安全的主要内容纳入本国食品安全检测计划（刘志坚，2002）。果实套袋后，由于果袋的阻隔和保护作用，避免了农药与果面的直接接触，显著降低了农药的残留量，利于生产无公害苹果。周宏伟等（1994）试验表明，套袋果实中农药残留明显降低，不套袋果甲基对硫磷的残留量是套袋果的 1.66（果皮）倍、2.29（果肉）倍、4.47（果心）倍；水胺硫磷分别增加 5.54（果皮）倍、6.31（果肉）倍、6.59（果心）倍。王少敏（2002a）检测结果表明，套袋红富士的水胺硫磷含量为0.004mg/kg，未套袋果则高达0.022 4mg/kg，农药残留量是套袋果的5.5倍；刘建海和李丙智（2003）检测结果表明，套袋果辛硫磷含量未检出，符合NY5011-2001国家农业行业标准“无公害食品苹果”的要求，而未套袋果的辛硫磷含量（0.06）超过国家标准（≤0.05）。不套袋苹果果皮中三氟氯氰菊酯的检出量为0.03mg/kg，是套单层纸袋苹果果皮检出量0.01mg/kg的3倍，套双层果袋苹果果皮及所有苹果果肉中三氟氯氰菊酯未检出（李祥等，2006；陈合等，2006）。樊秀芳等（2003）报道，不同套袋处理果实农药（铜、砷）残留量及亚硝酸盐含量不同，各处理果实中的残留量均低于国家规定标准；套袋可以明显降低果实上有机磷和有机硫的含量（Katami et al.，2000；刘建海和李丙智，2003）。套袋明显降低了果实重金属（Pb、Cd、Cr）含量，且双层果袋效果优于单层袋，重金属主要集中在果皮（李祥等，2006；陈合等，2006；史云东等，2007）。

3.1.2 有袋栽培对病虫害发生的影响

苹果套袋后避免了果实与外界的直接接触，有效减轻侵染性果实病害和虫害的发生。如果实轮纹病、炭疽病、黑星病、腐烂病、桃小食心虫和苹小卷叶蛾等。果实套袋后，果袋阻隔了果面与外界的接触，病菌和害虫侵入的机会大大降低。据在梨小食心虫发生严重的果园试验，在6月下旬套袋，套袋果虫果率为4.47%，未套袋果虫果率为82.5%（黄明，1999）。但苹果套袋后苯丙氨酸解氨酶（PAI）、过氧化物酶（PPO）、超氧化物歧化酶（POD）等木质素、蜡质、角质等合成酶的活性受到抑制，果实抗病性下降（吴伟，2004），加之果实处于一个特殊的微域环境，袋内的高温、高湿诱发了一些潜在病虫害的发生，加重了斑点病（黑点、红点）、苦痘病、痘斑病、锈果病等病害和康氏粉蚧、玉米象、中国梨木虱等害虫的发生。

3.1.2.1 生长期病害

3.1.2.1.1 苹果斑点病（黑点、红点）

苹果斑点病是由病原菌侵染造成的一种病害。症状表现复杂多样，常因品种、发生时期、病斑出现部位及病原种类不同而异，是目前为害套袋苹果较为严重的一种病害，一直受学者和生产者的关注，并进行了大量的研究报道。斑点病在苹果不同品种果实上造成的症状差异较大，可归纳为黑点型、黑点红晕绿斑型、黑点红晕褐斑型、黑点绿斑型、褐斑和红晕褐斑型、褐斑和褐紫红斑型、红点型等（徐秉良等，2000）。经研究认为，引起套袋苹果黑点病的病原菌为粉红聚端孢霉（*Trictothecum roseum* Link）和点枝顶孢霉（*Acremonium stictum* Link）。其中粉红聚端孢霉形成的症状以黑点型为主，点枝顶孢霉形成的症状以褐斑和褐紫红斑型为主（郭云忠等，2005）。红富士果面黑点病的致病菌为顶孢头孢霉（*Cephalosporium acremonium* Corda）和粉红单端孢霉（*Trictothecum roseum* Link）。它们单独侵染或两种菌复合侵染。粉红单端孢霉引起黑点病，顶孢头孢霉导致褐斑和红晕褐斑型病果。红点型病果则由链格孢霉所致（吴桂本等，2003）。通过对病原菌侵染的果面进行病原分类结果表明，黑点型，粉红单端孢霉分离占45.5%，顶孢头孢霉占22.1%；褐斑和红晕褐斑型，顶孢头孢霉分离占68.7%，粉红单端孢霉占1.7%；红点型，主要由链格孢霉引起，离占58.7%（吴桂本等，2003）。

引起套袋苹果黑点病的原因是多方面的。该病与栽培地区的海拔、果园地势、气候、育果袋种类、套袋技术及苹果品种的不同而异。低海拔地区气温偏高，果树长势旺、通风透光较差，利于病害发生（海拔在1 000m以下发病率高于50%），而高海拔地区则相反（海拔在1 000m以上发病率低于4%）。在树冠不同部位的发生情况不一样。树冠上部发病率24.4%，中部发病率

31.7%，下部发病率27.5%（唐周怀等，2003）。土壤黏重、地势低洼、排水不良、枝量过多、树冠郁闭、偏施氮肥的果园发病较重；套袋不规范、袋口朝上未扎紧、果袋透水、漏水的黑点病发生重（王少敏等，2002）。在北方地区，每年从7月份雨季高温时期开始发病，一直到9月份气温降低，雨水减少时，发病减少；透气性好、表面吸水性差、柔软性好、抗张性好的育果袋发病轻，反之发病重（陈策和汪景彦，2002）。苹果不同品种间发病程度有明显差异。发病严重程度从高到低依次为红星、北斗、嘎拉、红富士、国光、乔纳金，红星最易感染此病，而且发病盛期比富士早1个月左右，乔纳金最抗此病，发病期比富士晚15d左右。在防治方面，通过科学整形、修剪改变树体通风透光条件，选用透气性强、疏水性好和做工精细的双层育果纸袋，在雨季高温时期及时排除袋内积水，减少黑点病的发生；用80%大生M-45等5种药剂，套袋前交替喷施800倍液4次，防效可达85%以上（王英姿等，2003）。

3.1.2.1.2　日灼病

普遍认为套袋苹果发生日灼有内部和外部两方面的原因。内部原因是苹果套袋后，果实内的干物质含量降低，含水量相对增多，果皮蜡质层变薄，强烈光照使果温升高，蒸腾速率加强，导致果皮失水出现日灼（高华君等，2000）。外部原因：一是通过苹果果实日灼人工诱导技术及阈值温度研究后得出结论，日灼的发生不完全取决于果面温度，强烈的日照对诱导日灼也是重要因素，果实发生日灼的气象指标为，日照强度大于700W/m²，空气相对湿度小于26%，气温高于30℃，风速小于1.3m/s（张建光等，2003）；二是日灼的发生与所选的育果袋及套袋和摘袋时间关系密切，套塑膜袋果实日灼率大于套纸袋，单层袋日灼率大于双层袋，外黄单层袋比外花单层袋日灼率高，外灰内黑比外灰内红的双层袋日灼率高，而双层优质纸袋与对照果的日灼率基本相同（高文胜，2005）；三是不同的果树品种抗日灼阈值温度不同，几个不同品种抗日灼能力依次为，凯蜜欧＜金冠＜红富士＜澳洲青苹＜新红星＜嘎拉＜乔纳金＜粉红女士＜布瑞波恩（张建光等，2003）；四是果树的生长势强弱与结果部位的不同，发生日灼的程度不同，结果部位与发生日灼的关系为，树冠外围日灼率大于树冠内膛，树冠南部和西部日灼率大于树冠北部和东部；生长势弱的树体果实日灼率大于生长势强的树体（王少敏，2002）；五是不同果袋日灼不一样，劣质果袋遮光、透气性差，温、湿度稳定性差，易引日灼。另外，各种果袋以黑色袋日灼最重，涂蜡袋其次，双层袋和黄色袋较轻（高文胜，2005）。有研究认为，用塑膜袋日灼现象轻，因为塑料膜袋内长期保持水珠，盛夏时袋内温度并非想象那么高（刘志坚，2002）。加强肥水管理，提高树体抗性，合理修剪，避免果实强光暴晒，适时套袋等能够减少日灼的发生（王江勇等，2006）。

3.1.2.1.3　苦痘病和痘斑病

苦痘病、痘斑病是由于苹果套袋后果面缺钙引起的成熟期和储藏期常见的生理性病害。苦痘病症状为果面上以皮孔为中心出现圆斑，颜色比正常果面深，斑周围有深红或黄绿色晕圈，随后病斑表皮坏死，病部下陷，大小1～3mm不等。坏死的皮下果肉变褐色，干缩，有苦味，不能食用。储藏期间，病果易被杂菌侵染而腐烂。痘斑病症状以皮孔为中心出现小斑点，果皮变褐色，周围有紫红色晕圈，直径约0.5cm，以后皮孔附近果肉变褐，下陷，呈海绵状。与苦痘病不同的是痘斑病果变褐坏死较浅，仅1mm左右，无苦味，削皮后仍可食用。储藏期间，病果易受杂菌感染而腐烂（刘国华，1999）。

苹果套袋后，果面无法吸收活性钙而引发苦痘病、痘斑病。套袋苹果发生缺钙有两个临界期，一是花后4～5周是果实吸收钙的关键时期，果农常因套袋过早而错过果实吸收钙的最佳时机；二是果实迅速膨大期，果实中的钙增加相对较少，钙含量被稀释，浓度降低，果个越大越容易因缺钙，引发苦痘病和痘斑病。因此完成这两个时期果面所需活性钙的补充，可减轻该病的发生（王少敏等，1999）。苹果套袋后不同品种间对钙反应有明显差异。金冠苹果对缺钙最敏感，病果率可达20.8%，其次为国光，富士对缺钙反应较轻（高久思等，2003）。N、K和Mg元素含量过高会影响果实对钙的吸收，果皮或果肉中的N/Ca、(K+Mg)/Ca的值越大，发生苦痘病、痘斑病越严重（谌有光等，1989）。美国通过水培控制养分种类和供给量诱发苹果苦痘病的试验结果，再一次证明了N/Ca、(K+Mg)/Ca的值是该病发生的关键（Bhowmik，1988）。N/Ca=10时，果实不出现苦痘、痘斑病，当比值为20时果实开始发病，当比值达到30时果实严重发病。通过补充钙肥或于花后4～5周内对果面连续喷布两次400倍液的氨基酸钙，能明显控制其发病率（王少敏和高华君，1999）。

3.1.2.2 生长期害虫

3.1.2.2.1 康氏粉蚧

套袋苹果袋内环境趋暗、潮湿，为喜阴的康氏粉蚧等害虫创造了良好的栖息场所，因此，近年来康氏粉蚧对套袋苹果的为害愈来愈重，受害果实商品率降低。康氏粉蚧在北方地区1年发生3代。第1代若虫孵化后，主要为害树体，第2～3代若虫孵化后，进入果袋为害果实，在萼洼、梗洼处形成黑斑。套袋果实平均被害率较不套袋苹果提高70%左右，虫量较不套袋苹果提高32.6%～67.6%，受害果常伴发煤污病（周宝琴等，2005；王江勇等，2006）。康氏粉蚧繁殖力的大小因发生时期和寄生部位而异。寄生在果上的成虫产卵数多于寄生在叶片和主干上的产卵数，越冬代产卵较少。用聚集度指标研究康氏粉蚧幼虫的空间分布型，康氏粉蚧聚集分布在树冠内，以东西方向密度较大，聚集强度随种群密度的升高而增加（李卫东等，2000）。康氏粉蚧属刺吸式害虫，前期为害幼芽、嫩枝，后期为害果实，并使果实呈畸形及果面有黏液，严重时连外袋都呈现油渍湿润状。目前对于康氏粉蚧防治效果显著的方法仍以农业防治措施和化学防治为主，根据其各世代发生规律，人为改变其生存环境或喷布化学药剂，对其在袋内为害有一定的控制作用，使受害果率明显降低（高九思，2003）。

3.1.2.2.2　中国梨木虱

中国梨木虱在中国大部分地区 1 年发生 6～7 代。6～9 月份是为害严重期。温度对梨木虱发育和成虫的繁殖、寿命有较大影响。在 20～30℃，梨木虱各虫态的发育历期随着温度的升高而缩短；在 20～25℃之间，产卵期和产卵量随着温度的升高而延长和增加，高于 25℃时，产卵期和产卵量开始缩短和减少（李庆和蔡如希，1994）。中国梨木虱在果园的空间分布型属于聚集分布（王立如等，2004）。梨木虱对套袋苹果树的为害分直接为害和间接为害。直接为害指由梨木虱直接刺吸苹果树叶、果实和幼嫩枝条的汁液，持续整个生长季节；间接为害是指梨木虱分泌的黏液，经雨水冲刷流至袋内果实上，被链格孢菌附生破坏表皮组织形成病斑，同时也加重了苹果斑点落叶病的发生。其为害程度大于直接为害。对梨木虱的防治策略应该是虫菌兼治，前期重点治虫，中期侧重清除分泌物兼治虫，后期重点防治霉菌附生。

3.1.2.2.3　玉米象

玉米象是典型的隐蔽型害虫。玉米象繁殖阈限值 14.7～35℃。在我国北方地区，每年发生 1～4 代。玉米象主要为害禾谷类储粮，因果农的人为传带导致储粮中的玉米象开始为害果园，特别是苹果套袋后，袋内的小气候环境成为其为害果树的主要载体。每年的 7 月中旬至 8 月中旬，是玉米象为害套袋苹果的猖獗期，果面伤口面积可达 1～3mm^2，虫口深度 2～4mm，在苹果迅速膨大期遭到为害时，可造成整个苹果畸形。在防治方面，首先避开虫源，以果园生草（如三叶草、紫花苜蓿等）代替覆麦秸草，其次注意观察，在玉米象开始活动入袋之前，可用化学防治彻底消灭成虫（高文胜，2005）。

3.1.2.3 贮藏期病虫害

Fan and Mattheis（1998）研究认为，红富士苹果套袋后可以延迟内源乙烯释放，增加呼吸速率，从而提高果实抗病性；Noro et al.（1998）研究认为，套袋可以减轻北斗（Hokuto）苹果在冷藏期间产生的斑点病。

3.1.2.4 对病虫害防治体系的影响

套袋果园用药较未套袋果园减少了2～3次。套袋前1～2d，全园喷一次杀菌剂和杀虫剂，并结合喷药（或单喷）连续喷2～3次钙肥（氨基酸钙、富力钙、氨钙宝等），防治苦痘病和水心病（高文胜，2005）。除袋后可喷1次喷克或甲基托布津等内吸剂性杀菌剂，防治果实潜伏病菌引发的轮纹烂果病（刘建海等，2007）。也有人建议摘袋后不喷药，确需时，摘袋后5d左右进行喷施（张建军和马希满，1996）。

3.2 有袋栽培下苹果果实中主要糖代谢及相关酶的活性

生产中发现，苹果套袋后造成了内在品质下降，明显体现在果实含糖量下降。研究表明，果实中糖的积累受果实库强、韧皮部卸载、跨膜运输、碳水化合物代谢及相关酶活性的影响（Beruter J，1997；王永章和张大鹏，2000，2001）。糖卸载到果实的过程在很大程度上取决于果实的库强（Farrar J et al.，2000），而库强大小的一个重要的生化标志就是与糖代谢有关的酶活性（Davies C and Robinson S P，1996；Vizzoto G et al.，1996 ；Odanaka S et al.，2002）。育果袋所特有的“微域环境”对果实糖代谢尤其是糖代谢的关键酶活性产生了一定影响。魏建梅等（2008）研究发现，套袋不利于果实糖分积累的原因在于其影响了糖代谢相关酶的活性，从而改变了其“库”、“源”水平。于永梅等（2007）研究认为，套袋可能通过影响果实发育过程中糖代谢相关酶的活性来调控果实糖分积累和品质形成，而转化酶是衡量库强的一个十分重要的标志（Leigh R A et al.，1979；Stitt M et al.，1991；Yelle S et al.，1988；Dickinson C D et al.，1991；魏建梅，2005b）。但从整体来看，人们在关于套袋对糖含量变化及相关酶活性影响的研究还相对较少，而且也没有系统地阐明有袋栽培体系下果实糖含量下降的根本原因。

本研究以红富士和寒富为试材，研究了不同纸质育果袋条件下红富士果实糖含量及糖代谢酶相关酶活性的变化特点和套袋对寒富果实糖含量及糖代谢酶相关酶活性的影响，以系统的阐明有袋栽培体系下果实糖含量下降的根本原因，为提高套袋苹果的内在品质提供理论依据和技术支持。

3.2.1　材料与方法

3.2.1.1　供试材料

本试验分别于2007年在辽宁省葫芦岛市绥中县李家乡铁厂果园和2008年在沈阳农业大学果树教学试验基地进行。

辽宁省葫芦岛市绥中县李家乡铁厂试验园，果园为棕壤土，通透性良好；供试品种为26年生红富士苹果，树形为开心形，树势中庸，生长较好，果园管理水平较高。试验用育果袋分别为小林牌双层纸袋、彤乐牌双层纸袋、前卫牌双层纸袋。

沈阳农业大学果树试验基地试验园，果园为棕壤土，通透性良好；供试品种为5年生寒富苹果，树形为自由纺锤形，树势中庸，果园管理水平较高。试验用育果袋为小林牌双层纸质育果袋。

3.2.1.2　试验设计

绥中试验园，选择生长良好、结果量基本一致的5株红富士苹果树，作为试验用树。套前卫袋、小林袋和彤乐袋 3 种处理。套袋时间为花后 40d（晴天），于当天全部套完试验用果，以不套袋苹果为对照。在套袋后当天及套袋后每隔 30d 左右取样 1 次，直至果实采收。采收前 25d 除外袋，外袋除后 5d 除内袋，试验采用单株区组，5 次重复。每株树各处理随机选取 1 个果实。

沈阳农业大学试验园，选用树相一致、生长良好的 5 年生寒富苹果植株作为试验用树，套小林袋，单株小区，5 次重复，区组内随机排列。套袋时间为花后 40d（晴天），于当天全部套完试验用果，采收前 20d 除外袋，除外袋后 3d 除内袋。以不套袋苹果为对照。在套袋当天及套袋后每隔 20d 左右取样 1 次，直至果实采收，每处理随机选取 5 个果实。所取果实用具冰袋的保温箱迅速带回实验室进行相关指标的测定。

3.2.1.3 测定内容及方法

3.2.1.3.1 果实中葡萄糖、果糖、蔗糖与山梨醇含量的测定

果实中葡萄糖、果糖、蔗糖与山梨醇含量的测定参照齐红岩等（2006）的方法，进液相色谱（HPLC）测定。色谱条件为：Waters 600E 高效液相色谱，用 Dikma 公司氨基柱，柱温为 40℃，2410 示差检测器。葡萄糖、果糖和蔗糖测定流动相比例为 75％乙腈∶25％超纯水，流速为 1.0ml/min；山梨醇测定流动相比例为 75％乙腈∶25％超纯水，流速为 0.75ml/min。采用 Waters Millennium 软件控制及数据处理。

3.2.1.3.2 果实中糖代谢相关酶活性的测定

酶的提取参照王永章与张大鹏（2000）的方法。磷酸蔗糖合成酶（SPS）活性测定按 Zhun 等（1997）的方法，以 μmolsucrose/g/h・FW 表示磷酸蔗糖合成酶的活性；蔗糖合成酶（SS）活性测定按 Rufly 等（1983）的方法，μmolsucrose/g/h・FW 表示蔗糖合成酶的活性；酸性转化酶（AI）和中性转化酶（NI）活性测定按 Merlo 等（1991）的方法，以

μmolglucose/g/h · FW 表示酸性转化酶的活性，以 μmolglucose/g/h · FW 表示中性转化酶的活性；按 Beruter 等（1985）等的方法测定山梨醇脱氢酶（SDH）和山梨醇氧化酶（SOX）的活性，以 μmolNAD/g/h · FW 表示山梨醇脱氢酶的活性，以 μmolglucose/g/h · FW 表示山梨醇氧化酶的活性。

3.2.1.4　数据调查与统计分析

所取果实用具冰袋的保温箱迅速带回实验室进行相关指标的测定，实验数据用 Excel2000 和 DPS7.0 版统计分析软件进行处理分析。

3.2.2　结果与分析

3.2.2.1　苹果果实糖含量的变化

3.2.2.1.1　山梨醇含量的变化

如图 3-1 所示，在寒富苹果果实生长发育过程中，套袋和对照果实山梨醇变化趋势较为一致。花后40～60d，套袋比对照果实山梨醇含量稍有下降；果实发育早期（花后 40～100d），对照果实山梨醇含量一直高于套袋果；果实发育中、后期（花后 120～160d），对照与套袋果山梨醇含量变化趋势基本相同，套袋果山梨醇含量高于对照；除袋后（花后 150～160d），套袋比对照果实

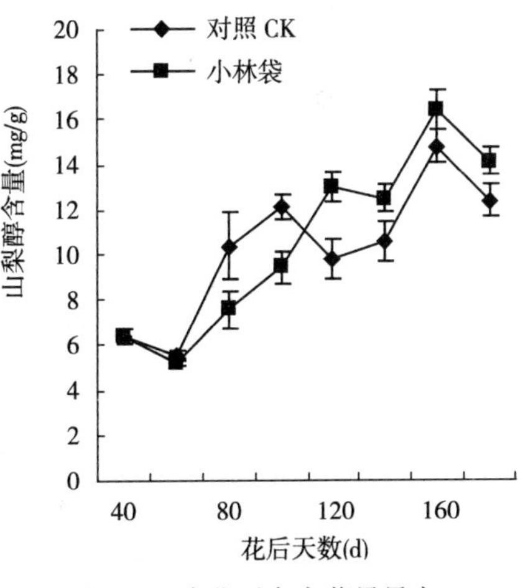

图 3-1　套袋对寒富苹果果实山梨醇含量的影响

山梨醇含量有所降低。由此可见，套袋提高了果实山梨醇含量。

3.2.2.1.2　蔗糖含量的变化

从图 3-2 可以看出，红富士苹果果实的蔗糖含量呈先升后降的变化趋势。在处理初期（花后 40～85d），蔗糖积累量较少，随果实生长发育其含量逐渐升高，且不同果袋处理果实的蔗糖积累高峰出现时期略有不同。对照出现最早，约在花后 145d 左右；套袋果则出现在花后 160d 左右。这说明套袋处理影响了果实的蔗糖积累。除袋后（花后 160d），套袋果实蔗糖含量迅速降低，这可能与外界环境的改变使酸性转化酶活性增强有关；至果实采收（花后 175d），小林袋果实蔗糖含量和彤乐袋基本一致，高于前卫袋，对照最低。

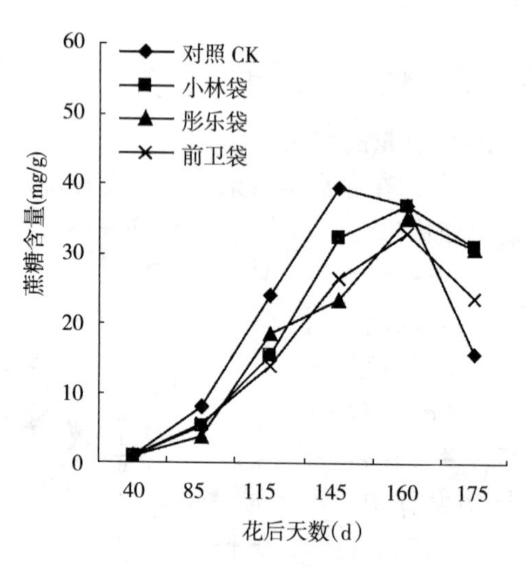

图 3-2　套袋对红富士苹果果实蔗糖含量的影响

由图 3-3 可以看出，寒富苹果套袋与对照果实蔗糖含量在其生长发育过程中变化趋势基本一致，且对照果实始终高于套袋果；对照果实蔗糖含量在发育初期（花后 40～80d）和采收前（花后 150～160d）积累较快，而套袋果在花后 120～135d 其蔗糖含量上升较为明显。

摘袋前，红富士和寒富苹果未套袋果的蔗糖的含量均高于套袋果，且都呈上升趋势。摘袋后，寒富品种继续呈上升趋势，未套袋果的蔗糖的含量均高于套袋果；红富士品种则出现相反趋势，不但蔗糖含量降低，且未套袋果的蔗糖的含量低于套袋果。

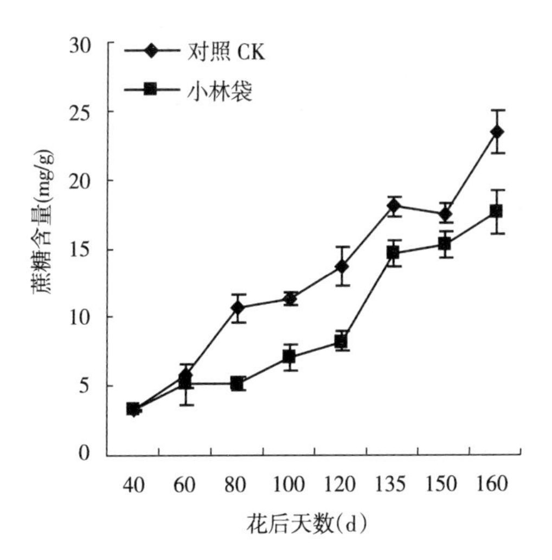

图 3-3　套袋对寒富苹果果实蔗糖含量的影响

3.2.2.1.3　**果糖含量的变化**

由图 3-4 可以看出，套袋处理及对照红富士苹果果实的果糖含量在其生长发育过程中总体呈先升后降的变化趋势。小林袋及对照果糖含量从处理开始至花后 145d 呈上升趋势，随后逐渐下降，而彤乐和前卫袋在花后 160d 达到最大值。果实采收时(花后 175d)，各种育果袋和对照差别不大。在整个发育期套袋果的果糖含量低于对照，说明套袋降低了红富士苹果果实果糖的积累。

由图 3-5 所示，在寒富苹果果实整个发育期间，套袋与对照果实果糖含量基本呈持续上升趋势。果实套袋初期（花后40～

60d)，套袋果果糖含量高于对照，随后套袋果果糖含量始终低于对照，说明套袋降低了寒富苹果果实果糖的积累。

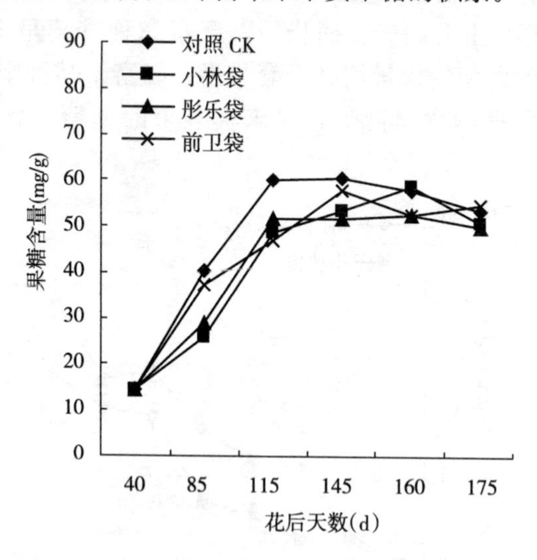

图 3-4　套袋对红富士苹果果实果糖含量的影响

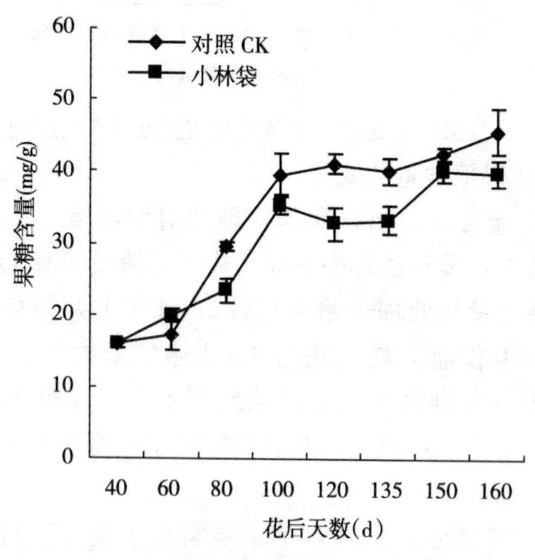

图 3-5　套袋对寒富苹果果实果糖含量的影响

3.2.2.1.4 葡萄糖含量的变化

如图 3-6 所示，红富士苹果套袋果与未套袋果的葡萄糖含量整体呈现升—降—升的变化趋势。花后 40～145d，套袋处理葡萄糖含量始终高于未套袋果，随后对照葡萄糖含量有所上升，并逐渐高于套袋果，而此时正值除袋期（花后 150～160d）。除袋后，果面环境条件与套袋时有很大差别，这可能会对套袋果实转化酶的活性产生一定影响，进而影响了套袋果实葡萄糖的积累。果实采收时，对照葡萄糖含量最高，小林袋>前卫袋>彤乐袋。

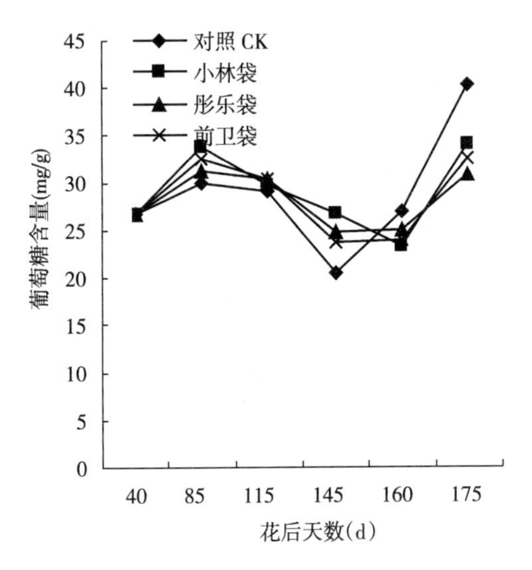

图 3-6 套袋对红富士苹果果实葡萄糖含量的影响

如图 3-7 所示，在寒富苹果果实整个发育期间，套袋与对照果实葡萄糖含量基本呈持续上升趋势。果实套袋初期（花后 40～70d），套袋果葡萄糖含量高于对照，但随处理时间的延长，套袋果葡萄糖含量始终低于对照。说明套袋也影响了苹果果实葡萄糖的积累。除袋后（花后 150d），套袋与对照果葡萄糖含量均有所降低。这说明除袋后微域环境的短期改变并未对果实糖积累产生影响。

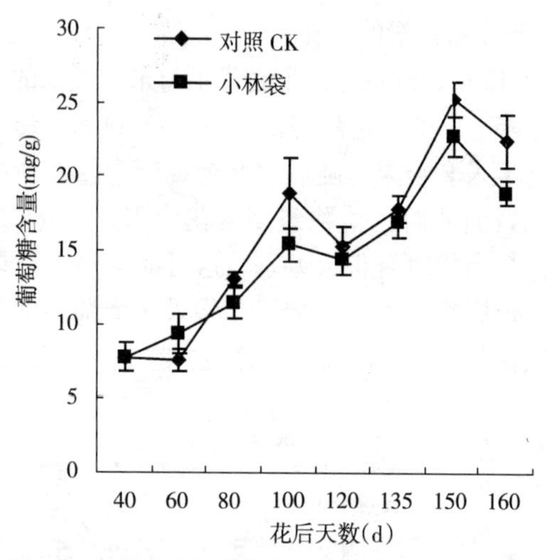

图 3－7　套袋对寒富苹果果实葡萄糖含量的影响

3.2.2.2　苹果果实糖代谢相关酶的活性变化

3.2.2.2.1　山梨醇氧化酶和山梨醇脱氢酶活性的变化

如图 3－8 所示，套袋与对照果实山梨醇脱氢酶活性在果实

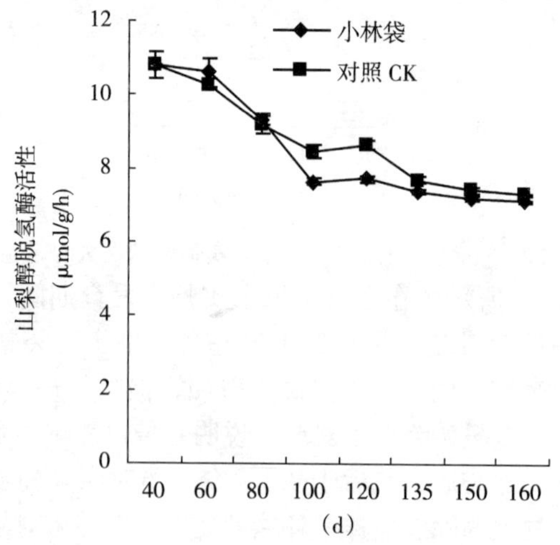

图 3－8　套袋对寒富苹果果实山梨醇脱氢酶活性的影响

整个生长发育期间呈持续下降趋势，且变化趋势基本相同。套袋苹果果实的山梨醇脱氢酶活性在处理前期略高于对照果（花后40～80d），但随后直至果实采收（花后80～160d），套袋果山梨醇脱氢酶活性始终低于对照。

如图3-9所示，套袋与对照果实山梨醇氧化酶活性在果实整个生长发育期间基本呈现下降趋势，与同期果实山梨醇脱氢酶活性变化不同的是，套袋苹果果实的山梨醇氧化酶活性在处理前期略高于对照果（花后40～80d），随后直至果实采收（花后80～160d），其活性始终高于对照果。这说明套袋在一定程度上影响了果实山梨醇代谢酶的活性，进而调节了果实山梨醇的代谢。

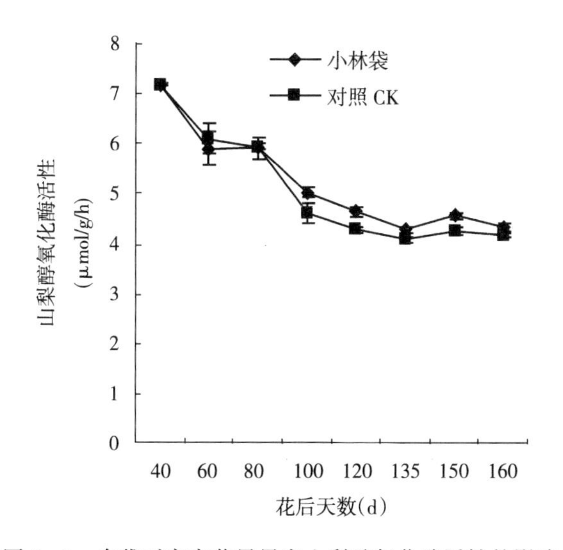

图3-9 套袋对寒富苹果果实山梨醇氧化酶活性的影响

3.2.2.2.2 蔗糖合成酶和蔗糖磷酸合成酶活性的变化

如图3-10所示，苹果果实蔗糖合成酶活性在其生长发育过程中总体呈现先降后升的变化趋势。套袋处理前期（花后40～100d），对照果实蔗糖合成酶活性高于套袋果，中、后期其活性始终低于套袋果（花后 120～160d）。

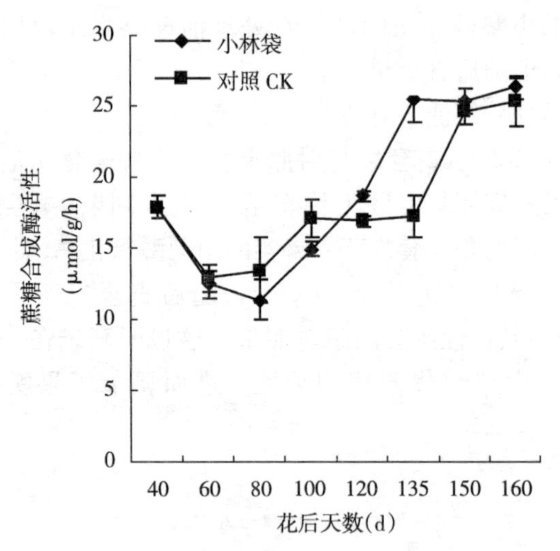

图 3-10　套袋对寒富苹果果实蔗糖合成酶活性的影响

如图 3-11 所示，苹果果实蔗糖磷酸合成酶活性在其生长发育过程中总体也呈现先降后升的变化趋势，这与苹果果实蔗糖合成

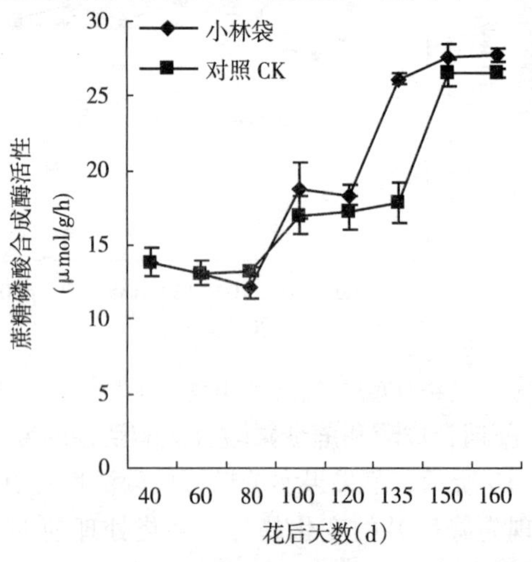

图 3-11　套袋对寒富苹果果实蔗糖磷酸合成酶活性的影响

酶活性的变化规律基本相同。套袋处理前期（花后 40～80d），对照果实蔗糖磷酸合成酶活性高于套袋果，中、后期其活性始终低于套袋果（花后 100～160d）。与苹果果实蔗糖合成酶活性变化规律不同的是，果实蔗糖磷酸合成酶活性对套袋处理的响应时期（花后 90d 左右）略早于果实的蔗糖合成酶（花后 110d 左右），且在果实发育早期（花后 40d），蔗糖合成酶活性基本高于蔗糖磷酸合成酶。

3.2.2.2.3　转化酶活性的变化

如图 3－12 所示，套袋处理与对照果实中性转化酶活性在其生长发育过程中变化规律基本相同，总体呈低—高—低的趋势。在处理初期（花后40～70d），套袋果实中性转化酶活性略高于对照果，随后至果实采收其活性始终低于对照，这与套袋对果实酸性转化酶活性的影响效果基本一致。

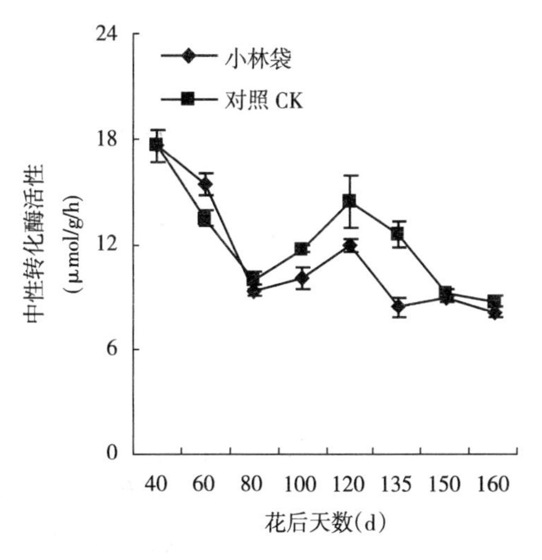

图 3－12　套袋对寒富苹果果实中性转化酶活性的影响

如图 3－13 所示，套袋与未套袋苹果果实的酸性转化酶活性变化趋势也基本一致。果实酸性转化酶活性在前期较低（花后 40～80d），在果实发育中期升高（花后 80～100d），随后持续下降（花后 100～150d），至采收前有所增强（花后 150～160d）。

处理前期套袋果酸性转化酶活性略高于对照（花后 40～70d），随后直至果实采收，其活性始终低于对照果实。两者相同之处在于，果实采收前的一段时期，套袋及对照果实酸性转化酶活性均有不同程度的提高（花后 150～160d）。

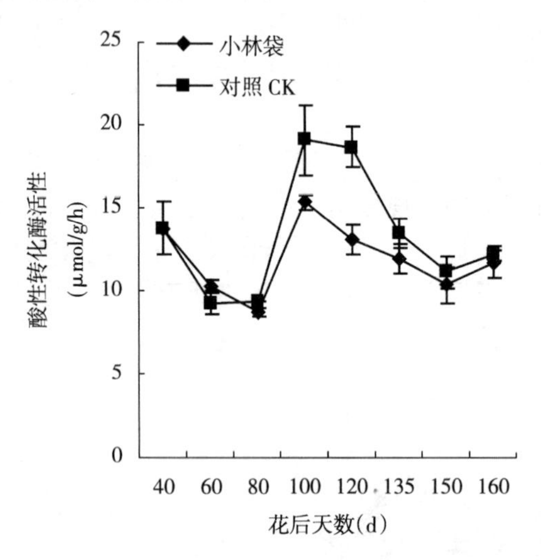

图 3－13　套袋对寒富苹果果实酸性转化酶活性的影响

3.2.2.3　相关性分析

3.2.2.3.1　苹果果实蔗糖与糖代谢相关酶及果糖、葡萄糖的相关性分析

由表 3－1 可知，苹果果实蔗糖代谢受蔗糖合成酶、蔗糖磷酸合成酶和中性转化酶调节，而与酸性转化酶相关性并不显著。套袋果实蔗糖代谢与蔗糖合成酶、蔗糖磷酸合成酶和中性转化酶相关性高于对照果实，对照果实蔗糖代谢主要受蔗糖磷酸合成酶调控，而套袋后果实蔗糖代谢则主要受蔗糖合成酶和蔗糖磷酸合成酶共同调控。

蔗糖含量与果糖、葡萄糖含量呈极显著正相关。对照果实蔗糖含量与葡萄糖相关系数为（0.87**），而套袋后相关性略有升高（0.89**）。对照果实蔗糖含量与果糖相关系数为（0.91**），而套袋后相关性降低（0.85**）。说明套袋在一定程度上抑制了果实蔗糖与果糖之间的相互转化。

表 3-1　苹果果实蔗糖与糖代谢相关酶及可溶性糖的相关性

处理	蔗糖合成酶（SS）	蔗糖磷酸合成酶（SPS）	酸性转化酶（AI）	中性转化酶（NI）	果糖（Fructose）	葡萄糖（Glucose）
对照 CK	0.71*	0.84**	0.04	−0.74*	0.91**	0.87**
套袋	0.90**	0.97**	−0.14	−0.75*	0.85**	0.89**

3.2.2.3.2　苹果果实果糖与糖代谢相关酶的相关性分析

由表 3-2 可知，对照果实果糖积累受蔗糖磷酸合成酶、山梨醇脱氢酶和山梨醇氧化酶调控。其中起主要作用的是山梨醇脱氢酶和山梨醇氧化酶，而与其他酶相关性不显著。套袋果实受蔗糖合成酶、蔗糖磷酸合成酶、中性转化酶、山梨醇脱氢酶和山梨醇氧化酶共同作用，其中，蔗糖磷酸合成酶、中性转化酶、山梨醇脱氢酶和山梨醇氧化酶是调控套袋果实果糖积累的重要因子。

表 3-2　苹果果实果糖与糖代谢相关酶的相关性

处理	蔗糖合成酶（SS）	蔗糖磷酸合成酶（SPS）	酸性转化酶（AI）	中性转化酶（NI）	山梨醇脱氢酶（SDH）	山梨醇氧化酶（SOX）
对照 CK	0.62	0.76*	0.38	−0.66	−0.96**	−0.95**
套袋	0.69*	0.87**	0.11	−0.83**	−0.97**	−0.92**

3.2.2.3.3　苹果果实葡萄糖与糖代谢相关酶的相关性分析

由表 3-3 可知，对照果实葡萄糖积累受蔗糖合成酶、蔗糖磷酸合成酶、中性转化酶、山梨醇脱氢酶和山梨醇氧化酶共同作用，而蔗糖磷酸合成酶、山梨醇脱氢酶和山梨醇氧化酶对果实葡萄糖积累起主要作用。果实套袋后，葡萄糖积累受蔗糖合成酶、蔗糖磷酸合成酶、中性转化酶、山梨醇脱氢酶和山梨醇氧化酶共同调控。其中主要受蔗糖磷酸合成酶、中性转化酶、山梨醇脱氢酶和山梨醇氧化酶4种酶影响。

表3-3 苹果果实葡萄糖与糖代谢相关酶的相关性

处理	蔗糖合成酶（SS）	蔗糖磷酸合成酶（SPS）	酸性转化酶（AI）	中性转化酶（NI）	山梨醇脱氢酶（SDH）	山梨醇氧化酶（SOX）
对照CK	0.80*	0.90**	0.16	−0.76*	−0.95**	−0.85**
套袋	0.76*	0.91**	−0.08	−0.81**	−0.91**	−0.86**

3.2.2.3.4 苹果果实山梨醇与糖代谢相关酶及果糖、葡萄糖的相关性分析

表3-4 苹果果实山梨醇与糖代谢相关酶的相关性

处理	果糖（Fructose）	葡萄糖（Glucose）	山梨醇脱氢酶（SDH）	山梨醇氧化酶（SOX）
对照CK	0.88*	0.97**	−0.89**	−0.76*
套袋Bagging	0.91**	0.94**	−0.90**	−0.83**

由表3-4可知，对照果实山梨醇代谢受山梨醇脱氢酶和山梨醇氧化酶共同调控，主要受山梨醇脱氢酶活性的影响。套袋后，果实山梨醇代谢也受山梨醇脱氢酶和山梨醇氧化酶共同调控。这两种酶活性与果实山梨醇含量呈极显著相关关系。

对照果实山梨醇与果糖含量显著相关（0.88*），与葡萄糖含量极显著相关（0.91**）。套袋后，果实山梨醇与果糖、葡萄糖含量呈极显著相关关系。

3.2.3 讨论

3.2.3.1 有袋栽培体系下育果袋对苹果果实糖代谢的调控机制

果实的生长发育需要碳水化合物的不断输入，而输入的碳

水化合物必须依果实发育的需求及时转化为储藏形式或进入代谢消耗。碳水化合物的代谢及其变化是果实发育、生物化学过程及其调控的重要方面，尤其是与品质形成密切相关（吕英民和张大鹏，2001；陈俊伟等，2004），而蔗糖和山梨醇代谢又是苹果果实碳水化合物代谢的重要环节，因此，与蔗糖、山梨醇代谢相关的酶活性同果实糖积累之间就存在着密切联系（张永平等，2008）。糖卸载到果实中在很大程度上取决于果实的库强，而库强大小的一个重要生理标志就是糖代谢相关酶活性。魏建梅等（2008）研究发现，套袋不利于果实糖分积累的原因在于其影响了糖代谢相关酶的活性，从而改变了其“库”、“源”水平。吕英民与张大鹏（2001）研究认为，转化酶是衡量果实库强的一个重要标志，苹果果实蔗糖代谢主要受转化酶调控。本试验研究发现，苹果果实发育早期，蔗糖积累较少的原因在于存在高活性的转化酶，而后期蔗糖含量的增加与蔗糖合成酶和蔗糖磷酸合成酶活性的增强有关。同时，较高的转化酶活性有利于蔗糖的分解和己糖的积累，且在果实生长发育过程中，其蔗糖含量与转化酶活性呈负相关关系。因此，苹果果实内转化酶是影响果实库强的一个主要原因，使库细胞与韧皮部保持一定的浓度梯度，促进了糖分由“源”向“库”不断转移（郑国琦等，2008）。

山梨醇作为蔷薇科果树所特有的重要光合同化物（Moriguchi T et al.，1990），和蔗糖一起作为苹果同化物运输的主要形式（Beruter J et al.，1985），其含量及相关酶活性变化对果实内在品质形成过程中具有重要意义。山梨醇脱氢酶催化山梨醇与果糖之间的相互转化，而山梨醇氧化酶则催化山梨醇不可逆的转化为葡萄糖（马锋旺和李嘉瑞，1993）。相关研究表明（Yamaki S et al.，1986；Beruter J et al.，1997），套袋主要抑制了光合同化物向果实内的运输，但对同化物转化为葡萄糖和果糖的影响不大。本研究结果表明，套袋降低了苹果果实蔗糖、果糖和葡萄糖含量，而山梨醇含量则有所升高。套袋果山梨醇含量与山梨醇脱氢酶和山梨醇氧化酶呈极显著负相关，且其山梨醇含量主要受山梨醇脱氢酶调控，这与杨宝铭（2006）在寒富苹果上的研究结果较为一致。本试验中未套袋果实山梨醇脱氢酶活性高于套袋果，而山梨醇氧化酶活性较套袋果低，这与杨宝铭（2006）研究结果略有不同。套袋果山梨醇含量高于对照果，这很可能与套袋降低了果实的山梨醇脱氢酶活性，从而影响了山梨醇与果糖之间的相互转化有关。

绿色果皮具有叶片 1/10 的碳素同化能力，套袋后果实自身光合作用减弱，其碳水化合物的供给只能更多地依靠叶片供应，果实糖代谢酶活力的变化，可能是与其适应的结果，借以维持“库”、“源”间的平衡关系，确保碳水化合物的供应。另外，除袋后果面微域环境的变化，并未对糖含量及相关酶活性造成影响，这与魏建梅等（2008）研究结果有所不同。

近几年，糖作为调控植物生长发育的重要信号分子受到广泛关注。由于糖信号与激素信号、N 信号之间有紧密的联系，因此，套袋处理很可能使内在的糖信号与外界信号共同作用，对果树“源”、“库”关系进行了调控。随着现代生物技术的发展，有望从分子水平上来研究套袋对果实糖代谢的调控，阐明果实发育过程中的关键环节及限速步骤，为改良果实品质提供理论与实践基础。

3.2.3.2 有袋栽培体系下提高苹果果实糖含量的措施

遗传因子决定了果实含糖量和成分构成，但环境因子和栽培措施对果实含糖量高低和成分构成也有重要影响（张上隆和陈昆松，2007）。套袋对果实糖的积累是一个综合影响的过程（魏建梅，2005），绿色幼果套袋后，由于处于遮光条件下，阻碍了果皮叶绿素的合成和果皮本身的光合作用，同时果袋对树体也有一定的遮光作用，会降低叶片的光合作用，使“源”的强度减小，影响了碳同化物向果实的运输以及在果实中的合成和代谢，降低了糖含量。改变环境因子和加强栽培措施可以提高糖的积累。

保证充足的光照有利于糖积累。研究表明，苹果树冠内光强与果实含糖量和着色指数呈极显著正相关。由于纸袋遮光能力强，因此要合理修剪，使树冠透光度达25%左右，保证树冠内光照充足。摘袋后应适度进行摘叶，增加树冠内光照（史玉东等，2007；高文胜，2005；王少敏与高华君，1999）。

合理土壤管理有利于糖积累。早秋多施有机肥，也可通过间作翻压绿肥作物（白三叶和苜蓿等）改善土壤肥力；控制氮肥，增施磷、钾肥，果树发芽前可根据树势适量施氮肥，进入雨季不再施氮肥；生长前期多追施磷、钾肥（尤其是钾肥），可使果实糖分增加2.4%（史玉东等，2007；高文胜，2005）。

叶面喷肥有利于糖积累。叶面喷布微肥可提高叶片光合作用和叶片营养，减低含糖量的降低程度。如在6月下旬、采收前40d和20d喷布3次500～1 000mg/kg稀土，能够明显提高套袋果糖的含量，比套袋不喷肥对照增加了0.9～1.5个百分点（王少敏与高华君，1999）。另外，花期和幼果期喷硼（史玉东等，2007），适时补钙（杨宝铭，2006），也能使果实含糖量有所提高。

外源喷施植物生长调节剂和激素，可提高糖积累。10^{-5} mol/L ABA处理有效促进桃果肉圆片对^{14}C-山梨醇、果糖和葡萄糖的吸收，以促进山梨醇载体介导的吸收最为明显；ABA处理还抑制山梨醇从圆片的外流，10^{-5} mol/L ABA应用于发育中果实增加了桃果实中糖的积累（Kobashi等，2001）。花后应用GA_3使葡萄果实的总糖含量增加（张上隆和陈昆松，2007）。

适宜水分管理会提高糖积累。适度水分胁迫会提高果实含糖量（Kobashi等，2000），但严重水分胁迫下，处理与对照之间没有差异（张上隆和陈昆松，2007）。苹果生长后期降水量与果实含糖量呈负相关，特别是9月以后雨水过多会明显影响果实着色和糖分增加；果实生长后期除天气特别干旱外，不宜采用大水漫灌；降水过多时，要设法排除树盘内的积水（史玉东等，2007）。

延迟采收也有利于糖积累。主要是延迟采收延长了果实从叶片获得光合产物的时间，从而有更多的光合产物用于果实糖积累（张上隆和陈昆松，2007）。套袋新红星在 9 月 5 日采收时，套袋果比对照含糖量低 0.94 个百分点，而 9 月 10 日采收时与对照果含糖量相近，9 月 15 日采收时套袋果含糖量稍高于未套袋果（王少敏与高华君，1999）。

3.2.4 小结

套袋提高了果实山梨醇的含量，降低了果实蔗糖、果糖和葡萄糖含量。套袋寒富品种果实蔗糖、果糖、葡萄糖在整个生育期基本呈上升趋势；套袋红富士果实蔗糖和果糖含量在其生长发育过程中基本呈先升后降的变化趋势，葡萄糖呈升—降—升的变化趋势。不同育果袋之间差别不大。

果实套袋后，在整个果实生育期降低了山梨醇脱氢酶活性，提高了山梨醇氧化酶的活性。对于果实蔗糖合成酶和蔗糖磷酸合成酶，套袋前期降低了其活性，中、后期提高了其活性。对于果实酸性转化酶和中性转化酶，套袋前期提高了其活性，在中、后期降低了其活性。

果实套袋后，蔗糖代谢主要受蔗糖合成酶和蔗糖磷酸合成酶共同调控；果糖代谢主要受蔗糖磷酸合成酶、中性转化酶、山梨醇脱氢酶和山梨醇氧化酶的调控；葡萄糖代谢主要受蔗糖磷酸合成酶、中性转化酶、山梨醇脱氢酶和山梨醇氧化酶的调控；山梨醇代谢主要受山梨醇脱氢酶和山梨醇氧化酶共同调控。

蔗糖含量和山梨醇含量均与果糖、葡萄糖含量呈极显著正相关。套袋后蔗糖含量与葡萄糖相关性略有升高，与果糖相关性降低；套袋后山梨醇含量与葡萄糖相关性降低，与果糖相关性升高。

3.3 有袋栽培下果实钙组分变化

生产中发现，苹果套袋后苦痘病和痘斑病等发生率普遍升高。针对这一现象，研究认为果实套袋后，改变了果实所处的微域温度、湿度和光照等条件，降低了果实的蒸腾速率，进而影响了果实生长发育过程中对矿质元素的吸收，导致套袋苹果发生较为严重的苦痘病、痘斑病和黑斑病等生理代谢障碍，导致果实品质下降（潘增光等，1995；张建光等，2005；顿宝庆等，2002）；并认为套袋苹果代谢障碍的发生与果实中的钙素营养有密切关系。套袋果实的果袋内温度较高，有时比自然温度高10℃，不利于钙向果实运输积累（顿宝庆等，2002；Fallahi et al.，2001）。针对这一结果，生产上也采取了通过土施和叶面喷施钙肥进行矫正，但未从根本上解决此类问题（Le Grange et al.，1998；Wojcik，2001）。

本研究以红富士和寒富为试材，对不同纸质育果袋条件下和不同砧穗组合苹果植株条件下的果实不同组分钙含量动态变化分析，以期了解不同条件下果实不同组分钙含量动态变化特点，阐明有袋栽培下不同育果袋的种类和不同砧穗组合对钙含量的影响，为调控套袋栽培苹果品质提供理论依据。

3.3.1 材料与方法

3.3.1.1 供试材料

不同纸质育果袋果实不同组分钙含量变化试验于2007年在辽宁省葫芦岛市绥中县李家乡铁厂果园进行。果园为棕壤土，通透性良好；供试品种为26年生红富士苹果，树形为开心形，树势中庸，生长较好，果园管理水平较高。试验用育果袋为青岛小林制袋有限公司生产的小林牌双层纸袋、辽宁瓦房店市彤乐果袋厂生产的彤乐牌双层纸袋、辽宁省葫芦岛市前卫果袋厂生产的前卫牌双层纸袋。

不同砧穗组合苹果植株果实不同组分钙含量变化试验于2008年在沈阳农业大学果树教学试验基地进行。果园为棕壤土，通透性良好；试验用树分别为以山荆子为基砧的寒富/山定子树，以山荆子为基砧、GM256为中间砧的寒富/GM256/山定子树，均为6年生，树形为自由纺锤形，树势中庸，果园管理水平一般。试验用育果袋为青岛小林制袋有限公司生产的小林牌双层纸质育果袋。

3.3.1.2 试验设计

绥中试验园选择生长良好、结果量基本一致的5株红富士苹果树作为试验用树，套前卫袋、小林袋和彤乐袋3种处理。套袋时间为花后40d（晴天），于当天全部套完试验用果，以不套袋苹果为对照。在套袋后当天及套袋后每隔30d左右取样1次，直至果实采收。试验采用单株区组，5次重复。每株树各处理随机选取1个果实。

校内试验园分别选择乔化和矮化中间砧的生长良好、结果量基本一致的植株作为试验用树，套小林双层纸质育果袋，单株小区，5次重复，区组内随机排列。套袋时间为花后40d（晴天），于当天全部套完试验用果，以不套袋苹果为对照。在套袋当天及套袋后每隔20d左右取样1次，直至果实采收，每处理随机选取5个果实。

3.3.1.3 测定内容与方法

所取果实用具冰袋的保温箱迅速带回实验室进行相关指标的测定。果实中不同组分钙素提取方法参照钟明（2004）的方法，分别用1%碳酸钠，5%醋酸，1mol/L盐酸逐步提取（均用蒸馏水稀释），得到水溶性钙，醋酸溶性钙（主要是果胶钙）和盐酸溶性钙（主要是草酸钙）。样品溶液中钙采用WFX-130A型原子吸收分光光度计进行测定。

3.3.1.4　数据调查与统计分析

作图及实验数据处理用Excel和DPS统计分析软件。

3.3.2　结果与分析

3.3.2.1　不同纸质育果袋苹果果实不同组分钙含量的变化

3.3.2.1.1　水溶性钙含量的变化

如图3-14所示，处理前期（花40～70d），小林袋果实水溶性钙含量上升，彤乐袋、前卫袋与对照则有所降低。随着果实的

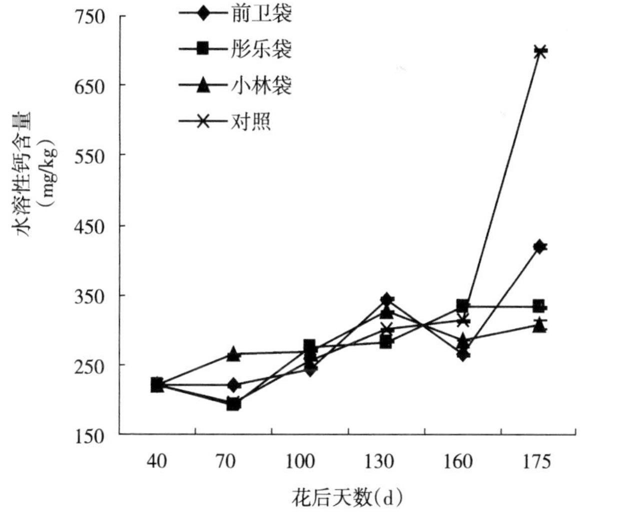

图3-14　不同育果纸袋处理红富士苹果果实水溶性钙含量动态变化

成熟（花后 70～130d），果实细胞迅速膨大，此时期作为渗透调节物质的水溶性钙含量的迅速增加是与果肉细胞的膨大相适应的结果。前卫袋和小林袋果实在花 130d 左右出现水溶性钙的积累高峰，随后其含量有所降低，而彤乐袋及对照则持续上升。采收时，对照果的水溶性钙含量最高，套袋果水溶性钙含量由高到低依次是前卫袋、彤乐袋和小林袋。果实中水溶性钙为活性钙，有利于钙离子的移动和再利用，套袋果水溶性钙含量低于未套袋果，这可能是造成钙素缺乏的原因之一。

3.3.2.1.2　果胶钙含量的变化

如图 3-15 所示，果实套袋初期（花后 40～70d），各处理及对照果实果胶钙呈升高趋势。前卫袋、彤乐袋和对照果实果胶钙含量在花后 100d 均有所降低，随后，果胶钙含量随着果实的生长发育而持续上升。彤乐袋和前卫袋在花后 130d 出现水溶性钙的积累高峰，而对照和小林袋则出现较晚。果胶钙对维持细胞结构具有重要作用，与果实的储藏品质也极其相关。采收时（花后 175d）彤乐袋果胶钙含量最高，且高于未套袋果，而小林袋、

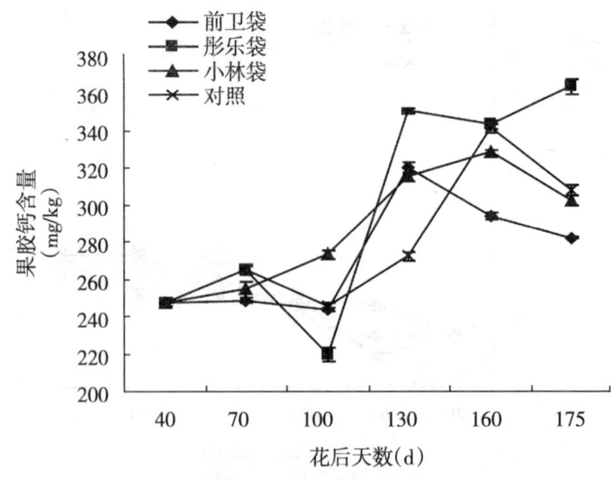

图 3-15　不同育果纸袋处理红富士苹果果实果胶钙含量动态变化

前卫袋果胶钙含量均低于未套袋果。

3.3.2.1.3 草酸钙含量的变化

如图 3-16 所示，各处理间草酸钙含量变化规律较不一致。处理初期（花后 40～70d），小林袋和彤乐袋果实草酸钙含量有所升高，而前卫袋和对照果实则有所降低。各套袋处理果实草酸钙含量于花后 130d 达到最大值，随后有所降低，而对照则持续上升。果实采收时（花后 175d），彤乐袋及前卫袋草酸钙含量高于对照，而小林袋则低于对照。

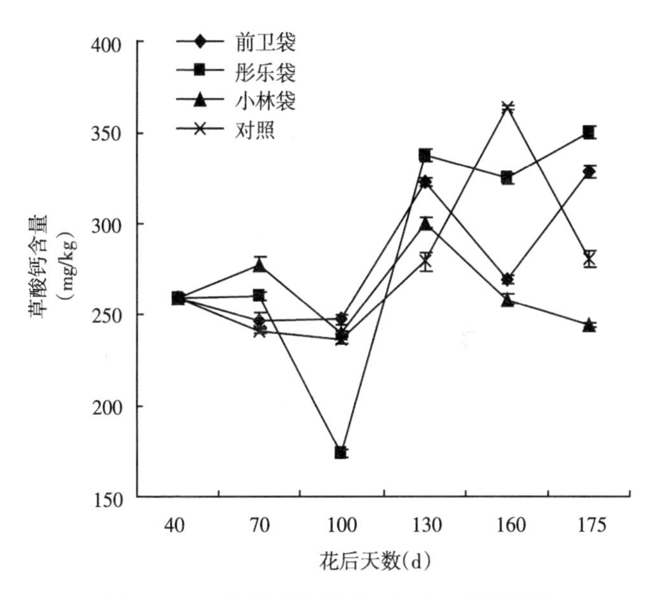

图 3-16 不同育果纸袋处理红富士苹果果实草酸钙含量动态变化

3.3.2.2 不同砧穗组合苹果植株果实不同组分钙含量的变化

3.3.2.2.1 水溶性钙含量的变化

如图 3-17 所示，套袋前（花后 40d），矮化中间砧苹果树果实水溶性钙高于乔化树；花后 80～100d，乔化树和矮化中间砧树套袋果实与对照果实水溶性钙含量显著升高，且在此期间对照果水溶性钙含量始终高于套袋果。除袋后（花后 160d），乔化树套袋果与对照水溶性钙含量呈上升趋势，而矮化中间砧树套袋果及对照则呈下降趋势。采收时（花后 175d），乔化树套袋与对照果实水溶性钙含量高于矮化中间砧树，且乔化和矮化中间砧植株套袋果实水溶性钙含量高于对照。果实中水溶性钙为活性钙，有利于钙离子的移动和再利用，套袋果水溶性钙含量高于未套袋果，说明套袋可能在一定程度上抑制了水溶性钙向其他形式钙的转化。

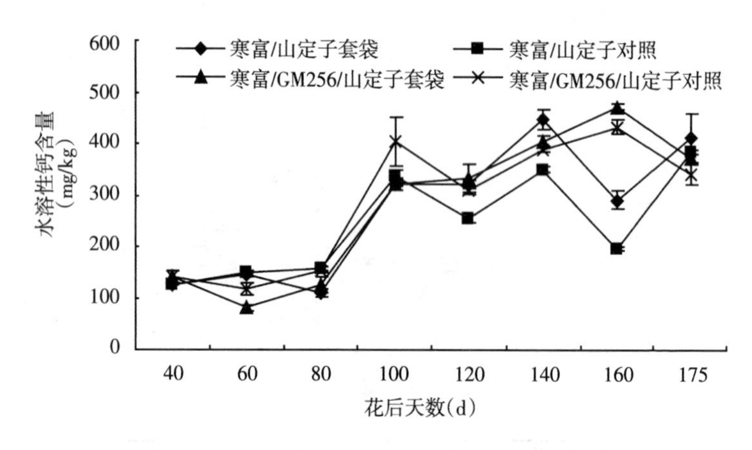

图 3-17　不同砧穗组合苹果植株果实水溶性钙含量变化

3.3.2.2.2　果胶钙含量的变化

如图 3-18 所示，套袋前（花后 40d），矮化中间砧树果实果胶钙含量高于乔化树，花后 80～100d 矮化中间砧树和乔化树套袋果实与对照果实果胶钙含量显著上升，果胶钙最大值出现在花后 140d，随后有所下降。除袋后（花后 160d），果胶钙含量呈降低趋势。采收时（花后 175d），套袋矮化中间砧果实果胶钙含量高于乔化树，且矮化中间砧和乔化植株对照果实果胶钙含量高于套袋果。

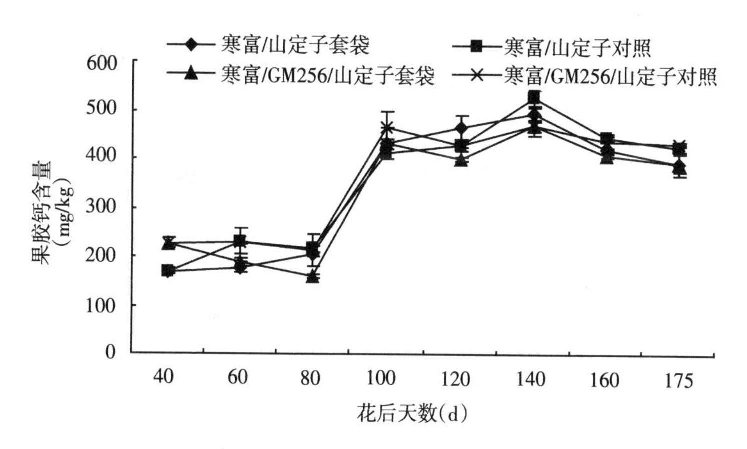

图 3-18　不同砧穗组合寒富苹果植株果实果胶钙含量变化

3.3.2.2.3　草酸钙含量的变化

如图 3-19 所示，套袋前（花后 40d），矮化中间砧树果实草酸钙含量高于乔化树；两者与对照果实草酸钙在花后 60d 左右出现一个积累高峰，随后降低，花后 80～100d 其含量迅速上升。除袋后（花后 160d），草酸钙含量降低；采收时，乔化树套袋果实草酸钙含量高于矮化中间砧树，且两者对照果实草酸钙含量高于套袋果。

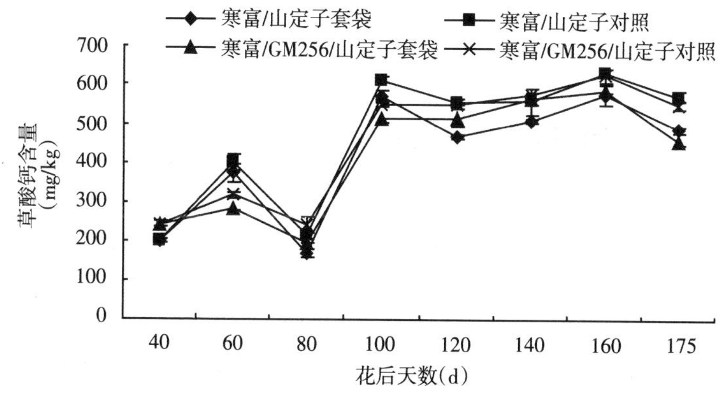

图 3-19　不同砧穗组合寒富苹果植株果实草酸钙含量的变化

3.3.2.2.4 总钙含量的变化

如图 3-20 所示，套袋前（花后 40d），果实总钙含量矮化中间砧树较乔化树高，两者果实总钙含量在花后 80～100d 迅速上升，且对照果总钙含量高于套袋果。除袋后，乔化树总钙含量增加，而矮化中间砧树降低。采收时，套袋果总钙含量乔化树高于矮化中间砧树，且两者对照果实总钙含量高于套袋。

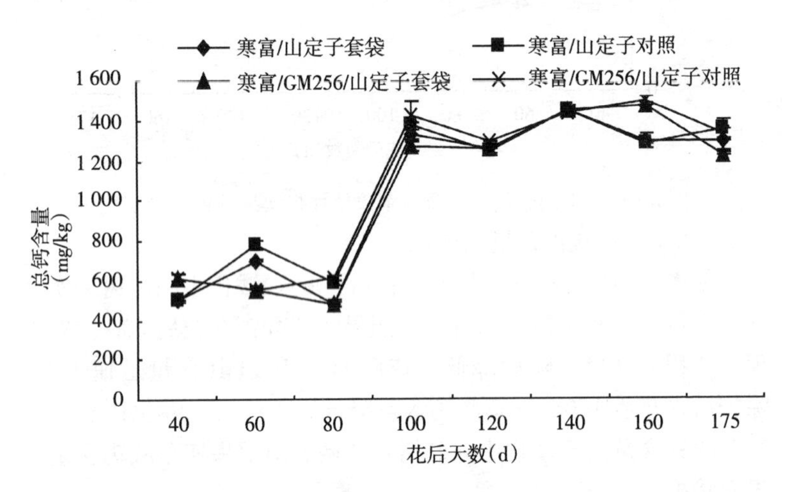

图 3-20 不同砧穗组合寒富苹果植株果实总钙含量的变化

3.3.3 讨论

3.3.3.1 有袋栽培体系下苹果果实不同组分钙含量的变化规律

苹果套袋后，由于纸袋内温度较高，使果实蒸腾量降低，加之叶片与果实相互竞争，钙素有可能从果实又运转到树体的其他部位（东忠方，2007），不利于钙向果实内的运输与积累（Falliah E，2001）。同时，不同砧穗组合对树体供钙能力也有很大影响，可能会造成果实钙含量的差异。

本研究发现，套不同纸袋处理对苹果果实不同组分钙含量的影响效果不同。套袋处理明显降低了采收时果实的水溶性钙含量，彤乐袋处理较对照、小林袋和前卫袋提高了果实的果胶钙含量，而草酸钙积累量小林袋较彤乐袋、前卫袋及对照有所降低。郑伟蔚等（2005）研究认为，套袋使果实的水溶性钙、果胶钙和草酸钙含量下降，这与本试验研究结果略有差异。不同纸袋及对照果实水溶性钙、果胶钙、草酸钙含量在花后 100～130d 呈明显上升趋势。

不同砧穗组合的合理选择是实现果树优质高产的基础。生产实践证明，寒富/GM256/山定子的矮化中间砧是寒冷地区提高寒富苹果植株抗寒性的最佳栽培模式，且与乔化（寒富/山定子）相比，更有利于矮化密植，早结果，早丰产。但本试验研究发现，矮化中间砧树果实总钙、水溶性钙、草酸钙含量低于乔化树，果胶钙含量高于乔化树，且套袋后，这种效应更为明显。花后 80～100d，乔化树和矮化中间砧树苹果果实水溶性钙、果胶钙、草酸钙和总钙含量均显著上升，这可能是寒富苹果果实钙积累的活跃时期。采收时，套袋果水溶性钙含量略高于对照，这与黄作港等（2007）研究结果稍有差异，但套袋果实果胶钙、草酸钙及总钙含量低于未套袋果，这种变化规律与黄作港等（2007）的研究较为一致。

3.3.3.2　有袋栽培体系下适宜补钙时期的建议

前人研究认为，花后 4～6 周是苹果果实吸收钙的高峰期（Quinlan et al.，1969；Wilkinson et al.，1968）；郑伟尉等（2005）研究认为，富士苹果果实有 2 个钙吸收累积高峰，幼果期为 41.2%，7、8 月份为 42.5%；李芳杰等（2007）研究认为，果实在成熟期仍有一定量的钙素吸收，套袋苹果去袋 10d 内，钙素仍有少量吸收，而且高于对照果实，并认为这可能是去袋后，光照、温度发生急剧变化，促进了钙素的吸收的结果。根据苹果吸收钙的特点，多人研究提出苹果较适宜的补钙时期是幼果期及采收前（梁和等，2000；Quinlan et al.，1969；何为华等，1998；周卫等，1999）；李芳杰等（2007）研究认为，在坚持花后 4 周补钙的同时，还要在果实的膨大期和成熟期补钙；Wojcik（2001），通过夏、秋季喷 $CaCl_2$ 降低了乔纳金果实对苦痘病的敏感性，果实钙含量与钙的使用量相吻合，且夏季和秋季均喷 $CaCl_2$ 比对照和仅夏季喷钙能更好地抵抗苦痘病和内部溃败的发生。本研究结果表明，除袋后至采收前，不同纸袋处理及对照红富士苹果果实水溶性钙含量呈上升趋势，乔化树套袋与对照果实水溶性钙及总钙含量也呈上升趋势，这与前人研究较为一致。但矮化中间砧树套袋及对照果实总钙及水溶性钙含量则呈下降趋势，这可能与不同砧穗组合供钙能力的差异有关（Webster A D，1997）。因此，在套袋前的果实幼果期及除袋后至采收前喷钙，此期间可有针对性的将钙素直接作用于果实表面，可能更有利于果实对钙素的吸收与利用。

花后 80～100d，不同砧穗组合苹果套袋果实的总钙、水溶性钙、果胶钙、草酸钙含量显著增加，这可能是果实钙素吸收与利用的最活跃时期。因此，该时期补钙可能更有利于提高果实的钙含量，进而提高套袋果实的内在品质，但其效果有待于进一步研究。此外，确定适宜的钙素种类和浓度，以及有袋栽培体系中补钙所采取相关的配套措施，如与植物生长调节剂配合使用（肖家欣等，2005），对提高套袋果实的综合品质将会具有更为重要的意义。

3.3.4 小结

不同育果袋对苹果果实不同组分钙含量的影响效果不同。套袋处理明显降低了采收时果实的水溶性钙含量。除袋后至采收前，不同纸袋处理及对照红富士苹果果实水溶性钙含量呈上升趋势；彤乐袋处理较对照、小林袋和前卫袋提高了果实的果胶钙含量。草酸钙积累量，小林袋较彤乐袋、前卫袋及对照有所降低。不同纸袋及对照果实水溶性钙、果胶钙、草酸钙含量在花后100～130d呈明显上升趋势。

不同砧穗组合试验表明，矮化中间砧树果实总钙、水溶性钙、草酸钙含量低于乔化树，果胶钙含量高于乔化树；且套袋后，这种效应更为明显。花后80～100d，乔化树和矮化中间砧树苹果果实水溶性钙、果胶钙、草酸钙和总钙含量均显著上升；采收时，套袋果水溶性钙含量略高于对照，但套袋果实果胶钙、草酸钙及总钙含量低于未套袋果。

第四章　有袋栽培下果实品质发育调控技术研究

本研究针对生产实际，在苹果栽培优势区域，通过试验研究改进栽培措施来提高果实糖等内含物含量，以降低套袋带来的负面影响。主要内容包括育果袋种类和栽培措施研究进展、不同种类育果袋对果实品质的影响、不同套（摘）袋时期对果实品质的影响、外源物质（植物生长调节剂、外源糖、叶面肥）对果实内在品质的影响、修剪措施（拉枝、摘心、扭梢）对果实内在品质的影响、不同促色措施对果实品质的影响。

4.1　研究进展

4.1.1　育果袋种类研究

4.1.1.1　发展历程

1952年以前，国内外所用育果袋主要采用旧报纸或书纸制作，套袋主要目的是预防病虫害。1952年后日本相继成功开发出多个果树树种的防菌、防虫的双层育果纸袋，1965年后研制了以促进果实着色为主要目的的二层和三层育果纸袋，受到栽培者欢迎，并得到较快应用；20世纪80年代初，中国引进日本育果纸袋进行试验推广；1992年和1993年中国自行生产的单层育果纸袋和双层育果纸袋开始在国内推广应用（王少敏，2002b；刘志坚，2002）。与此同时，相关部门和企业陆续研制和推广了塑膜袋、“纸＋膜”袋、反光膜袋和液膜袋等。

4.1.1.2　育果袋类型

目前育果袋类型包括双层纸袋、单层纸袋、塑膜袋、“纸＋膜”袋、反光膜袋、液膜袋和报纸袋等。生产上应用最多的是双层纸袋。

4.1.1.2.1　双层纸袋

日本所产的双层袋，主要由两个袋组合而成。外袋是双色纸，外侧主要是灰色、绿色、蓝色 3 种，内侧为黑色。这样外袋起隔绝阳光的作用，果皮叶绿素的生成在生长期即被抑制，套在袋内的果实果皮叶绿素含量极低；内袋由农药处理过的蜡纸制成，主要有绿色、红色和蓝色 3 种。中国台湾生产的双层袋，外袋外侧灰色，内侧黑色；内袋为黑色。中国其他地区生产的双层袋，外袋外侧有灰色、褐色等，内侧黑色，内袋为红色和黑色两种，大部分内袋进行了涂蜡处理，部分品牌纸袋的内袋还进行了药剂处理。中国于 2003 年发布了《育果袋纸》（GB19341－2003）国家标准，2008 年又发布了《苹果育果纸袋》（NY/T1555－2007）行业标准，对育果袋纸张和苹果育果袋的各项技术指标进行了规范。各地试验结果表明，不同品种苹果套双层育果袋的果实在改善外观品质，尤其是促进着色、提高果面光洁度等方面效果明显，是生产高档果品的首选，但成本相对于其他种类纸袋较高（高文胜，2005）。

4.1.1.2.2　单层纸袋

单层纸袋目前生产中应用也较多。主要用于新红星、乔纳金等较易着色品种和金冠等绿（黄）色品种，以防止果锈、提高果面光洁度为主要目的。中国台湾生产的单层袋，外侧银灰色，内侧黑色；中国其他地区生产的有外侧灰色内侧黑色单层袋（复合纸袋）、木浆纸原色单层袋和黄色涂蜡单层袋等。

4.1.1.2.3　塑膜袋

20 世纪 90 年代末，由于纸袋成本高，中国许多果农试套塑膜袋，在防治病虫害和保持果面洁净程度方面效果较好，且价格便宜，因而塑膜袋在一些苹果产区开始大量普及推广，其中主要在中西部苹果产区应用（刘志坚，2002）。对于塑膜袋的应用现在分歧很大，有人认为套塑膜袋果实的日灼率、粗糙指数等相比套纸袋高，要少用或不用；也有人认为塑料薄膜袋价格便宜、节省用工，所套果着色好、糖度高，可以带袋采收，经济效益比不套袋高1倍。目前应用于果品上的塑膜袋由聚乙烯薄膜制成，袋宽16cm，袋高20cm，厚度0.005mm，袋面上打5个透气孔（四角各1个，中间1个），袋下角剪2个各长约2cm的排水孔；袋色有橘红、紫色、白色等，有些在制袋的聚乙烯中加适量的透气剂和防腐保鲜剂（刘志坚，1998）。

4.1.1.2.4 “纸+膜”袋

2000年以来，中国一些果农吸收了纸袋和膜袋套袋的优点，对苹果实行塑膜袋和纸袋结合，实行一果双套，既利用了膜袋能使果面光洁，基本无裂果，又发挥了纸袋能遮光褪绿，着色鲜艳的特点，生产无公害优质苹果（王少敏等，2001）。随后由企业在部分地区进行膜袋和纸袋两次套袋的实践中研制推广了“纸+膜”袋。该类型果实袋外层为单层纸袋，内层为黑色膜袋。目前该种果袋在部分果区得到了一定面积的推广。

4.1.1.2.5 反光膜袋

为有效降低袋内温度，避免果实日灼的发生，山东清田果蔬有限公司研制了反光膜袋。该类型果袋由内外两层纸构成，内层为蜡纸红袋，外层袋外侧涂反光材料。果实套反光膜袋后，袋内气温比普通双层纸袋低10℃以上，有效地避免了果实日灼的发生，同时果实褪绿速度快，改善冠内光照，优质果率提高。但该种果袋透气性较差，成本较高，影响了其大面积应用（高文胜，2005）。

4.1.1.2.6 液膜袋

液膜袋是以现代仿生技术和控制释放原理生产的新型果袋，

由聚乙烯醇类等物质、复合多种生物活性物质制成，喷施后在果面形成一层网状微膜结构，具有弹性和延伸性，可随果实生长而增大。初步试验和试用结果表明，使用液膜果袋果面光洁度显著提高，病、虫果发生率显著降低，且成本低、省工（樊秀芳等，2003）。

4.1.1.2.7　报纸袋

自制报纸袋能一定程度防止金冠果锈的发生和提高果面光洁度，目前还有个别果园在使用。

4.1.1.3　纸种类及加工工艺

目前育果袋用纸主要特点：第一，用纸应具有湿强度大、疏水性强、风吹雨淋不破碎等特点；第二，要有较强的透隙度，具有良好的通气性，有利于袋内气体循环和水蒸气排出，以达到袋内温度不至于过高、袋内湿度不至于过大而影响果实正常生长发育；第三，外纸颜色采用颜色浅如白色，可以起到反光作用，这样有利于降低袋内温度，防止日灼发生，同时避免袋内温度过高影响果实发育；第四，为防止外袋纸在日光照射下产生老化褪色而降低遮光性，在造纸过程中对纸张表面进行耐老化颜料处理。外纸进行表面拨水加工，加工流程：纸张—涂布拨水剂—干燥—分切复卷。内纸涂蜡加工，加工流程：纸张—融蜡—涂布—压榨—冷却—分切复卷。涂蜡加工时进行杀虫杀菌剂处理，以防害虫及病菌为害（楚爱香等，2003；育果袋纸标准，2003；高文胜，2005；苹果育果纸袋标准，2008）。

4.1.1.4　袋加工工艺

一是加工规格尺寸要根据不同品种、不同栽培区域、不同栽培要求进行合理设计，保证果袋体积不要过大或过小。果袋过大，造成浪费，且影响树冠内通风透光；过小，易造成脱袋前撑破果袋，发生日灼。二是根据目前制袋机的类型可以分为袋底粘袋、双侧粘袋和粘底粘袋3类，以袋底粘、双侧粘为好；育果袋底部两角和两角中间要开袋孔，以便袋内通气和排水。三是制袋用胶采用中性，对植物组织无损伤的胶黏剂。根据内、外纸的特点有所区别。外袋用水溶性胶或淀粉胶，内袋用溶剂型胶。相对与水溶性胶，溶剂型胶易挥发，比较易干。四是内袋涂蜡要保证适量，且要选择高熔点的石蜡，涂蜡量过大或选用的石蜡熔点过低，在温度高的情况下，蜡熔化后，黏到果实上易造成蜡害。五是制袋所用扎丝要粗细适宜，采用热镀锌铁丝，以防止生锈（育果袋纸标准，2003；高文胜，2005；苹果育果纸袋标准，2008）。

4.1.2 套袋技术研究

4.1.2.1 套袋时期及技术

实践证明，不同地区、不同品种套袋时期的早晚对果实质量影响较大，各地通过不同时期套袋试验提出了有针对性的适宜套袋时期。在胶东产区红富士苹果最佳套袋时期选择在果实生理落果后的6月上、中旬（花后35～40d），在鲁西南产区从5月下旬开始套袋；早熟和中熟品种应在花后约30d进行（高文胜，2005）。在海拔950m渭北地区，花后40～50d是红富士苹果的最佳套袋时间（韩明玉等，2004a；李丙智等，2005）。在河北花后20～40d是长富2号最佳套袋时间（赵志磊等，2004）。试验和调查结果表明，套袋越早，果实的外观品质越好，果面光洁鲜艳，着色好，果点小，果实的锈斑发生率低，但不利于糖类物质积累；套袋越晚，果实的可溶性固形物越高，果实硬度越大，果面粗糙，日灼增加。套袋时间应在早晨露水已干、果实不附着水滴或药滴时进行，以防止发生日灼或药害。一般在晴天上午8h至下午日落前1h进行，中午温度较高（超过25℃）阶段要避开套袋作业（高文胜，2005；刘建海等，2007）。

套袋前将整捆果袋放于潮湿处，使之返潮、柔韧。选定幼果后，小心地除去附着在幼果上的花瓣及其他杂物，左手托住果袋，右手撑开袋口，或用嘴吹开袋口，令袋体膨起，使袋底两角的通气放水孔张开，手执袋口下 2～3cm 处，袋口向上或向下，套入果实，套上果实后，使果柄置于袋的开口基部（勿将叶片和枝条装入果袋内），然后从袋口两侧依次按“折扇”方式折叠袋口于切口处，将捆扎丝扎紧袋口于折叠处，于线口上方从连接点处撕开将捆扎丝返转 90°，沿袋口旋转 1 周扎紧袋口，使幼果处于袋体中央，在袋内悬空，以防止袋体摩擦果面，不要将捆扎丝缠在果柄上。套袋时用力方向要始终向上，以免拉掉幼果，用力宜轻，尽量不碰触幼果，袋口也要扎紧，以免害虫爬入袋内，为害果实和防止果袋被风吹落。另外，树冠上部及骨干枝背上裸露果实应少套，以避免日烧病的发生。套袋顺序为先上后下、先里后外（高文胜，1999、2005；王少敏和高华君，2002b；韩明玉等，2004b）。

4.1.2.2　摘袋时期及技术

摘袋时期依育果袋种类、苹果品种、成熟期和气候条件不同而有较大差别。在山东产区红色品种使用双层纸袋的，于果实采收前 30～35d，先摘外袋，外袋除去后经 4～7 个晴天再除去内袋；红色品种使用单层纸袋的，于采收前 30d 左右，将袋体撕开呈伞形，罩于果上，防止日光直射果面，过 7～10d 后将全袋除去；黄绿色品种的单层纸袋，可在采收时除袋（高文胜，2005）。黄土高原中南部地区红富士苹果适宜在 9 月 24 日至 10 月 10 日除外袋，采前 7～9d 除内袋（韩明玉等，2004a）。在河北产区双层育果袋应在果实采收前 1 个月去外袋，4～7d 后去内袋（王文江等，1996）。除袋早果实的可溶性固形物含量高，果实总酸和硬度较低，但着色重，颜色发暗（俗称上色老），鲜艳度差，果点大，果面不洁净；除袋较晚果面鲜艳，果实总酸和硬度较高，但不利于糖类物质积累，可溶性固形物含量低。摘袋早晚对病虫果率和日灼率无明显差别。张建光等（2005a）研究认为，阴天果实除袋可以全天进行，这与目前生产中推荐的做法相吻合。

4.1.2.3 配套栽培技术

4.1.2.3.1 果园及树体选择

不同立地条件的果园，套袋效果不一样。高文胜（2005）在山东调查结果表明，同一地区在山坡阳地、山坡阴地和平地3种不同的立地条件下，适宜的套（除）袋时期不同。山坡阳地果着色程度、可溶性固形物、总糖和总酸含量稍高于平地，平地又稍高于山坡阴地；日灼率也是山坡阳地高于平地和山坡阴地，其他指标无规律性差异。套袋果园要求综合管理水平高，树体健壮，病虫害发生轻，树体结构良好，通风透光。长势偏弱的树，套袋后着色反而不良，不宜套袋。为利于病虫害的群防群治和提高套袋果的商品率，应全园套袋（王少敏和高华君，2002b；韩明玉等，2004b；高文胜，2005）。

4.1.2.3.2 整形修剪

套袋果园应采用合理的树体结构，以小冠疏层型、基部三主枝改良纺锤型和自由纺锤型为主。修剪以轻剪、疏剪为主，冬、夏剪相结合，重点调整结果枝组的数量和空间布局，解决通风透光问题。山东烟台红富士苹果冬剪后每亩*留枝量以不超过10万为宜。日本提出盛果期树冬剪后每亩枝量为8万，树体透光度不少于30%（刘志坚，2002）。不同修剪方式对果实内在品质有一定的影响。拉枝可改变树体的通风透光状况，提高其下部及内膛叶片的光合效能，增加光合产物的积累，有利于果实品质的提高（刘志坚，2002）；韩明玉等（2008）研究表明，富士苹果随着拉枝角度的增大，其叶片越厚，栅栏组织越发达，叶片的叶绿素含量越高，光合速率越大，果实品质也随之提高。但当拉枝角

---

* 亩为非定计量单位（1亩=667m^2）

度过大时，叶片光合速率、总糖含量和果实品质均下降。可能是因为随着拉枝角度的增大，枝条的损伤程度也越来越严重，供给叶片自身生长的矿物质和水分运输严重受阻，叶片的碳水化合物外运减少，以致于影响叶片的解剖结构。果台副梢及时摘心能解决生殖生长与营养生长争夺养分的矛盾，使枝条内促进生长的激素含量降低，摘心打破了植株内源激素的平衡，重新调整了“库”和“源”关系，而连续摘心处理对果实的内源激素水平影响较大，可能会对果实的“库”强有一定的提高作用，其作用效果有待进一步研究。

4.1.2.3.3　土肥水管理

套袋果园应加强土壤改良，宜采用生草制，加大有机肥的施用量，增加土壤有机质含量，改善土壤团粒结构。叶面喷肥可提高苹果叶片的净光合速率，延缓叶片衰老，延长树体的光合作用时期，增加树体内碳水化合物的积累，提高果实内在品质，促进果实着色；叶面喷施钙肥能不同程度地提高果树产量，尤其是对果实品质有着重要作用；对叶面喷施 KH_2PO_4 是否可以提高果实可溶性固形物含量，并降低可滴定酸含量，这个问题上还存在着争论（魏建梅等，2004；章雅靓等，2005），这值得进一步研究。有条件果园，一般在花前和套袋前进行浇水，使土壤含水量维持在田间最大持水量的70%～75%；果实去袋前2～3d浇水，使土壤含水量在60%～65%，有利于果实着色；采前15～20d，土壤含水量可减少到50%～55%，以利于增进品质和色泽。果实生长后期除天气特别干旱外，不宜采用漫灌，降水量过大时，要设法排除树盘内积水（李俊芬和娄本琴，2008）。

4.1.2.3.4　花果管理

套袋果园最好进行人工辅助授粉或花期放蜂。人工授粉时只给中心花授粉。套袋前严格疏花、疏果，实行以花定果，确保果形端正。苹果通常按20～25cm间距留一个花序，每亩留果量在1万～1.4万个，富士苹果不超过1.2万个，乔纳金、红星不超过1.5万个。摘叶、转果和铺反光膜均能有效提高果实着色。摘叶、转果加铺反光膜处理全红果达89%，着色指数达96.6%；摘叶转果处理全红果达58%，着色指数85.2%，对照全红果5.5%，着色指数59.8%（高文胜，2005）。

4.1.2.3.5 外源物质

外源糖引入植株后会被运转到各个器官，果实持有量最多，而把外源糖配成溶液直接喷施在果实表面，更有利于果实对外源糖的吸收和转化。但对其适宜浓度的研究则相对较少。套袋后果实表面形成了一个高温、高湿的微域环境，果面喷布外源糖处理后，因残留较多，可能会使果面微生物大量繁殖，不利于果实外观品质的提高，除袋后果面环境有所改善，较适于喷施外源糖处理（马文荷等，2000）。外源 GA_3 处理可显著提高光合产物向果实的调配，从而提高果实的内在品质（陈锦永等，2005），且果实发育期间，果实比叶片对 GA_3 更敏感（刘平等，2002）。可见，施加外源激素必然打破植株内源激素的平衡，对提高果实品质有一定的促进作用。但其适宜浓度和时期还有待于进一步探索。

4.1.2.3.6 适宜采收期

适期采收与分期采收是确保套袋效果的最后关键措施，要根据成熟度、市场、储运时间等因素综合确定适宜采收时期。成熟期不一致的品种，应分期采收。采收时，剪除果柄，轻拿、轻放，避免造成机械损伤，以提高套袋果的商品率（王少敏和高华君，1999；高文胜，2005）。

4.2 不同种类育果袋对苹果品质影响的研究

目前市场上各种类型、各种品牌的双层育果纸袋繁多，给果农选择带来了一定难度。同时，一些质量低劣的双层育果纸袋降低了套袋的成功率和优质果率，给部分果农造成了一定损失。针对这一现状，我们结合国家苹果套袋关键技术示范补贴项目的实施，选择项目中标的育果纸袋和市场上常见的几种育果纸袋作为试材，在红富士品种和寒富品种上试验，研究了不同纸质育果袋对果实品质的影响。

4.2.1 材料与方法

4.2.1.1 供试材料

4.2.1.1.1 红富士苹果不同种类育果袋试验

试验于 2007 年 4 月至 11 月分别在山东省栖霞市、蓬莱市、蒙阴县，陕西省铜川耀州区和辽宁省绥中县进行。

栖霞市试验园位于该市松山街道艾前夼村，地处艾山前脚，中壤土，土层深 2m 以上，12 年生乔砧红富士，株行距 3m×4m，树势中庸，健壮，管理水平中上。蓬莱市试验园位于该市园艺场苹果园内，地处丘陵，土质为沙砾棕壤土，12 年生红富士，株行距 3m×5m，树形为改良纺锤形，坡地种植，果园实现了微喷灌溉。蒙阴县试验园位于该县野店镇南峪村果园，地处丘陵阳面，沙质壤土，排灌条件好，12 年生红富士，株行距 3m×5m，树势中庸，生长较好，果园管理水平较高。铜川市耀州区试验园位于该区桃曲坡水库果林示范园，果园海拔 950～1 200m，沙壤土，14 年生红富士，株行距 2.5m×3m，树形为小冠疏层延迟开心形，中庸健壮，生草制，灌溉、排水便利，管理水平较高。绥中县试验园位于该县西甸子乡鞍马村，地处辽西走廊，水平梯田，棕壤土，12 年生乔砧红富士，株行距 3m×4m，树形为自由纺锤形，中庸健壮，灌溉、排水便利，管理水平中上。

山东试验点均选用本省知名度较高、符合《苹果育果纸袋》规定值、项目中标的小林牌双层纸袋、凯祥牌双层纸袋、丰华牌双层纸袋、爱农牌双层纸袋、清田牌双层纸袋和养马岛牌双层纸袋 6 个品牌果袋。各地分别以一种当地常用的低档袋（价格不高于 0.03 元/个）为对照。陕西试验点选用本省知名度较高、符合

《苹果育果纸袋》规定值、项目中标的鸿泰袋、三秦袋和青和袋3个品牌果袋，以《苹果育果纸袋》规定值以下的全印袋、东方袋为对照。辽宁试验点选择符合《苹果育果纸袋》规定值、项目中标的宏成袋、彤乐袋、富达袋3个品牌果袋，以《苹果育果纸袋》规定值以下的前卫袋为对照。

4.2.1.1.2　寒富苹果不同种类育果袋试验

试验园位于沈阳农业大学校内果树教学基地，地处沈阳市东郊，平地台式果园。土壤类型为黏壤土，5年生寒富苹果（寒富/GM256/山定子），株行距1m×4m，树形为自由纺锤形，中庸健壮，生草制，灌溉、排水便利，管理水平较高。试验育果袋为小林牌双层纸袋、清田牌双层纸袋和彤乐牌双层纸袋3个品牌果袋。

4.2.1.2　试验设计

4.2.1.2.1　红富士苹果不同种类育果袋处理

采用Z字形方法选择生长发育中庸健壮的植株，单株小区，3次重复。每株树套100个果实，整个试验果袋要求一天内套完。套（除）袋时期和配套栽培措施同当地一致。套袋时间均为落花后40d，除袋时间为采果前14d（表4-1）。

表4-1　红富士苹果不同套（摘）袋时期处理

试验地点	套袋日期（月—日）	除袋日期（月—日）
栖霞	6—9	10—7
蓬莱	6—10	10—8
蒙阴	5—25	9—25
铜川	6—2	10—1
绥中	6—8	10—10

每个处理中随机选取30个果实，调查不同处理果袋破损率、日灼果率、黑点病果率、苦痘病果率、果实着色指数和果面光洁度指数，测定果实单果重、果实硬度、可溶性固形物含量、有机

酸含量和维生素 C 含量。

4.2.1.2.2　寒富苹果不同种类育果袋处理

在试验园内选出树相一致、生长良好的寒富苹果树作为试验用树。每种育果袋 1 个处理，单株小区，3 次重复，区组内随机排列。套袋时间为花后 40d（晴天），于当天全部套完试验用果，以不套袋为对照。在套袋当天及套袋后按主要物候期取样，直至果实采收。每个处理中随机选取 30 个果实测定其可溶性糖、淀粉、有机酸含量和维生素 C 含量；采收时测定果形指数、果实去皮硬度、单果重和可溶性固形物含量。

4.2.1.3　测定方法

果袋破损率、日灼果率、黑点病果率、苦痘病果率，根据所选样品实际进行统计调查。

果实着色指数（表 4-2）。

表 4-2　果实着色指数调查统计方法

级别	1	2	3	4	5	着色指数（CI）
标准（着色面积）	<30%	30%～50%	50%～70%	70%～90%	≥90%	—
果数量	X_1=	X_2=	X_3=	X_4=	X_5=	

着色指数（CI）=［(X_1×1+X_2×2+X_3×3+X_4×4+X_5×5)/(30×5)］×100

着色度：按照着色面积占果实总面积>90%、70%～90%、<70%3 个档次调查。

果面光洁度指数（表 4-3）。

表 4-3　果实光洁度指数统计方法

级别	1	2	3	光洁度指数（LI）
标准（果皮感官）	粗糙	较平滑	平滑	—
果数量	X_1=	X_2=	X_3=	

光洁度指数（LI）=［(X_1×1+X_2×2+X_3×3)/(30×3)］×100

果实大小：用电子秤测定，精确到小数点后1位。

果实硬度：用GY－B型果实硬度计测定。

可溶性固形物：用WYT型手持折光仪测定。

有机酸：NaOH滴定法。

维生素C：分光光度计法。

可溶性糖和淀粉含量：参照邹琦（1995）的方法。

4.2.2 结果与分析

4.2.2.1 不同种类育果袋对红富士苹果果实品质的影响

4.2.2.1.1 不同种类育果袋破损率及对红富士苹果病果率的影响

育果袋质量的优劣直接决定着套袋果的商品果率。由表4-4可知，同一育果袋在不同地区破损率不完全一致。在山东3个试验点，蒙阴试验点的总体破损率最高，这可能与当地立地条件和气候有关。不同试验点的结果表明，符合《育果袋纸》标准纸袋的破损率要明显低于《育果袋纸》标准以下的纸袋。

表4-4 不同种类育果袋破损率及对红富士苹果病果率的影响

试验地点	处理	果袋破损率（%）	病果率（%）		
			日灼	黑点病	苦痘病
栖霞市	养马岛袋	6.7	0.0	10.0	20.0
	丰华袋	3.3	0.0	10.0	16.7
	爱农袋	3.3	0.0	6.7	20.0
	小林袋	0.0	0.0	6.7	16.7
	清田袋	0.0	0.0	6.7	20.0
	凯祥袋	0.0	0.0	10.0	16.7
	对照CK	0.0	0.0	10.0	20.0

（续）

试验地点	处理	果袋破损率（%）	病果率（%）		
			日灼	黑点病	苦痘病
蓬莱市	养马岛袋	10.0	3.3	13.3	6.7
	丰华袋	10.0	0.0	13.3	20.0
	爱农袋	16.7	0.0	16.7	13.3
	小林袋	6.7	3.3	10.0	16.7
	清田袋	10.0	3.3	13.3	10.0
	凯祥袋	3.3	6.7	16.7	13.3
	对照 CK	16.7	6.7	20.0	20.0
蒙阴县	养马岛袋	20.0	10.0	6.7	3.3
	丰华袋	26.7	13.3	10.0	0.0
	爱农袋	6.7	6.7	10.0	0.0
	小林袋	0.0	3.3	3.3	0.0
	清田袋	3.3	10.0	6.7	0.0
	凯祥袋	13.3	6.7	6.7	0.0
	对照 CK	40.0	13.3	3.3	0.0
铜川市	鸿泰袋	0.0	0.0	6.7	0.0
	三秦袋	6.7	3.3	26.7	0.0
	青和袋	0.0	0.0	3.3	0.0
	全印袋	6.7	0.0	13.3	0.0
	东方袋	13.3	0.0	13.3	0.0
	对照 CK	—	0.0	3.3	6.7
绥中县	宏成袋	0.0	6.7	0.0	0.0
	彤乐袋	0.0	0.0	0.0	0.0
	前卫袋	0.0	10.0	0.0	0.0
	富达袋	0.0	10.0	0.0	3.3
	对照 CK	—	0.0	0.0	0.0

不同种类育果袋病果率的调查结果表明，从日灼发生情况看，栖霞试验点所有果袋种类均未发生日灼；蓬莱试验点丰华袋和爱农袋均未发生日灼，养马岛袋、小林袋和清田袋日灼果率均为3.3%，凯祥袋日灼果率和对照一致，均为6.7%；蒙阴试验点养马岛袋、爱农袋、小林袋、清田袋和凯祥袋日灼果率明显小于对照，分别比对照低3.3%、6.6%、10.0%、3.3%和6.6%，丰华袋和对照日灼果率均为13.3%；铜川试验点仅三秦袋轻微发生日灼；绥中试验点均未发生日灼。从黑点病发生情况看，在山东3个试验点所有育果袋都不同程度发生黑点病，各种育果袋在不同地点黑点病发生程度基本一致，优质育果袋相对发生要轻一些。在铜川试验点，黑点病发生相对严重，病果率平均为11.1%，三秦袋黑点病发生最严重，病果率为26.7%。绥中试验点各种果袋均未发生黑点病。从苦痘病发生情况看，在栖霞和蓬莱试验点发生较重，不同育果袋之间差异较小，在其他试验点基本未发生。因此，认为苦痘病与育果袋种类关系不大。上述结果表明，整体上优质育果袋破损率和病果率明显低于低档果袋，日灼和黑点病的发生与果袋种类有一定的关系，但规律性不明显，需进一步深入研究，苦痘病的发生与育果袋种类关系不大，可能与立地条件和气候有关。

4.2.2.1.2　不同种类育果袋对红富士苹果着色指数、光洁度指数和单果重的影响

表4-5　不同种类育果袋对红富士果实品质的影响

试验地点	处理	着色指数（%）	光洁度指数（%）	单果重（g）	果实硬度（kg/cm^2）	可溶性固形物（%）
栖霞市	养马岛袋	90.0	92.2	231.5	7.7	16.2
	丰华袋	90.7	92.2	233.2	7.6	16.3
	爱农袋	90.9	93.3	232.2	7.7	16.2
	小林袋	89.3	94.4	232.4	7.6	16.2
	清田袋	90.7	94.4	232.6	7.6	16.2

（续）

试验地点	处理	着色指数（%）	光洁度指数（%）	单果重（g）	果实硬度（kg/cm^2）	可溶性固形物（%）
	凯祥袋	91.3	93.3	232.8	7.5	16.1
	对照 CK	90.0	92.2	231.8	7.6	16.2
蓬莱市	养马岛袋	88.0	73.3	272.8	9.4	12.8
	丰华袋	82.0	75.6	272.2	9.4	12.8
	爱农袋	86.7	73.3	270.6	9.5	12.8
	小林袋	89.0	80.0	274.5	9.5	12.8
	清田袋	85.3	72.2	278.1	9.5	12.6
	凯祥袋	87.0	74.4	270.6	9.4	12.6
	对照 CK	80.7	67.8	283.5	9.3	12.6
蒙阴县	养马岛袋	78.7	65.6	219.3	7.3	13.0
	丰华袋	78.0	64.4	246.6	7.6	13.7
	爱农袋	88.0	67.8	232.8	7.4	14.8
	小林袋	86.7	70.0	227.0	7.6	15.3
	清田袋	79.3	68.9	237.0	7.5	14.9
	凯祥袋	84.0	67.8	221.7	7.5	13.8
	对照 CK	77.3	64.4	250.5	7.9	14.0
铜川市	鸿泰袋	92.0	—	198.7	8.9	12.4
	三秦袋	89.3	—	201.9	8.6	11.8
	青和袋	86.7	—	193.9	8.9	12.7
	全印袋	94.0	—	203.3	8.8	13.5
	东方袋	86.0	—	192.4	8.9	13.8
	对照 CK	91.3	—	211.9	8.3	15.3
绥中县	宏成袋	96.0	86.7	198.0	12.1	11.5
	彤乐袋	96.0	97.8	183.0	13.1	11.2
	前卫袋	86.7	93.3	173.0	12.6	10.5
	富达袋	81.3	98.9	189.0	12.6	12.3
	对照 CK	88.0	46.7	187.2	12.7	13.3

由表 4-5 可知，从着色指数看，栖霞试验点红富士苹果着色指数平均为 90.4%，果袋种类对着色指数的影响差异不大，最大差异为 2.0%。蓬莱、蒙阴试验点优质果袋果实着色指数均高于低档果袋，红富士苹果着色指数平均值分别为 85.5%和 81.7%，果袋种类对着色指数的影响较大，最大差异分别为 8.3%和 10.3%。铜川和绥中试验点红富士苹果着色指数平均值分别为 89.9%和 89.6%。不同种类育果袋处理间着色指数最大差异分别为 8.0%和 14.7%。

从光洁度指数看，在栖霞、铜川和绥中试验点，不同纸质育果袋对果实光洁度指数影响差异不大。在蓬莱和蒙阴试验点，小林袋所套果实的光洁度指数最好，低档育果袋所套果实的光洁度指数要差一些。不同育果袋对果实单果重有一定影响，但差异不大。总体来看，优质育果袋单果重略低于标准值以下育果袋。具体试验结果，栖霞试验点单果重由大到小依次为丰华袋、凯祥袋、清田袋、小林袋、爱农袋、CK、养马岛袋；蓬莱试验点单果重由大到小依次为 CK、清田袋、小林袋、丰华袋和养马岛袋、凯祥袋和爱农袋；蒙阴试验点单果重由大到小依次为 CK、丰华袋、清田袋、爱农袋、小林袋、凯祥袋、养马岛袋；铜川试验点单果重由大到小依次为 CK、全印袋、三秦袋、鸿泰袋、青和袋、东方袋；绥中试验点单果重由大到小依次为宏成袋、富达袋、CK、彤乐袋、前卫袋。说明单果重与育果纸袋种类和优劣无直接关系，可能与果园和树体管理关系更为密切。

4.2.2.2 不同种类育果袋对寒富苹果果实品质的影响

4.2.2.2.1 不同种类育果袋对寒富苹果果形指数等指标的影响

由表 4-6 可知，从果形指数看，清田袋和彤乐袋果形指数均小于对照，分别比对照低 0.02 和 0.03，而小林袋和对照无差异。从单果重看，各套袋处理单果重均明显小于对照。清田袋、彤乐袋和小林袋分别比对照低 20.6g、13.7g 和 28.3g。从果实去皮硬度看，各套袋处理去皮硬度均明显小于对照。清田袋、彤乐袋和小林袋分别比对照低 0.4kg/cm²、0.4kg/cm² 和 0.6kg/cm²。从可溶性固形物看，各套袋明显降低了果实的可溶性固形物含量。清田袋、彤乐袋和小林袋可溶性固形物含量分别对照低 2.0%、2.3%和 2.3%。

表 4-6　不同种类育果袋对寒富苹果果形指数等指标的影响

处理	果形指数	单果重(g)	去皮硬度(kg/cm^2)	可溶性固形物(%)
清田袋	0.85	246.30	8.50	12.30
彤乐袋	0.84	253.20	8.50	12.00
小林袋	0.87	238.60	8.30	12.00
对照 CK	0.87	266.90	8.90	14.30

4.2.2.2.2　不同种类育果袋对寒富苹果内在品质的影响

可溶性糖主要由蔗糖，葡萄糖和果糖组成，是构成苹果果实可溶性固形物的重要成分。多数研究认为，糖含量越高，果实口感风味就越好。因此，可溶性糖含量是评价苹果风味质量优劣的一个重要指标。

图 4-1 中可溶性糖变化表明，各套袋处理果实可溶性糖含量在生长发育过程中均低于对照。套袋处理在前期（花后 40～100d）可溶性糖积累量较低，且花后 100d 有小幅降低，而对照果实可溶性糖则呈持续上升趋势（花后 40～130d）。果实开始着色时（盛花后 100～130d），各套袋处理及对照果实可溶性糖含量迅速上升，花后 130d 左右，清田袋和对照果实可溶性糖含量达到最大值，尔后下降，小林袋和彤乐袋处理果实可溶性糖含量则持续上升。果实采收时，各处理果实可溶性糖含量由低到高依次为彤乐袋、清田袋、小林袋、对照。

淀粉变化表明，各处理淀粉含量变化呈先上升后下降趋势，且对照果实淀粉含量始终高于各套袋处理。果实发育早期积累的淀粉（花后 40～70d）是为后期糖的合成储备碳源。果实采收时（花后 160d），套袋处理间果实淀粉含量差异不明显，彤乐袋要略高于清田袋和小林袋。

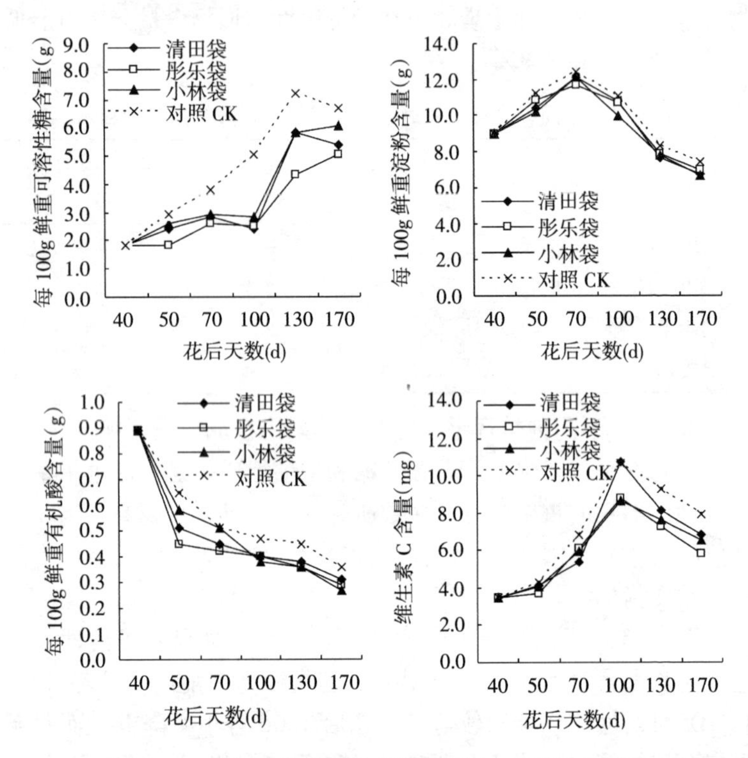

图 4-1 不同种类育果袋对寒富苹果内在品质的影响

有机酸在果蔬产品中普遍存在，人的味觉器官对酸的反应非常敏感，因此，有机酸含量也会影响苹果的风味质量。有机酸变化表明，各处理果实有机酸含量自幼果期至采收期均呈下降趋势。在处理初期（花后 40～50d），套袋处理果实有机酸含量降幅最大，而对照有机酸骤降持续时间较长（花后 40～70d）。果实采收时（花后 160d），果实有机酸含量由高到低依次为对照、清田袋、彤乐袋、小林袋。

维生素C变化表明，各处理果实维生素C含量均呈先上升后下降变化趋势。处理初期果实维生素C含量较低（花后40～50d），花后50～100d其维生素C含量迅速升高，于花后100d达最大值，随后逐渐降低（花后100～160d）。果实采收时（花后160d），对照果实维生素C含量高于各套袋处理，不同果袋之间清田袋较小林袋和彤乐袋果实维生素C含量有所提高。

4.2.3　讨论

有袋栽培育果袋种类的选择。1952年以前，国内外所用育果袋主要采用旧报纸或书纸制作，套袋主要目的是预防病虫害。之后日本相继成功开发出促进果实着色和防菌、防虫的单层及双层育果纸袋。结合生产实际，1992年和1993年我国自行生产出了单层和双层育果纸袋，并在国内得到大量推广应用（王少敏与高华君，2002；刘志坚，2002）。适应生产实际需要，相关部门和企业陆续研制和推广了塑膜袋、纸+膜袋、反光膜袋和液膜袋等（刘志坚，1998；王少敏等，2001；樊秀芳等，2003；高文胜，2005）。各地试验结果表明，不同品种苹果套双层育果纸袋的果实在改善外观品质，尤其是促进着色、提高果面光洁度等方面效果明显，是生产高档果品的首选（高文胜，2005）。目前市场上各种类型、各种品牌的双层育果纸袋繁多，给果农选择带来了难度，同时一些质量低劣的双层育果纸袋降低了套袋的成功率和优质果率，给部分果农造成了一定损失。针对这一现状，国家在2003年发布《育果袋纸》（GB19341—2003）国家标准的基础上，通过大量的田间试验和调查，2008年又发布了《苹果育果纸袋》（NY/T1555—2007）行业标准，对苹果育果袋各技术指标进行了规范，为果农选择苹果育果袋提供了标准。本研究中不同纸质育果袋对果实品质影响的试验结果也表明，符合《苹果育果纸袋》规定值育果袋的应用效果（着色指数、光洁度指数、病果率、果袋破损率等）明显优于规定值以下的育果袋。

4.2.4 小结

不同纸质育果袋对苹果果实品质的影响试验表明，不同育果袋对果实各项指标的影响规律基本一致，综合各项指标，符合《苹果育果纸袋》规定值果袋的应用效果（着色指数、光洁度指数、病果率、果袋破损率等）明显优于规定值以下的果袋。与未套袋果相比，各地试验均表明，套袋果的可溶性形物、可滴定酸、维生素C和单果重下降，果实光洁度指数、着色指数和硬度增加。说明苹果套袋后外观品质明显提高，而内在品质有所下降。

4.3 不同套（摘）袋时期对果实品质影响的研究

套袋及摘袋时期是有袋栽培体系中的关键技术环节。适宜的套袋及摘袋时期对提高果实品质具有十分重要的意义。本试验以红富士、粉红女士和新世界等品种等为试材，设计了不同套袋时期和除袋时期9个处理，研究了不同处理对果实品质的影响，提出了不同品种适宜的套袋和摘袋时期。

4.3.1 材料与方法

4.3.1.1 供试材料

试验于2007年4月至11月分别在山东省文登市、辽宁省绥中县和陕西省富平县进行。文登市试验园位于该市噶家镇大英村果园，地处丘陵山地，砂质壤土，20年生乔砧红富士，株行距4m×5m，中庸健壮，果园管理水平较高。绥中县试验园位于李家乡铁厂堡村，地处辽西走廊，水平梯田，棕壤土，26 年生乔砧红富士，株行距 3m×4m，树形为基部三主枝半圆形，中庸健壮，灌溉、排水便利，管理水平较高。富平试验园（新世纪苹果）位于该县梅家坪镇庙沟村，丘陵地带，果园海拔约 730m，中壤黄土，15 年生新世纪，株行距 2m×3.5m，树形为矮化纺锤形，中庸健壮，生草制，灌溉、排水便利，管理水平较高。富平试验园（粉红女士苹果）位于该县流曲镇流曲村，地处关中平原地带，海拔 550m，15 年生粉红女士，株行距 2m×3m，树形为矮化纺锤形，中庸健壮，生草制，灌溉、排水便利，管理水平较高。

文登和绥中试验园选用的育果袋为小林牌双层纸袋；富平两个试验园选用的育果袋为鸿泰牌双层纸袋。

4.3.1.2　试验设计

采用 Z 字形方法选择生长发育中庸健壮的植株，单株小区，5 次重复，每株树套 30 个果实，每个处理共 150 个果。整个试验果袋要求一天内套完。套（除）袋时期和配套栽培措施同当地一致。试验套袋和除袋时间见表 4 - 7。每个处理中随机选取 30 个果实调查日灼果率、黑点病果率、苦痘病果率、果实着色指数和果面光洁度指数，测定果实单果重、果实硬度、可溶性固形物含量、有机酸含量和维生素 C 含量。

表 4 - 7　不同苹果品种套（摘）袋时期处理

纸袋	处理	套袋时间（落花后天数）(d)	除袋时间（果实采摘前天数）(d)
小林	Ⅰ	33	7
	Ⅱ	33	14
	Ⅲ	33	21
	Ⅳ	40	7
	Ⅴ	40	14

（续）

纸袋	处理	套袋时间（落花后天数）(d)	除袋时间（果实采摘前天数）(d)
小林	Ⅵ	40	21
	Ⅶ	47	7
	Ⅷ	47	14
	Ⅸ	47	21
	CK	不套袋	

4.3.1.3 测定方法

见4.2.1.3。

4.3.2 结果与分析

4.3.2.1 不同套（摘）袋时期对红富士苹果果实品质的影响

4.3.2.1.1 不同套（摘）袋时期对红富士果实病果率的影响

由表4-8可知，从日灼看，文登试验点，各处理都不同程度出现日灼现象，处理Ⅳ（落花后40d套袋，采摘前7d摘袋）最为严重，高达11.7%，最轻为处理Ⅷ（落花后47d套袋，采摘前14d摘袋）。在绥中试验点，只有处理Ⅴ（落花后40d套袋，采摘前14d摘袋）出现日灼现象，其他处理无日灼现象。整体上看，同一摘袋时间，套袋时间晚，日灼现象轻；同一套袋时间，摘袋时间早，日灼现象轻。从黑点病果率来看，文登试验点，处理Ⅵ和Ⅶ最轻，处理Ⅱ和Ⅲ最重。整体上看，同一摘袋时间，套袋越早，黑点病的发生率越低，同一套袋时间，不同摘袋时间对黑点病发生的影响不完全一致，但差异不明显。绥中试验点各处理均未发生黑点病。从苦痘病果率来看，在不同试验点和不同处理的影响没有规律性，说明套（摘）袋时间对苦痘病果率影响不大。

4.3.2.1.2　不同套（摘）袋时期对红富士果实着色指数、光洁度指数和单果重的影响

由表4-8可知，从果实着色指数看，文登试验点，处理Ⅴ和Ⅵ的着色指数较高，分别为84.0%和96.0%，处理Ⅰ和Ⅳ的着色指数较低，分别为39.3%和52.7%。绥中试验点，处理Ⅵ和Ⅳ的着色指数较高，分别为97.3%和98.7%，处理Ⅲ和Ⅷ的着色指数较低，分别为81.3%和82.7%。从光洁度指数来看，文登试验点，处理Ⅰ和Ⅷ的光洁度指数较高，分别为93.3%和87.7%，处理Ⅵ的光洁度指数较低，为68.9%；绥中试验点，处理Ⅱ和Ⅳ的光洁度指数较高，均为95.5%，处理Ⅷ的光洁度指数较低，为77.8%。从单果重来看，文登试验点，处理Ⅰ和Ⅳ的单果重较高，分别为263.1g和258.9g，处理Ⅱ和Ⅶ的单果重较低，分别为210.8g和197.5g；绥中试验点，处理Ⅲ和Ⅴ的单果重较高，分别为238.6g和244.0g，处理Ⅳ和Ⅷ的单果重较低，分别为183.3g和175.3g。

表4-8　不同套（摘）袋时期对红富士苹果外观品质的影响

试验地点	处理	病果率（%）			着色指数（%）	光洁度指数（%）	单果重（g）
		日灼	黑点病	苦痘病			
文登市	Ⅰ	8.4	11.5	6.1	39.3	93.3	263.1
	Ⅱ	1.6	14.5	0.0	79.3	83.3	210.8
	Ⅲ	4.1	14.9	2.7	70.7	82.2	237.4
	Ⅳ	11.7	6.5	0.0	52.7	82.2	258.9
	Ⅴ	6.9	5.9	0.0	84.0	74.4	229.7
	Ⅵ	1.7	1.7	0.0	96.0	68.9	234.9
	Ⅶ	4.7	1.9	1.9	58.0	81.1	197.5
	Ⅷ	0.7	3.6	0.7	76.0	87.7	229.6
	Ⅸ	0.9	3.5	5.3	78.7	85.6	254.6
	CK	2.0	0.0	0.0	74.7	33.3	236.5

（续）

试验地点	处理	病果率（%）			着色指数（%）	光洁度指数（%）	单果重（g）
		日灼	黑点病	苦痘病			
绥中县	Ⅰ	—	—	—	—	—	—
	Ⅱ	0.0	0.0	0.0	91.3	95.5	227.3
	Ⅲ	0.0	0.0	0.0	81.3	93.3	238.6
	Ⅳ	0.0	0.0	6.7	97.3	95.5	183.3
	Ⅴ	6.7	0.0	26.7	92.0	92.2	244.0
	Ⅵ	0.0	0.0	13.3	98.7	84.4	212.7
	Ⅶ	0.0	0.0	20.0	88.0	84.4	210.5
	Ⅷ	0.0	0.0	0.0	82.7	77.8	175.3
	Ⅸ	0.0	0.0	0.0	96.7	80.0	196.7
	CK	0.0	0.0	0.0	96.0	40.0	247.0

4.3.2.1.3 不同套（摘）袋时期对红富士果实硬度和可溶性固形物的影响

由表4-9可知，从果实硬度看，文登试验点，处理Ⅴ和Ⅶ果实硬度较高，分别为9.0kg/cm² 和8.9kg/cm²，处理Ⅰ果实硬度最低，为8.0kg/cm²；绥中试验点，处理Ⅴ果实硬度最高，为13.3kg/cm²，处理Ⅷ的果实硬度最低，为11.6kg/cm²。从可溶性固形物看，文登试验点，处理Ⅱ可溶性固形物含量最高，为15.0%，处理Ⅰ和Ⅷ可溶性固形物含量较低，分别为12.5%和11.9%；绥中试验点，处理Ⅸ可溶性固形物含量最高，为12.9%，处理Ⅳ可溶性固形物含量最低，为10.4%。

表4-9 不同套（摘）袋时期对红富士苹果内在品质的影响

试验地点	处理	果实硬度（kg/cm²）	可溶性固形物（%）	每100g鲜重有机酸含量（g）	每100g鲜重维生素C含量（mg）
文登市	Ⅰ	8.0	12.5	0.23	3.5
	Ⅱ	8.5	15.0	0.24	3.4
	Ⅲ	8.6	14.4	0.18	3.8

（续）

试验地点	处理	果实硬度（kg/cm²）	可溶性固形物（%）	每100g鲜重有机酸含量（g）	每100g鲜重维生素C含量（mg）
	Ⅳ	8.6	13.8	0.27	2.5
	Ⅴ	9.0	14.4	0.34	2.1
	Ⅵ	8.3	13.9	0.24	2.9
	Ⅶ	8.9	13.3	0.23	3.0
	Ⅷ	8.7	11.9	0.23	2.0
	Ⅸ	8.3	13.0	0.29	2.5
	CK	8.6	14.8	0.23	4.7
绥中县	Ⅰ	—	—	0.11	0.9
	Ⅱ	12.9	12.5	0.22	0.7
	Ⅲ	12.9	11.5	0.14	0.6
	Ⅳ	12.2	10.4	0.21	1.2
	Ⅴ	13.3	12.3	0.20	1.2
	Ⅵ	12.5	12.1	0.17	0.5
	Ⅶ	12.7	12.5	0.21	0.4
	Ⅷ	11.6	11.0	0.20	1.1
	Ⅸ	12.1	12.9	0.17	0.9
	CK	12.7	14.0	0.17	1.1

4.3.2.1.4 不同套（摘）袋时期对红富士果实有机酸和维生素C的影响

由表4-9可知，从果实有机酸看，文登试验点，处理Ⅴ和Ⅸ的有机酸含量较高，分别为每100g鲜重0.34g和0.29g，处理Ⅲ的有机酸含量最低，为每100g鲜重0.18g；绥中试验点，处理Ⅱ的有机酸含量最高，为每100g鲜重0.22g，处理Ⅰ和Ⅲ的有机酸含量较低，分别为每100g鲜重0.11g和0.14g。从维生素C看，文登试验点，处理Ⅲ的维生素C含量最高，为每100g鲜重3.8mg，处理Ⅴ和Ⅷ维生素C含量较低，分别为2.1mg和

2.0mg；绥中试验点，处理Ⅳ和Ⅴ的维生素C含量较高，均为1.2mg，处理Ⅵ和Ⅶ的维生素C含量较低，分别为0.5mg和0.4mg。

4.3.2.2 不同套（摘）袋时期对新世纪苹果果实品质的影响

4.3.2.2.1 不同套（摘）袋时期对新世纪果实内在品质的影响

由表4-10可知，从病果率调查结果看，只有处理Ⅱ、Ⅷ和Ⅸ出现日灼现象，其他处理均无日灼现象；从黑点病果率看，处理Ⅸ最轻，处理Ⅷ最重，说明同一除袋时间，套袋越早，黑点病的发生率越高；从苦痘病果率看，处理Ⅴ和Ⅵ较高，分别为16.7%和10.0%，其他处理差距不明显。

从着色指数看，处理Ⅶ着色指数最高，为78.0%，处理Ⅳ着色指数最低，为44.7%；从光洁度指数看，处理Ⅱ光洁度指数最高，为98.9%，处理Ⅷ和CK光洁度指数最低，分别为84.4%和75.6%，但不同处理间差距不明显；从单果重来看，处理Ⅳ单果重最高，为242.3g，处理Ⅵ的单果重最低，为193.9g。

表4-10 不同套（摘）袋时期对新世纪苹果外观品质的影响

处理	病果率（%）			着色指数（%）	光洁度指数（%）	单果重（g）
	日灼	黑点病	苦痘病			
Ⅰ	0.0	53.3	0.0	60.7	94.4	215.1
Ⅱ	6.7	40.0	0.0	64.0	98.9	219.9
Ⅲ	0.0	46.7	3.3	63.3	94.4	211.7
Ⅳ	0.0	40.0	3.3	44.7	93.3	242.3
Ⅴ	0.0	36.7	16.7	64.7	96.7	202.8
Ⅵ	0.0	30.0	10.0	66.0	96.7	193.9
Ⅶ	0.0	33.3	0.0	78.0	93.3	215.5
Ⅷ	6.7	63.3	3.3	64.0	84.4	212.7
Ⅸ	6.7	26.7	6.7	61.3	87.8	200.7
CK	0.0	13.3	3.3	64.7	75.6	219.5

4.3.2.2.2　不同套（摘）袋时期对新世纪果实内在品质的影响

由表4-11可知，从果实硬度看，处理Ⅶ果实硬度最高，为10.2kg/cm²，处理Ⅳ果实硬度最低，为8.4kg/cm²。从可溶性固形物看，处理Ⅶ和Ⅸ可溶性固形物较高，分别为16.0%和16.3%，处理Ⅱ可溶性固形物最低，为13.3%。

从果实有机酸看，各处理有机酸含量差异不明显，无明显的变化规律。从维生素C看，各处理维生素C含量均明显小于对照，处理Ⅷ的维生素C含量最高，为每100g鲜重5.6mg，处理Ⅱ的维生素C最低，为每100g鲜重2.0mg。

表4-11　不同套（摘）袋时期对新世纪苹果内在品质的影响

处理	果实硬度（kg/cm²）	可溶性固形物（%）	每100g鲜重有机酸含量（g）	每100g鲜重维生素C含量（mg）
Ⅰ	9.40	14.60	0.36	3.80
Ⅱ	9.20	13.30	0.36	2.00
Ⅲ	8.90	13.80	0.31	3.30
Ⅳ	8.40	13.70	0.30	2.90
Ⅴ	9.10	14.50	0.35	3.70
Ⅵ	9.10	15.30	0.36	3.40
Ⅶ	10.20	16.00	0.33	3.00
Ⅷ	8.90	14.90	0.36	5.60
Ⅸ	9.60	16.30	0.37	2.40
CK	9.10	15.80	0.37	11.70

4.3.2.3　不同套（摘）袋时期对粉红女士苹果果实品质的影响

4.3.2.3.1　不同套（摘）袋时期对粉红女士果实外在品质的影响

由表4-12可知，从病果率调查结果看，只有处理Ⅱ和Ⅳ出现日灼现象，其他处理均无日灼现象；从黑点病果率看，处理Ⅰ和Ⅷ未发生黑点病，处理Ⅱ最重，为13.3%；从苦痘病果率看，处理Ⅲ、Ⅴ和Ⅷ出现黑点病，其他处理均未发生。

表4-12 不同套（摘）袋时期对粉红女士苹果外观品质的影响

处理	病果率（%）			着色指数（%）	光洁度指数（%）	单果重（g）
	日灼	黑点病	苦痘病			
Ⅰ	0.0	0.0	0.0	95.3	48.9	159.5
Ⅱ	3.3	13.3	0.0	99.3	48.0	124.0
Ⅲ	0.0	6.7	3.3	96.0	63.3	170.5
Ⅳ	3.3	3.3	0.0	90.0	48.9	129.0
Ⅴ	0.0	6.7	6.7	96.0	34.4	126.0
Ⅵ	0.0	3.3	0.0	98.7	40.0	154.0
Ⅶ	0.0	3.3	0.0	100.0	35.6	150.4
Ⅷ	0.0	0.0	6.7	98.7	42.2	143.0
Ⅸ	0.0	3.3	0.0	98.0	33.3	145.5
CK	0.0	3.3	3.3	78.7	33.3	144.9

从着色指数看，各处理着色指数均高于对照。处理Ⅶ着色指数最高，为100.0%，各处理的着色指数最大差值为4.7%，差异不明显；从光洁度指数看，处理Ⅰ-Ⅷ光洁度指数均高于对照和处理Ⅸ，处理Ⅲ光洁度指数最高，为63.3%，其他处理间光洁度指数差异不明显；从单果重来看，处理Ⅰ和Ⅵ的单果重较高，分别为159.5g和150.4g，处理Ⅱ单果重最低，为124.0g。

4.3.2.3.2 不同套（摘）袋时期对粉红女士果实内在品质的影响

由表4-13可知，从果实硬度看，处理Ⅰ-Ⅳ和Ⅵ-Ⅸ果实硬度均高于对照，处理Ⅴ最低，较对照小0.2kg/cm^2，处理Ⅱ果实硬度最高，较对照高 1.8kg/cm²；从可溶性固形物看，各处理可溶性固形物含量均小于对照，处理Ⅰ可溶性固形物最低，较对照低 2.3%，其他处理差距不明显。

表 4-13　不同套（摘）袋时期对粉红女士苹果内在品质的影响

处理	果实硬度（kg/cm²）	可溶性固形物（%）	每 100g 鲜重有机酸含量（g）	每 100g 鲜重维生素 C 含量（mg）
Ⅰ	11.20	13.40	0.53	1.40
Ⅱ	11.90	15.20	0.55	3.10
Ⅲ	11.00	14.80	0.53	1.70
Ⅳ	10.70	14.60	0.43	2.20
Ⅴ	9.90	15.30	0.48	2.10
Ⅵ	10.30	14.90	0.47	1.80
Ⅶ	10.80	15.20	0.63	2.20
Ⅷ	10.80	14.80	0.51	3.00
Ⅸ	11.00	15.40	0.71	5.60
CK	10.10	15.70	0.69	6.80

从果实有机酸看，处理Ⅸ有机酸含量最高，较对照高每 100g 鲜重 0.2g，其他处理均小于对照，但差距不明显；从维生素 C 看，各处理维生素 C 含量均明显小于对照，各处理间处理Ⅸ维生素 C 含量最高，为每 100g 鲜重 5.6mg，处理Ⅰ的维生素 C 最低，为每 100g 鲜重 1.4mg。

4.3.3　讨论

适宜的套（摘）袋时期。套袋及除袋时期是有袋栽培体系中的关键技术环节。适宜的套袋及摘袋时期对提高果实内在品质具有十分重要的意义。试验和调查结果表明，套袋越早，果实的外观品质越好，果面光洁鲜艳，着色好，果点小，果实的锈斑发生率低，但不利于糖类物质积累，风味变淡；套袋越晚，果实的可溶性固形物越高，果实硬度越大，但果面粗糙，日灼增加。摘袋早果实的可溶性固形物含量高，果实总酸和硬度较低，但着色重，颜色发暗（俗称上色老），鲜艳度差，果点大，果面不洁净；摘袋较晚果面鲜艳，果实总酸和硬度较高，但不利于糖类物质积累，可溶性固形物含量低（王文江等，1996；韩明玉等，2004b；张建光等，2005b；高文胜，2005；刘建海等，2007）。本试验研究结果表明，对套袋红富士和粉红女士品种，套袋越早，光洁度指数、可溶性固形物越高；套袋晚，果实硬度增加，且苦痘病发生程度减轻；早套袋和晚套袋都不利于果实着色；而不同套袋时间对单果重影响不大。摘袋越早，着色指数和可溶性固形物越高；摘袋越晚，果实光洁度越高，果肉硬度、单果重、苦痘病发生情况与除袋时间关系不明显。综合考虑果品质量的主要指标，认为落花后 40d 左右套袋、采果前 14d 左右摘袋较为适宜。对新世界苹果的试验表明，各项指标的变化规律同上述两个品种一致，但该品种在当地适宜的套袋时间为花后 47d，适宜的摘袋时间为采收前 7d。

4.3.4 小结

不同套（摘）袋时期对套袋红富士和粉红女士果实的影响试验表明，套袋越早，光洁度指数、可溶性固形物越高；套袋晚，果实硬度增加，且苦痘病发生程度减轻。早套袋和晚套袋都不利于果实着色。而不同套袋时间对单果重影响不大。除袋越早，着色指数和可溶性固形物越高；除袋越晚，果实光洁度越高。果肉硬度、单果重、苦痘病发生情况与除袋时间关系不明显。综合考虑果品质量的主要指标，认为落花后 40d 左右套袋、采果前 14d 左右摘袋较为适宜。对新世界苹果的试验表明，各项指标的变化规律同上述两个品种一致，但该品种在当地适宜的套袋时间为花后 47d，适宜的摘袋时间为采收前 7d。

4.4　外源物质对果实品质影响的研究

前人的研究结果表明，植物生长调节剂、外源糖和叶面肥等外源物质对套袋苹果果实的内在品质有一定的影响。但对其适宜浓度和喷施部位研究则相对较少。为此，针对不同外源物质种类、不同浓度、不同喷施部位等因子进行试验处理，初步得出了不同外源物质提高套袋苹果果实内在品质的适宜浓度和适宜喷施部位。

4.4.1　材料与方法

4.4.1.1　供试材料

试验于2008年6～10月在沈阳农业大学果树教学试验基地进行。果园为棕壤土，通透性良好；供试品种为5年生寒富苹果。树形为自由纺锤形，树势中庸，果园管理水平较高。试验用育果袋为小林牌双层纸袋。

4.4.1.2　试验设计

4.4.1.2.1　外源植物生长调节物质处理

选出树相一致、生长良好的槽栽（GA_3 处理）和露地（IAA和6-BA处理）寒富苹果树作为试验用树，套袋时间为花后40d（晴天），于当天全部套完试验用果，处理时期均为套袋前（DⅠ）、种子喙变褐（DⅡ）和除袋后（DⅢ）3个时期。施用时间选择8～10时或17～18时，施用浓度设20mg/L、60mg/L和100mg/L 3个处理，施用时均加入适量的吐温－20。

GA_3（国药集团化学试剂有限公司生产，含量≥90%）和IAA（北京奥博星生物技术有限责任公司生产，含量≥98%）施用部位为果实表面、果柄和果台副梢，以不做处理套袋果为对照；6-BA（江苏常州市光明生物化学研究所生产，含量

≥98%）施用部位为果实表面和果台副梢2个处理，以不做处理套袋果为对照。单株小区，3次重复，区组内随机排列。

对果面进行植物生长调节剂处理时，先将育果袋除去，均匀喷布植物生长调节剂，待果面稍干后，再将育果袋套回；对果柄进行植物生长调节剂处理时，先用适量脱脂棉将果柄部位包住，再向脱脂棉包被的果柄施用植物生长调节剂，以达到更好的处理效果；对果台副梢进行植物生长调节剂处理时，均匀喷布叶片的正背两面，直至叶尖滴水为止。果实成熟后，各处理均选取6个果实，测定其可溶性固形物、可溶性糖、淀粉、有机酸和维生素C含量。

4.4.1.2.2　外源糖处理

以蔗糖（沈阳沈一精细化学品有限公司生产，灼烧残渣≤0.01%）、山梨醇（国药集团化学试剂有限公司生产的D－山梨醇，灼烧残渣≤0.1%）、果糖（北京奥博星生物技术有限责任公司生产的D－果糖，含量≥99%）和葡萄糖（沈阳沈一精细化学品有限公司生产，灼烧残渣≤0.05%）喷施浓度各作单因子试验，设4个处理：0.5%、2%和5%，以喷清水作对照。施用时加入适量的吐温－20，于除袋后果面喷施，喷施后第3d和第6d各再喷1次，共3次，单株小区，3次重复。果实采收时，每处理随机选取6个果实，用具冰袋的保温箱迅速带回实验室进行相关指标的测定。

4.4.1.2.3　叶面喷肥处理

磷酸二氢钾和硝酸钙各设6个处理：200mg/L、300mg/L、400mg/L、500mg/L和600mg/L，以喷清水作对照。分别于果实套袋前、种子喙变褐和除袋后各喷1次，整株喷施，单株小区，3次重复，完全随机试验设计。果实采收时，每处理随机选取6个果实，用具冰袋的保温箱迅速带回实验室进行相关指标的测定。

金富农系列产品16号（水溶性氧化钾40%、水溶性氧化锰1%），金富农系列产品16号（美醇素）。试验共分16号800倍、18号800倍以及16号和18号800倍混用3个处理，并且每次喷施肥料及清水均在晴天16.5时左右，用压缩背负式喷雾器将溶液均匀地雾状喷布在叶片的正反两面。果实采收时，每处理随机选取6个果实，用具冰袋的保温箱迅速带回实验室进行相关指标的测定。

4.4.1.3　测定方法

同4.2.1.3。

4.4.2　结果与分析

4.4.2.1　外源植物生长调节物质对寒富苹果内在品质的影响

4.4.2.1.1　不同时期不同部位外源 GA_3 处理对寒富苹果内在品质的影响

4.4.2.1.1.1　不同时期不同部位外源 GA_3 处理对寒富苹果可溶性固形物含量的影响

图4-2表明，套袋前（DⅠ），不同浓度外源 GA_3 处理果面、果台副梢和果柄可溶性固形物含量均高于对照。果面处理可溶性固形物含量随 GA_3 浓度的升高而增加，100mg/L处理可溶性固形物含量最高，为13.17%，较对照增加了2.00%；果台副梢处理可溶性固形物含量随 GA_3 浓度的升高呈先升高后下降变化，60mg/L处理可溶性固形物含量最高，为12.83%，较对照增加了1.65%；果柄处理可溶性固形物含量随 GA_3 浓度的升高而减小，20mg/L处理可溶性固形物含量最高，为13.67%，较对照增加了2.50%。

种子喙变褐时（DⅡ），20mg/L外源 GA_3 处理果面可溶性固形物含量和对照一致，其他处理均高于对照。果面处理可溶性固形物含量随 GA_3 浓度的升高而增加，100mg/L处理可溶性固形物含量最高，为13.00%，较对照增加了1.83%；20mg/L和60mg/L GA_3 处理果台副梢可溶性固形物含量均为12.67%，较对

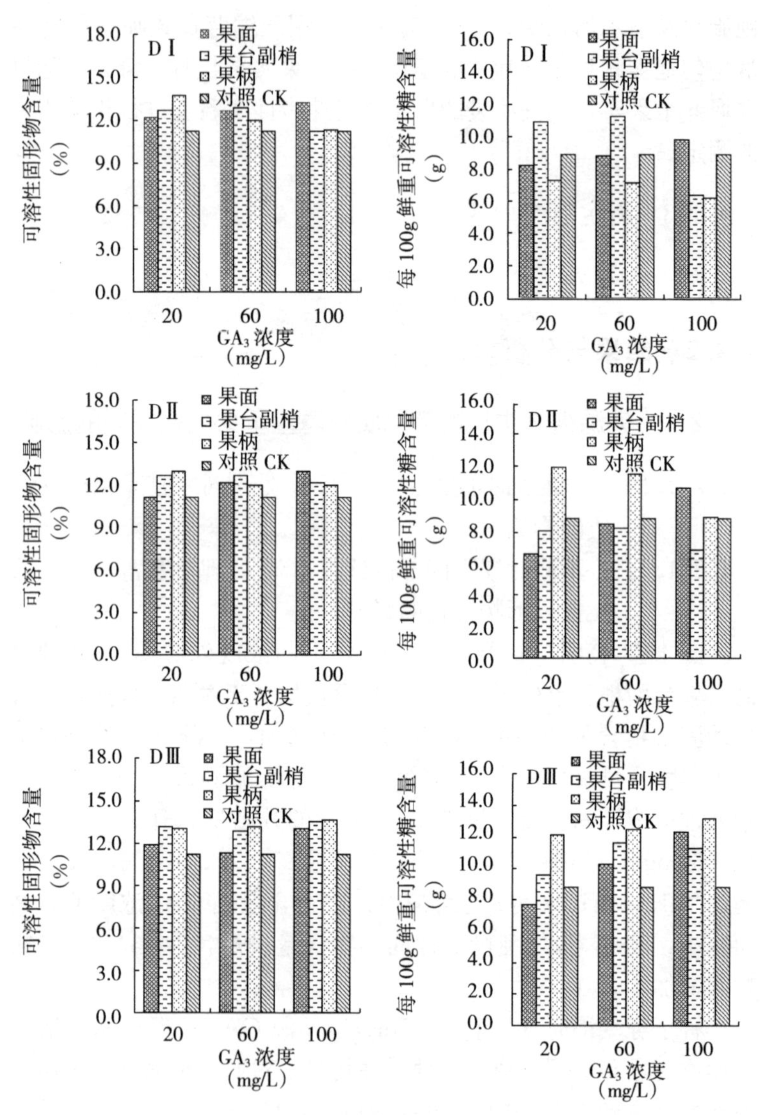

图 4－2　不同时期不同部位外源 GA_3 处理对寒富苹果可溶性固形物含量的影响

图 4－3　不同时期不同部位外源 GA_3 处理对寒富苹果可溶性糖含量的影响

照增加了1.50%，100mg/L处理可溶性固形物含量最低；果柄处理可溶性固形物含量随GA_3浓度的升高而减小，20mg/L处理可溶性固形物含量最高，为13.00%，较对照增加了1.83%。

除袋后（DⅢ），不同浓度外源GA_3处理果面、果台副梢和果柄可溶性固形物含量均高于对照。果面和果台副梢处理可溶性固形物含量随GA_3浓度的升高均呈先低后高变化，最大值均出现在100mg/L处理，分别为13.00%和13.17%，较对照增加了1.83%和2.00%；果柄处理可溶性固形物含量随GA_3浓度的升高而增加，100mg/L处理可溶性固形物含量最高，为13.67%，较对照增加了2.50%。

试验结果表明，除袋后用100mg/L GA_3处理果台副梢、套袋前用20mg/L和除袋后用100mg/L GA_3处理果柄均明显提高了果实可溶性固形物含量。提高效果最好的为套袋前用20mg/L和除袋后用100mg/L GA_3处理果柄，但实施较为困难，其次为除袋后用100mg/L GA_3处理果台副梢，尔后为套袋前用100mg/L GA_3处理果面。建议生产上采用除袋后100mg/L GA_3处理果台副梢，以提高果实可溶性固形物含量。

4.4.2.1.1.2　不同时期不同部位外源GA_3处理对寒富苹果可溶性糖含量的影响

图4-3表明，套袋前（DⅠ），60mg/L、100mg/L GA_3处理果面和20mg/L、60mg/L GA_3处理果台副梢果实可溶性糖含量高于对照，其他处理均低于对照。果面处理可溶性糖含量随GA_3浓度的升高而增加。100mg/L处理可溶性糖含量最高为每100g鲜重9.80g，较对照增加了每100g鲜重0.94g。果台副梢处理可溶性糖含量随GA_3浓度的升高呈先升高后低变化。60mg/L处理可溶性糖含量最高为每100g鲜重11.23g，较对照增加了每100g鲜重2.37g。果柄处理可溶性糖含量随GA_3浓度的升高而减少。20mg/L处理可溶性糖含量最高为每100g鲜重7.32g，较对照低每100g鲜重1.28g。

种子喙变褐时（DⅡ），100mg/L GA_3处理果面和各浓度GA_3

处理果柄、果实可溶性糖含量高于对照，其他处理均低于对照。果面处理可溶性糖含量随 GA_3 浓度的升高而增加。100mg/L 处理可溶性糖含量最高为每 100g 鲜重 10.88g，较对照增加了每 100g 鲜重 2.02g。果台副梢处理可溶性糖含量随 GA_3 浓度的升高呈先高后低的变化。60mg/L 处理可溶性糖含量最高为每 100g 鲜重 8.26g，较对照低每 100g 鲜重 0.40g。果柄处理可溶性糖含量随 GA_3 浓度的升高而减少。20mg/L 处理可溶性糖含量最高为每 100g 鲜重 12.11g，较对照增加了每 100g 鲜重 3.25g。

除袋后（DⅢ），20mg/L GA_3 处理果面果实可溶性糖含量低于对照，其他处理均高于对照。果面、果台副梢和果柄处理可溶性糖含量均随 GA_3 浓度的升高而增加，最大值分别为每 100g 鲜重 12.38g、每 100g 鲜重 11.32g 和每 100g 鲜重 13.21g，分别较对照提高了每 100g 鲜重 3.52g、每 100g 鲜重 2.46g 和每 100g 鲜重 4.35g。

试验结果表明，除袋后用 100mg/L GA_3 处理果面、果台副梢和果柄果实可溶性糖增效均最为明显，提高效果依次为果柄处理、果面处理、果台副梢处理。但果柄实施较为困难，成本较高，因此，建议生产上采用除袋后 100mg/L GA_3 处理果面，以提高果实可溶性糖含量。

4.4.2.1.1.3 不同时期不同部位外源 GA_3 处理对寒富苹果淀粉含量的影响

图 4-4 表明，套袋前（DⅠ），60mg/L 和 100mg/L GA_3 处理果台副梢果实淀粉含量均高于对照，20mg/L GA_3 处理果面果实淀粉含量与对照一致，其他处理均小于对照。果面处理淀粉含量随 GA_3 浓度的升高而降低。20mg/L 处理淀粉含量最高为每 100g 鲜重 4.27g。果台副梢处理淀粉含量随 GA_3 浓度的升高而增加。100mg/L 处理可溶性糖含量最高为每 100g 鲜重 5.17g，较对照增加了每 100g 鲜重 0.90g。果柄处理淀粉含量随 GA_3 浓度的升高而减少。20mg/L 处理淀粉含量最高为每 100g 鲜重 3.93g，较对照低每 100g 鲜重 0.34g。

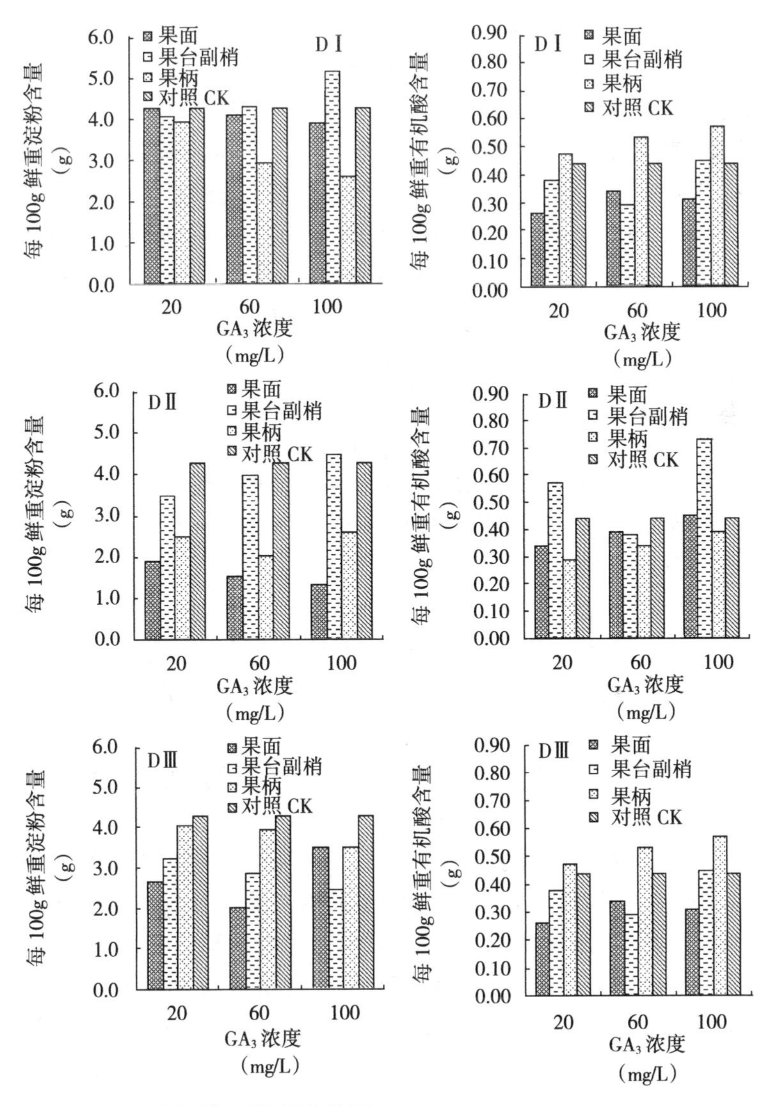

图 4-4　不同时期不同部位外源 GA_3 处理对寒富苹果淀粉含量的影响

图 4-5　不同时期不同部位外源 GA_3 处理对寒富苹果有机酸含量的影响

种子嗲变褐时（DⅡ），100mg/L GA_3 处理果台副梢果实淀粉含量高于对照，其他处理均小于对照。果面处理淀粉含量随 GA_3 浓度的升高而降低。20mg/L 处理淀粉含量最高为每 100g 鲜重 1.89g，较对照低每 100g 鲜重 2.38g。果台副梢处理淀粉含量随 GA_3 浓度的升高而增加。100mg/L 处理淀粉含量最高为每 100g 鲜重 4.47g，较对照增加了每 100g 鲜重 0.20g。果柄处理淀粉含量随 GA_3 浓度的升高呈先下降后升高变化，100mg/L 处理淀粉含量最高为每 100g 鲜重 2.60g，较对照低每 100g 鲜重 1.67g。

除袋后（DⅢ），不同浓度 GA_3 不同部位各处理果实淀粉含量均小于对照。果面处理淀粉含量随 GA_3 浓度的升高呈先下降后升高变化。100mg/L 处理淀粉含量最高为每 100g 鲜重 3.51g，较对照低每 100g 鲜重 0.70g。果台副梢和果柄处理淀粉含量随 GA_3 浓度的升高而下降，最高值分别为每 100g 鲜重 3.23g 和每 100g 鲜重 4.05g，分别较对照降低了每 100g 鲜重 1.04g 和每 100g 鲜重 0.12g。

试验结果表明，套袋前，用 100mg/L GA_3 处理果台副梢对果实淀粉含量具有增加效果，其他处理均降低了果实淀粉含量，种子嗲变褐时，用 100mg/L GA_3 处理果面对降低果实淀粉含量效果最明显。

4.4.2.1.1.4 不同时期不同部位外源 GA_3 处理对寒富苹果有机酸含量的影响

图 4-5 表明，套袋前（DⅠ），100mg/L GA_3 处理果台副梢、20mg/L 和 100mg/L GA_3 处理果柄，果实有机酸含量均高于对照，其他处理均小于对照。果面处理有机酸含量随 GA_3 浓度的升高而增加。100mg/L 处理有机酸含量最高为每 100g 鲜重 0.43g。果台副梢和果柄处理有机酸含量随 GA_3 浓度的升高呈先下降后升高变化，分别为 100mg/L 和 20mg/L GA_3 处理含量最高，分别为每 100g 鲜重 0.61g 和每 100g 鲜重 0.50g，分别较对照增加了每 100g 鲜重 0.15g 和每 100g 鲜重 0.06g。

种子嗲变褐时（DⅡ），100mg/L GA_3 处理果面、20mg/L 和

100mg/L GA_3 处理果台副梢，果实有机酸含量均高于对照，其他处理均小于对照。果面和果柄处理有机酸含量均随 GA_3 浓度的升高而增加。果面处理果实有机酸含量最大值为每 100g 鲜重 0.45g，较对照增加了每 100g 鲜重 0.01g，增加幅度不明显，果柄处理有机酸含量最大值为每 100g 鲜重 0.39g，较对照降低了每 100g 鲜重 0.05g。果台副梢处理有机酸含量随 GA_3 浓度的升高呈先下降后升高变化。100mg/L GA_3 处理含量最高为每 100g 鲜重 0.73g，较对照增加每 100g 鲜重 0.29g，增加幅度为 66%，处理效果极为明显。

除袋后（DⅢ），100mg/L GA_3 处理果台副梢和各浓度 GA_3 处理果柄，果实有机酸含量均高于对照，其他处理均小于对照。果面处理有机酸含量均随 GA_3 浓度的升高呈先升高后下降变化。60mg/L 处理有机酸含量最高为每 100g 鲜重 0.34g，较对照降低了每 100g 鲜重 0.10g。果台副梢处理有机酸含量均随 GA_3 浓度的升高呈先下降后升高变化。100mg/L 处理有机酸含量最高，为每 100g 鲜重 0.45g，较对照增加了每 100g 鲜重 0.01g，增加效果不明显。果柄处理有机酸含量均随 GA_3 浓度的升高而增加，各浓度处理有机酸含量均高于对照，最大值为每 100g 鲜重 0.57g，较对照增加每 100g 鲜重 0.13g，增加幅度为 30%，处理效果极为明显。

试验结果表明，种子喙变褐时，用 100mg/L GA_3 处理果台副梢对果实增加有机酸含量效果最明显。

4.4.2.1.1.5　不同时期不同部位外源 GA_3 处理对寒富苹果维生素 C 含量的影响

图 4-6 表明，套袋前（DⅠ），100mg/L GA_3 处理果台副梢和 20mg/L GA_3 处理果柄，果实维生素 C 含量均小于对照，其他处理均高于对照。果面处理维生素 C 含量随 GA_3 浓度的升高而增加。100mg/L 处理维生素 C 含量最高为每 100g 鲜重 8.51mg，较对照增加了每 100g 鲜重 1.12mg，增加幅度为 15.0%，增加效果最为明显。果台副梢和果柄处理维生素 C 含量随 GA_3 浓度的升高呈先升高后下降变化。均为 60mg/L GA_3 处理含量最

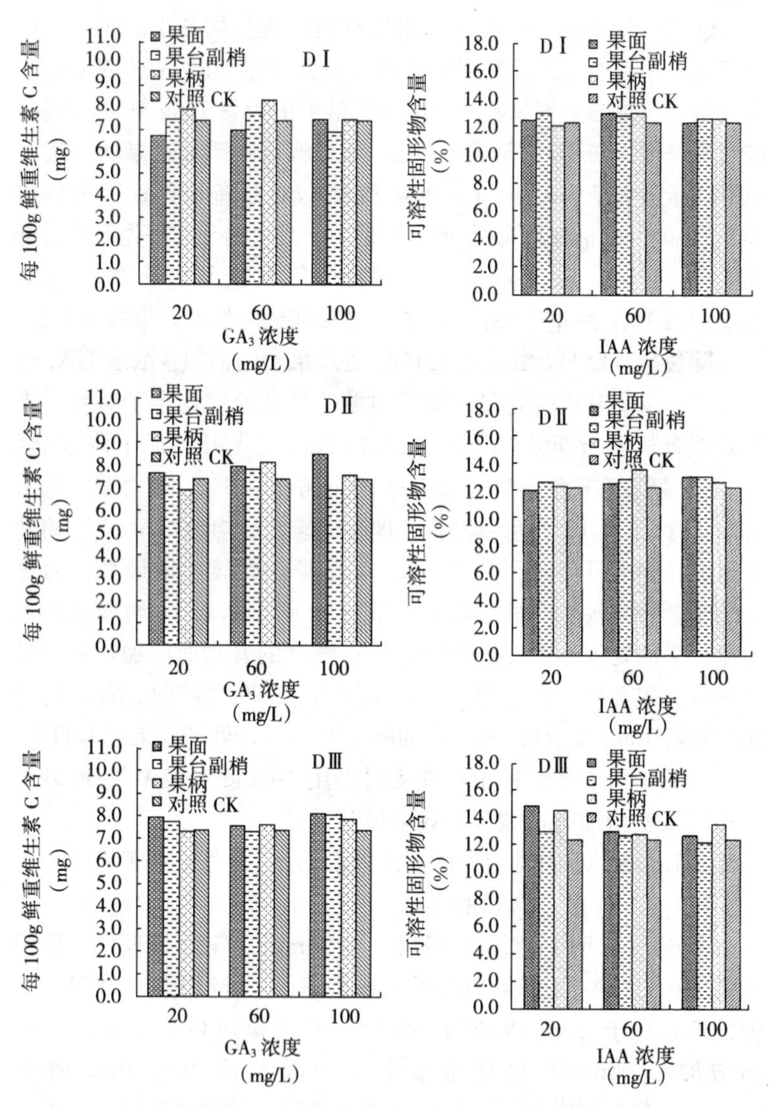

图 4－6　不同时期不同部位外源 GA_3 处理对寒富苹果维生素 C 含量的影响

图 4－7　不同时期不同部位外源 IAA 处理对寒富苹果可溶性固形物含量的影响

高，分别为每 100g 鲜重 7.85mg 和每 100g 鲜重 8.16mg，分别较对照增加了每 100g 鲜重 0.46mg 和每 100g 鲜重 0.77mg。

种子嵚变褐时（DⅡ），100mg/L GA_3 处理果面、20mg/L 和 60mg/L GA_3 处理果台副梢、各浓度 GA_3 处理果柄，果实维生素 C 含量均高于对照，其他处理均小于对照。果面处理维生素 C 含量随 GA_3 浓度的升高而增加。100mg/L 处理维生素 C 含量最高为每 100g 鲜重 7.48mg，较对照增加了每 100g 鲜重 0.09mg，增加幅度为 1.2%，增加效果不明显。果台副梢和果柄处理维生素 C 含量随 GA_3 浓度的升高呈先升高后下降变化。均为 60mg/L GA_3 处理含量最高，分别为每 100g 鲜重 7.82mg 和每 100g 鲜重 8.35mg，分别较对照增加了每 100g 鲜重 0.43mg 和每 100g 鲜重 0.96mg，增加幅度分别为 5.8%和 13.0%。

除袋后（DⅢ），60mg/L GA_3 处理果台副梢和 20mg/L GA_3 处理果柄果实维生素 C 含量均小于对照，其他处理均高于对照。果面和果台副梢处理维生素 C 含量随 GA_3 浓度的升高呈先下降后升高变化。均为 100mg/L GA_3 处理含量最高，分别为每 100g 鲜重 8.09mg 和每 100g 鲜重 8.08mg，分别较对照增加了每 100g 鲜重 0.70mg 和每 100g 鲜重 0.69mg，增加幅度分别为 9.4%和 9.3%。果柄处理维生素 C 含量随 GA_3 浓度的升高而增加，最大值为每 100g 鲜重 7.86mg，较对照增加了每 100g 鲜重 0.47mg，增加幅度为 6.3%。

试验结果表明，套袋前，用 100mg/L GA_3 处理果面对果实增加维生素 C 含量效果最明显。

4.4.2.1.2　不同时期不同部位外源 IAA 处理对寒富苹果内在品质的影响

4.4.2.1.2.1　不同时期不同部位外源 IAA 处理对寒富苹果可溶性固形物含量的影响

图 4-7 表明，套袋前（DⅠ），20mg/L IAA 处理果柄果实可溶性固形物含量小于对照，100mg/L IAA 处理果面果实可溶

性固形物含量与对照一致，其他处理均高于对照。果面和果柄处理可溶性固形物含量随 IAA 浓度的升高呈先升高后下降变化，最大值均为 13.00%，较对照提高幅度为 5.4%。果台副梢处理可溶性固形物含量随 IAA 浓度的升高而下降。20mg/L 处理可溶性固形物含量最高为 13.0%。

种子喙变褐时（DⅡ），20mg/L IAA 处理果面果实可溶性固形物含量小于对照，其他处理均高于对照。果面和果台副梢处理可溶性固形物含量随 IAA 浓度的升高而增加，最大值均为 13.17%，较对照提高了 0.84%，提高幅度为 6.8%。果柄处理可溶性固形物含量随 IAA 浓度的升高呈先升高后下降变化，最大值均为 13.67%，较对照提高了 1.34%，提高幅度为 10.9%。

除袋后（DⅢ），100mg/L IAA 处理果台副梢果实可溶性固形物含量小于对照，其他处理均高于对照。果面和果台副梢处理可溶性固形物含量随 IAA 浓度的升高而下降，最大值分别为 14.83%和 13.00%，分别较对照提高了 2.50%和 0.67%，提高幅度分别为 20.3%和 5.4%。果柄处理可溶性固形物含量随 IAA 浓度的升高呈先下降后升高变化。20mg/L IAA 处理含量最高为 14.50%，较对照提高了 2.17%，提高幅度为 17.6%。

试验结果表明，除袋后，用 20mg/L IAA 处理果面和果柄对增加果实可溶性固形物含量效果最明显。但果柄实施较为困难，成本较高。因此，建议生产上采用除袋后 20mg/L IAA 处理果面，以提高果实可溶性固形物含量。

4.4.2.1.2.2 不同时期不同部位外源 IAA 处理对寒富苹果可溶性糖含量的影响。

图 4-8 表明，套袋前（DⅠ），20mg/L 和 60mg/L IAA 处理果面和果柄果实可溶性糖含量均高于对照，其他处理均小于对照。果面、果台副梢和果柄处理可溶性糖含量随 IAA 浓度的升高呈先升高后下降变化，最大值分别为每 100g 鲜重 10.71g、每 100g 鲜重 6.83g 和每 100g 鲜重 8.88g。60mg/L IAA 处理果面可

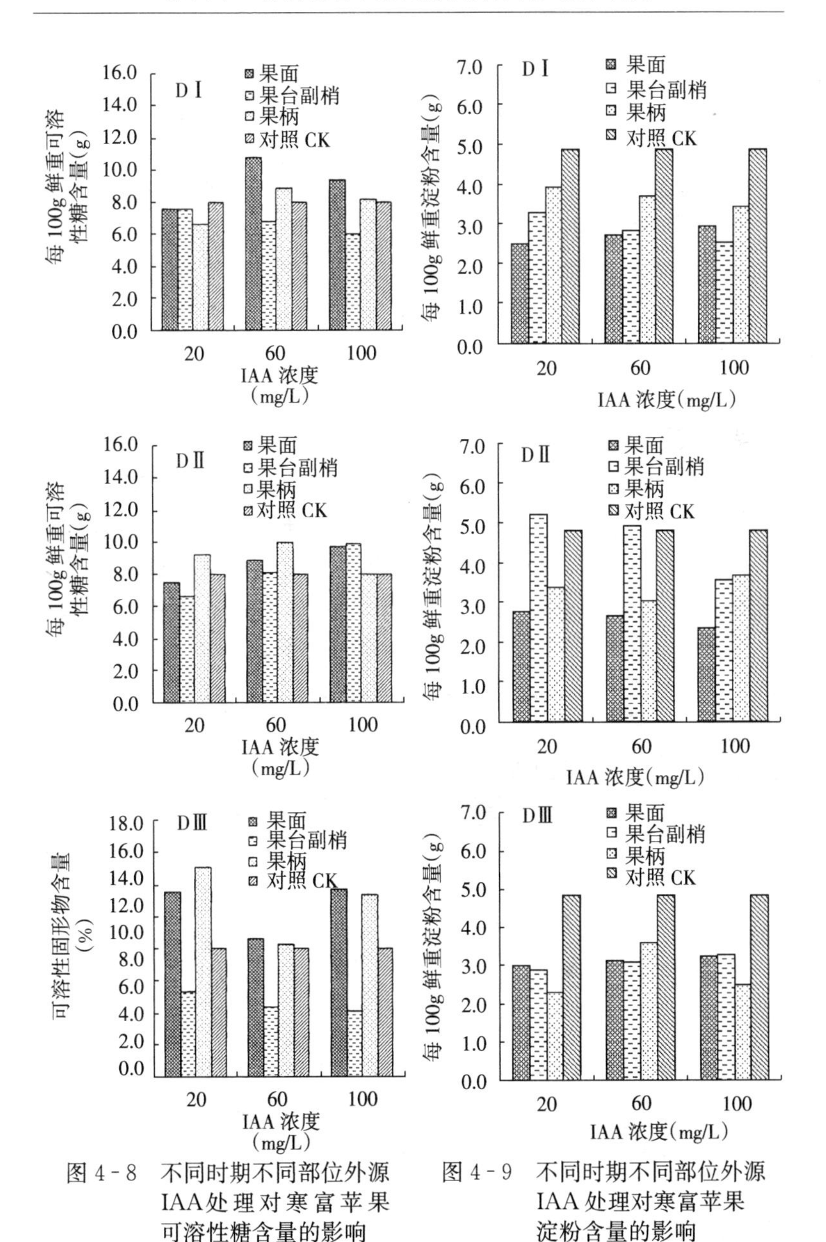

图4-8　不同时期不同部位外源IAA处理对寒富苹果可溶性糖含量的影响

图4-9　不同时期不同部位外源IAA处理对寒富苹果淀粉含量的影响

溶性糖含量提高最为明显，较对照提高幅度为 33.2%。

种子喙变褐时（DⅡ），20mg/L IAA 处理果面和果台副梢果实可溶性糖含量均小于对照，100mg/L IAA 处理果柄果实可溶性糖含量与对照一致，其他处理均高于对照。果面和果台副梢处理可溶性糖含量随 IAA 浓度的升高而增加，最大值分别为每 100g 鲜重 9.74g 和每 100g 鲜重 9.89g，较对照提高幅度分别为 21.1%和 23.0%。果柄处理可溶性糖含量随 IAA 浓度的升高呈先升高后下降变化。最大值为每 100g 鲜重 10.04g，较对照提高幅度为 24.9%。

除袋后（DⅢ），不同浓度 IAA 处理果台副梢果实可溶性糖含量均小于对照，其他处理均高于对照。果面和果柄处理可溶性糖含量随 IAA 浓度的升高呈先下降后升高变化。最大值分别为每 100g 鲜重 11.77g 和每 100g 鲜重 13.18g，较对照提高幅度分别为 46.4%和 63.9%。果台副梢处理可溶性糖含量随 IAA 浓度的升高而下降，且可溶性糖含量均小于对照。

试验结果表明，除袋后，用 20mg/L IAA 处理果柄对增加果实可溶性糖含量效果最明显，100mg/L IAA 处理果面次之。

4.4.2.1.2.3　不同时期不同部位外源 IAA 处理对寒富苹果淀粉含量的影响

图 4-9 表明，套袋前（DⅠ），不同浓度 IAA 处理果面、果台副梢和果柄果实淀粉含量均小于对照。果台副梢和果柄处理淀粉含量随 IAA 浓度的升高而下降，最大值分别为每 100g 鲜重 3.27g 和每 100g 鲜重 3.90g，较对照下降幅度分别为 32.6%和 19.6%。

种子喙变褐时（DⅡ），20mg/L 和 60mg/L IAA 处理果台副梢果实淀粉含量均高于对照，其他处理均小于对照。果面和果台副梢处理淀粉含量随 IAA 浓度的升高而下降。最大值分别为每 100g 鲜重 2.79g 和每 100g 鲜重 5.26g，较对照下降和提高幅度分别为 42.5%和 8.5%。果柄处理淀粉含量随 IAA 浓度的升高呈先下降后升高变化。100mg/L IAA 处理是含量最高为每 100g 鲜重 3.72g，较对照下降幅度为 23.3%。

除袋后（DⅢ），不同浓度 IAA 处理果面、果台副梢和果柄果实淀粉含量均小于对照。果面和果台副梢处理淀粉含量随 IAA 浓度的升高而升高，最大值分别为每 100g 鲜重 3.24g 和每 100g 鲜重 3.28g，较对照下降幅度分别为 33.2%和 32.4%。果柄处理淀粉含量随 IAA 浓度的升高呈先升高后下降变化。60mg/L IAA 处理含量最高为每 100g 鲜重 3.59g，较对照下降幅度为 26.0%。

试验结果表明，种子喙变褐时，用 20mg/L IAA 处理果台副梢对增加果实淀粉含量效果最明显。除袋后，用 20mg/L IAA 处理对降低果实淀粉含量效果最明显，100mg/L IAA 处理果面次之。

4.4.2.1.2.4　不同时期不同部位外源 IAA 处理对寒富苹果有机酸含量的影响

图 4-10 表明，套袋前（DⅠ），100mg/L IAA 处理果柄果实有机酸含量小于对照，其他处理均高于对照。果面处理有机酸含量随 IAA 浓度的升高呈先下降后升高变化。100mg/L IAA 处理是含量最高为每 100g 鲜重 0.50g，较对照提高幅度为 61.3%。果台副梢和果柄处理有机酸含量随 IAA 浓度的升高而下降，最大值分别为每 100g 鲜重 0.51g 和每 100g 鲜重 0.39g，较对照提高幅度分别为 64.5%和 25.8%。

种子喙变褐时（DⅡ），60mg/L 和 100mg/L IAA 处理果面果实有机酸含量均小于对照，100mg/L IAA 处理果柄果实有机酸含量与对照一致，其他处理均高于对照。果面、果台副梢和果柄处理有机酸含量均随 IAA 浓度的升高而下降，最大值分别为每 100g 鲜重 0.34g、每 100g 鲜重 0.54g 和每 100g 鲜重 0.45g，较对照提高幅度分别为 9.7%、74.2%和 45.2%。

除袋后（DⅢ），100mg/L IAA 处理各部位和 60mg/L IAA 处

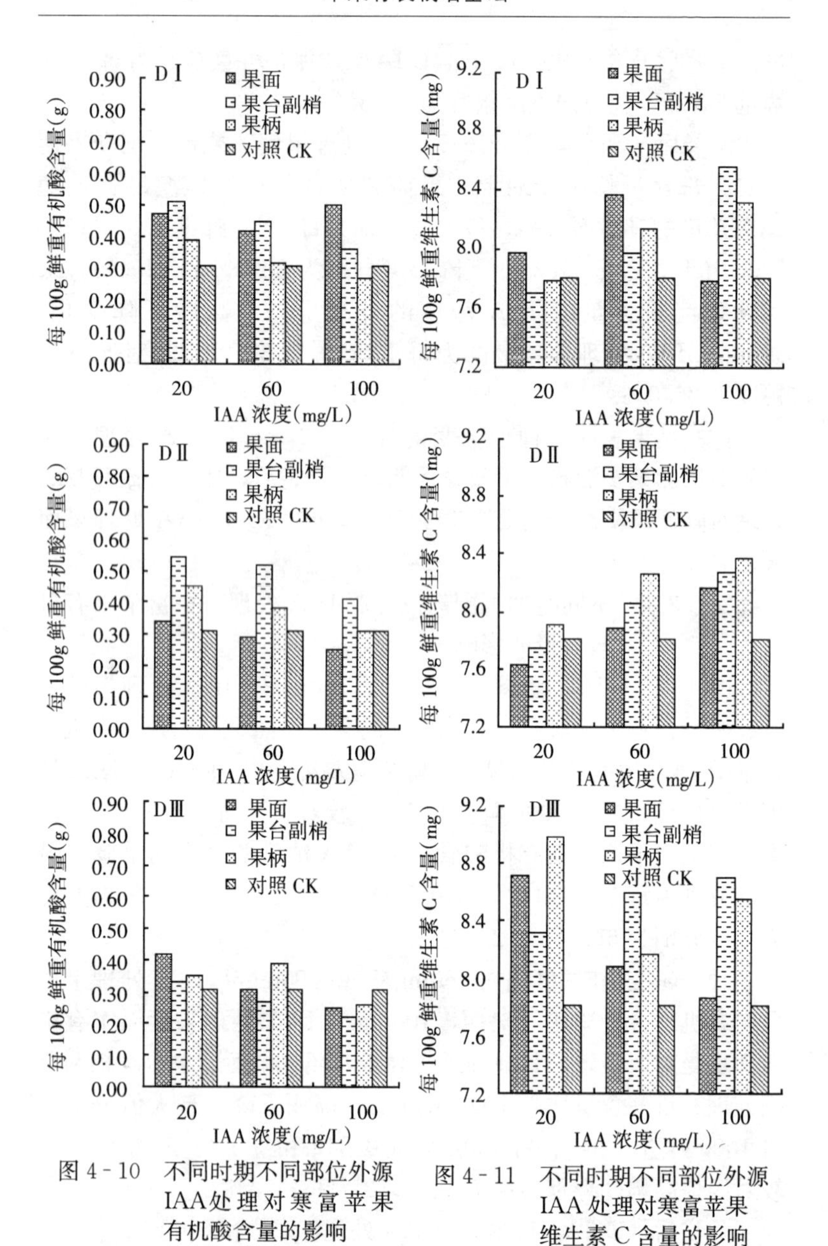

图 4-10 不同时期不同部位外源IAA处理对寒富苹果有机酸含量的影响

图 4-11 不同时期不同部位外源IAA处理对寒富苹果维生素C含量的影响

理果台副梢果实有机酸含量均小于对照，60mg/L IAA 处理果面果实有机酸含量与对照一致，其他处理均高于对照。果面和果台副梢处理有机酸含量均随 IAA 浓度的升高而下降，最大值分别为每 100g 鲜重 0.42g 和每 100g 鲜重 0.33g，较对照提高幅度分别为 35.5%和 6.5%。

试验结果表明，种子喙变褐时，用 20mg/L IAA 处理果台副梢对增加果实有机酸含量效果最明显；除袋后，用 100mg/L IAA 处理果台副梢对降低果实有机酸含量效果最明显。

4.4.2.1.2.5　不同时期不同部位外源 IAA 处理对寒富苹果维生素 C 含量的影响

图 4-11 表明，套袋前（DⅠ），20mg/L IAA 处理果台副梢、果柄和 100mg/L IAA 处理果面果实维生素 C 含量小于对照，其他处理均高于对照。果面处理维生素 C 含量随 IAA 浓度的升高呈先升高后下降变化，最大值为每 100g 鲜重 8.37mg，较对照提高幅度为 6.8%。果台副梢和果柄处理维生素 C 含量随 IAA 浓度的升高而升高，最大值分别为每 100g 鲜重 8.56mg 和每 100g 鲜重 8.32mg，较对照提高幅度分别为 9.6%和 6.5%。

种子喙变褐时（DⅡ），20mg/L IAA 处理各部位和 60mg/L IAA 处理果面果实维生素 C 含量小于对照，其他处理均高于对照。果面、果台副梢和果柄处理维生素 C 含量随 IAA 浓度的升高而升高，最大值分别为每 100g 鲜重 8.17mg、每 100g 鲜重 8.28mg 和每 100g 鲜重 8.37mg，较对照提高幅度分别为 4.6%、6.0%和 7.2%。

除袋后（DⅢ），不同浓度 IAA 处理各部位果实维生素 C 含量均高于对照。果面处理维生素 C 含量随 IAA 浓度的升高而下降，最大值为每 100g 鲜重 8.72mg，较对照提高幅度分别为 11.7%。果台副梢处理维生素 C 含量随 IAA 浓度的升高而升高，最大值为每 100g 鲜重 8.71mg，较对照提高幅度分别为 11.5%。果面处理维生素 C 含量随 IAA 浓度的升高呈先下降后升高变化。

20mg/L IAA 处理时维生素 C 含量最高为每 100g 鲜重 8.99mg，较对照提高幅度为 15.1%。

试验结果表明，除袋后，用 20mg/L IAA 处理果柄对提高果实维生素 C 含量效果最明显，处理果面次之。

4.4.2.1.3 不同时期不同部位外源 6-BA 处理对寒富苹果内在品质的影响

4.4.2.1.3.1 不同时期不同部位外源 6-BA 处理对寒富苹果可溶性固形物含量的影响

图 4-12 表明，套袋前（DⅠ），100mg/L 6-BA 处理果面果实可溶性固形物含量小于对照，其他处理均高于对照。果面处理可溶性固形物含量随6-BA 浓度的升高而下降，最大值为 14.00%，较对照提高幅度为 13.5%。果台副梢处理可溶性固形物含量随 6-BA 浓度的升高呈先升高后下降变化，最大值为 13.00%，较对照提高幅度为 5.4%。

种子嗲变褐时（DⅡ），20mg/L 6-BA 处理果台副梢果实可溶性固形物含量小于对照，20mg/L 6-BA 处理果面果实可溶性固形物含量与对照一致，其他处理均高于对照。果面和果台副梢处理可溶性固形物含量随 6-BA 浓度的升高而升高，最大值分别为 14.17%和 13.17%，较对照提高幅度分别为 14.9%和 6.8%。

除袋后（DⅢ），各处理果实可溶性固形物含量均高于对照。果面处理可溶性固形物含量随 6-BA 浓度的升高而下降，最大值为 14.33%，较对照提高幅度为 16.2%。果台副梢处理可溶性固形物含量随 6-BA 浓度的升高呈先升高后下降变化，最大值为 13.00%，较对照提高幅度为 5.4%。

试验结果表明，除袋后，用 20mg/L 6-BA 处理果面对提高果实可溶性固形物含量效果最明显。

4.4.2.1.3.2 不同时期不同部位外源 6-BA 处理对寒富苹果可溶性糖含量的影响

图 4-13 表明，套袋前（DⅠ），20mg/L 6-BA 处理果面、

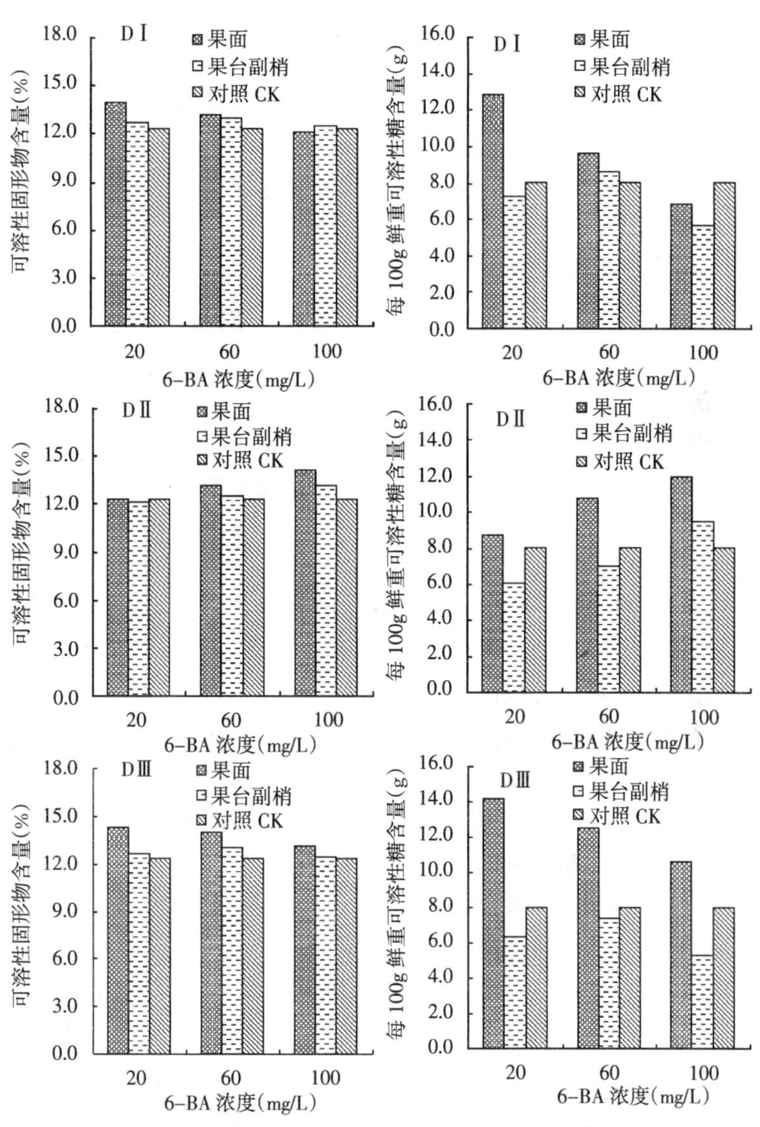

图 4-12　不同时期不同部位外源 6-BA 处理对寒富苹果可溶性固形物含量的影响

图 4-13　不同时期不同部位外源 6-BA 处理对寒富苹果可溶性糖含量的影响

60mg/L 6-BA处理果面和果台副梢果实可溶性糖含量均高于对照，其他处理均小于对照。果面处理可溶性糖含量随6-BA浓度的升高而下降，最大值为每100g鲜重12.91g，较对照提高幅度为60.6%。果台副梢处理果实可溶性糖含量随6-BA浓度的升高呈先升高后下降变化，最大值为每100g鲜重8.67g，较对照提高幅度为7.8%。

种子喙变褐时（DⅡ），不同浓度6-BA处理果面和100mg/L 6-BA处理果台副梢果实可溶性糖含量均高于对照，其他处理均小于对照。果面和果台副梢处理可溶性糖含量均随6-BA浓度的升高而增加，最大值分别为每100g鲜重11.97g和每100g鲜重9.48g，较对照提高幅度分别为48.9%和17.9%。

除袋后（DⅢ），不同浓度6-BA处理果面果实可溶性糖含量均高于对照，处理果台副梢均小于对照。果面处理可溶性糖含量随6-BA浓度的升高而下降，最大值为每100g鲜重14.18g，较对照提高幅度为76.4%。果台副梢处理果实可溶性糖含量随6-BA浓度的升高呈先升高后下降变化，最大值为每100g鲜重7.43g，较对照下降幅度为7.6%。

试验结果表明，除袋后，用20mg/L 6-BA处理果面对提高果实可溶性糖含量效果最明显。

4.4.2.1.3.3 不同时期不同部位外源6-BA处理对寒富苹果淀粉含量的影响

图4-14表明，套袋前（DⅠ），不同浓度6-BA处理果面和果台副梢果实淀粉含量均小于对照。果面处理淀粉含量随6-BA浓度的升高而升高，最大值为每100g鲜重4.64g，较对照下降幅度为4.3%。果台副梢处理果实淀粉含量随6-BA浓度的升高而下降，最大值为每100g鲜重4.82g，较对照下降幅度为0.1%。

种子喙变褐时（DⅡ），不同浓度6-BA处理果面和果台副梢果实淀粉含量均小于对照。果面和果台副梢处理淀粉含量均随6-BA浓度的升高呈先下降后升高变化，均为100mg/L 6-BA处

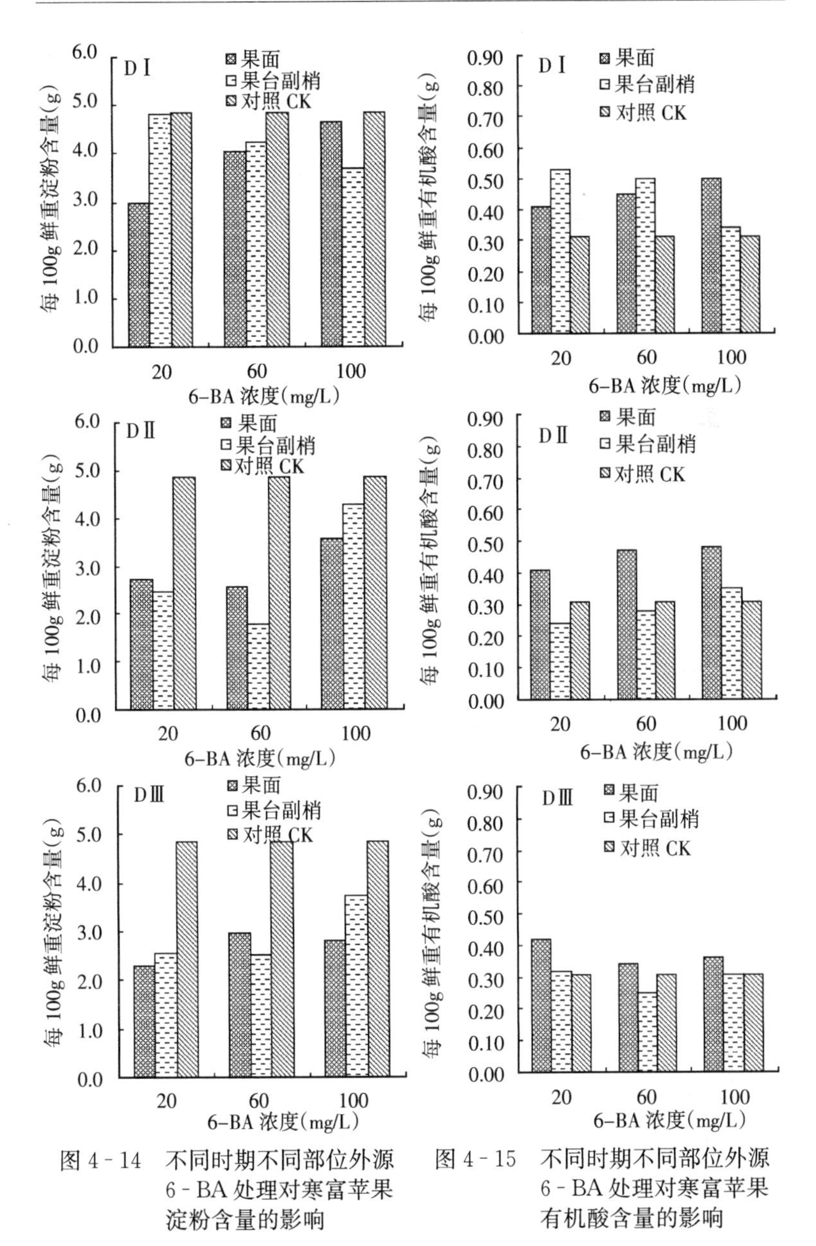

图 4-14　不同时期不同部位外源 6-BA 处理对寒富苹果淀粉含量的影响

图 4-15　不同时期不同部位外源 6-BA 处理对寒富苹果有机酸含量的影响

理时淀粉含量最高，分别为每100g鲜重3.57g和每100g鲜重4.29g较对照下降幅度分别为26.4%和11.5%。

除袋后（DⅢ），不同浓度6-BA处理果面和果台副梢果实淀粉含量均小于对照。果面处理淀粉含量均随6-BA浓度的升高呈先升高后下降变化，最大值为每100g鲜重2.96g，较对照下降幅度为39.0%。果台副梢处理淀粉含量均随6-BA浓度的升高呈先下降后升高变化，100mg/L 6-BA处理时淀粉含量最高，为每100g鲜重3.73g，较对照下降幅度为23.1%。

试验结果表明，套袋前，用20mg/L 6-BA处理果台副梢对提高果实淀粉含量效果最明显，用100mg/L 6-BA处理果面次之。种子喙变褐时，用60mg/L 6-BA处理果台副梢对降低果实淀粉含量效果最明显。

4.4.2.1.3.4 不同时期不同部位外源6-BA处理对寒富苹果有机酸含量的影响

图4-15表明，套袋前（DⅠ），不同浓度6-BA处理果面和果台副梢果实有机酸含量均高于对照。果面处理有机酸含量随6-BA浓度的升高而升高，最大值为每100g鲜重0.50g，较对照提高幅度为61.3%。果台副梢处理果实有机酸含量随6-BA浓度的升高而下降，最大值为每100g鲜重0.53g，较对照提高幅度为71.0%。

种子喙变褐时（DⅡ），不同浓度6-BA处理果面和100mg/L 6-BA处理果台副梢果实有机酸含量均高于对照，其他处理均小于对照。果面和果台副梢处理有机酸含量均随6-BA浓度的升高而升高，最大值分别为每100g鲜重0.48g和每100g鲜重0.35g，较对照提高幅度分别为54.8%和12.9%。

除袋后（DⅢ），60mg/L 6-BA处理果台副梢果实有机酸含量小于对照，60mg/L 6-BA处理果台副梢果实有机酸含量与对照一致，其他处理均高于对照。果面处理有机酸含量随6-BA浓度的升高而下降，最大值为每100g鲜重0.42g，较对照提高幅度为35.5%。

果台副梢处理有机酸含量随6－BA浓度的升高呈先下降后升高变化，20mg/L 6－BA处理时有机酸含量最高，为每100g鲜重0.32g，较对照下降幅度为3.2%。

试验结果表明，套袋前，用20mg/L 6－BA处理果台副梢对提高果实有机酸含量效果最明显，用100mg/L 6－BA处理果面次之。

4.4.2.1.3.5　不同时期不同部位外源6－BA处理对寒富苹果维生素C含量的影响

图4－16表明，套袋前(DⅠ)，100mg/L 6－BA处理果面和20mg/L 6－BA处理果台副梢果实维生素C含量均小于对照，其他处理均高于对照。果面处理维生素C含量随6－BA浓度的升高而下降，最大值为每100g鲜重8.74mg，较对照提高幅度为11.9%。果台副梢处理果实维生素C含量随6－BA浓度的升高而升高，最大值为每100g鲜重8.57mg，较对照提高幅度为9.7%。

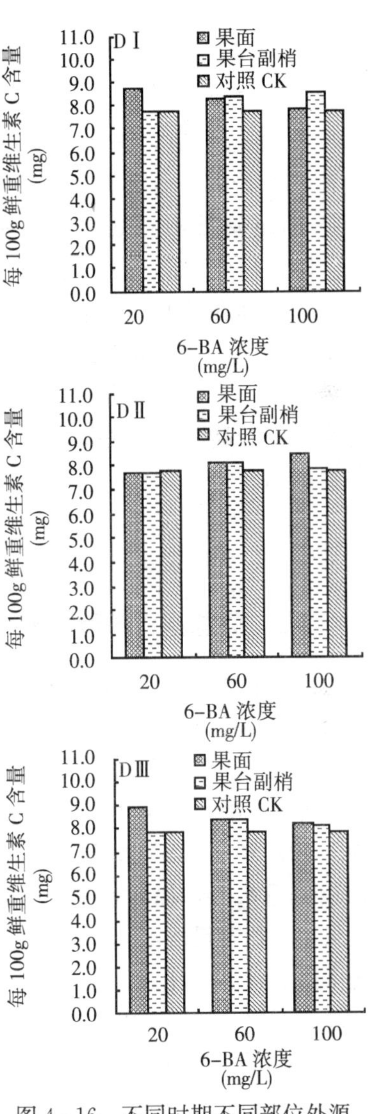

图4－16　不同时期不同部位外源6－BA处理对寒富苹果维生素C含量的影响

种子喙变褐时（DⅡ），20mg/L 6-BA处理果面和果台副梢果实维生素C含量均小于对照，其他处理均高于对照。果面处理维生素C含量随6-BA浓度的升高而升高，最大值为每100g鲜重8.50mg，较对照提高幅度为8.8%。果台副梢处理果实维生素C含量随6-BA浓度的升高呈先升高后下降变化，最大值为每100g鲜重8.13mg，较对照提高幅度为4.1%。

除袋后（DⅢ），不同浓度6-BA处理果面和果台副梢果实维生素C含量均高于对照。果面处理维生素C含量随6-BA浓度的升高而下降，最大值为每100g鲜重8.90mg，较对照提高幅度为14.0%。果台副梢处理果实维生素C含量随6-BA浓度的升高呈先升高后下降变化，最大值为每100g鲜重8.35mg，较对照提高幅度为6.9%。

试验结果表明，除袋后，用20mg/L 6-BA处理果面对提高果实维生素C含量效果最明显，套袋前20mg/L 6-BA处理果面次之。

4.4.2.2 外源糖对寒富苹果内在品质的影响

4.4.2.2.1 外源山梨醇对寒富苹果内在品质的影响

由表4-14可知，各浓度山梨醇处理果实可溶性固形物均高于对照，且两者均随山梨醇浓度的升高呈先升高后下降变化。2.00%山梨醇处理果实可溶性固形物和可溶性糖含量最高，分别为14.0%和每100g鲜重14.4g，分别较对照提高了1.7%和每100g鲜重6.4g，提高幅度分别为13.8%和80%。各浓度山梨醇处理果实淀粉含量均小于对照，且淀粉含量随山梨醇浓度的升高呈先下降后升高变化。0.50%和5.00%山梨醇处理果实有机酸含量均高于对照，2.00%山梨醇处理与对照一致。各浓度山梨醇处理果实维生素C含量均高于对照，且维生素C含量均随山梨醇浓度的升高呈先升高后下降变化，最大值为每100g鲜重8.57mg，较对照提高幅度为9.7%。试验结果表明，2.00%山梨醇处理有效提高了果实可溶性固形物、可溶性糖、维生素C含量和糖酸比。

表 4-14　外源山梨醇对寒富苹果内在品质的影响

处理	可溶性固形物（%）	每100g鲜重可溶性糖含量（g）	每100g鲜重淀粉含量（g）	每100g鲜重有机酸含量（g）	每100g鲜重维生素C含量（mg）
0.50%	13.33±0.29abAB	7.00±0.09dD	3.99±0.08bB	7.92±0.16cB	0.42±0.01aA
2.00%	14.00±0.00aA	11.49±0.15aA	3.09±0.12cC	8.57±0.07aA	0.31±0.01cC
5.00%	13.00±0.00bcAB	7.93±0.06bB	3.85±0.17bB	8.17±0.13bAB	0.34±0.01bB
对照 CK	12.33±0.58cB	8.04±0.08cC	4.85±0.09aA	7.81±0.14cB	0.31±0.01cC

4.4.2.2.2　外源蔗糖对寒富苹果内在品质的影响

由表 4-15 可知，各浓度蔗糖处理果实可溶性固形物含量均高于对照，且可溶性固形物含量随蔗糖浓度的升高呈先下降后升高变化。0.50%和 5.00%蔗糖处理果实可溶性固形物最高，均为 13.0%，较对照提高了 0.7%，提高幅度分别为 5.7%。0.50%和 5.00%蔗糖处理果实可溶性糖含量均高于对照。5.00%蔗糖处理果实可溶性糖含量最高，较对照提高了 26.3%，2.00%蔗糖处理果实可溶性糖含量则小于对照。各浓度蔗糖处理果实淀粉含量均小于对照，且淀粉含量随蔗糖浓度的升高呈先下降后升高变化，0.50%蔗糖处理果实淀粉含量最高。各浓度蔗糖处理果实有机酸含量均高于对照，且有机酸含量随蔗糖浓度的升高呈先下降后升高变化。5.00%蔗糖处理果实有机酸含量最高为每 100g 鲜重 0.47g，较对照提高了每 100g 鲜重 0.16g，提高幅度为 51.6%。各浓度蔗糖处理果实维生素 C 含量均高于对照，且有机酸含量随蔗糖浓度的升高而升高，最大值较对照提高了每 100g 鲜重 0.7mg，

表 4-15　外源蔗糖对寒富苹果内在品质的影响

处理	可溶性固形物（%）	每100g鲜重可溶性糖含量（g）	每100g鲜重淀粉含量（g）	每100g鲜重有机酸含量（g）	每100g鲜重维生素C含量（mg）
0.50%	13.00±0.00aA	8.47±0.07bB	2.95±0.08bB	7.94±0.08bcBC	0.41±0.01bB
2.00%	12.67±0.29aA	7.03±0.15dD	2.67±0.08cB	8.16±0.05bB	0.35±0.01cC
5.00%	13.00±0.00aA	10.07±0.10aA	2.86±0.06bcB	8.54±0.05aA	0.47±0.02aA
对照 CK	12.33±0.58aA	8.04±0.08cC	4.85±0.09aA	7.81±0.14cC	0.31±0.01dD

提高幅度为9.0%。试验结果表明，5.00%蔗糖处理有效提高了果实可溶性固形物、可溶性糖、维生素C含量和糖酸比。

4.4.2.2.3　外源果糖对寒富苹果内在品质的影响

由表4-16可知，2.00%和5.00%果糖处理果实可溶性固形物含量均高于对照，0.50%果糖处理果实可溶性固形物含量与对照一致，且可溶性固形物含量随果糖浓度的升高而升高，最大值为13.2%，较对照提高了0.9%，提高幅度为7.3%。各浓度果糖处理果实可溶性糖含量均高于对照，且随果糖浓度的升高呈先升高后下降变化。各浓度果糖处理果实淀粉含量均小于对照，且随果糖浓度的升高而升高；0.50%果糖处理果实有机酸含量与对照一致，2.00%和5.00%果糖处理均高于对照，且2.00%果糖处理有机酸含量最高。各浓度果糖处理果实维生素C含量均高于对照，且随果糖浓度的升高而升高，最大值较对照提高了每100g鲜重0.8mg，提高幅度为10.3%。试验结果表明，5.00%果糖处理有效提高了果实可溶性固形物、可溶性糖、维生素C含量和糖酸比。

表4-16　外源果糖对寒富苹果内在品质的影响

处理	可溶性固形物（%）	每100g鲜重可溶性糖含量（g）	每100g鲜重淀粉含量（g）	每100g鲜重有机酸含量（g）	每100g鲜重维生素C含量（mg）
0.50%	12.33±0.29aA	8.18±0.14cC	1.67±0.06dD	7.97±0.09bB	0.31±0.01cC
2.00%	13.00±0.00aA	10.65±0.14aA	2.60±0.11cC	8.36±0.07aA	0.41±0.02aA
5.00%	13.17±0.29aA	10.04±0.05bB	2.98±0.06bB	8.56±0.10aA	0.35±0.01bB
对照CK	12.33±0.58aA	8.04±0.08cC	4.85±0.09aA	7.81±0.14bB	0.31±0.01cC

4.4.2.2.4　外源葡萄糖对寒富苹果内在品质的影响

由表4-17可知，各浓度葡萄糖处理果实可溶性固形物和可溶性糖含量均高于对照，且两者均随葡萄糖浓度的升高而升高，最大值分别为13.2%和每100g鲜重9.4g，分别较对照提高了0.9%和每100g鲜重1.4g，提高幅度分别为7.3%和17.5%。各浓度葡萄糖处理果实淀粉含量均小于对照，且随葡萄糖浓度的升高而下降。各浓度葡萄糖处理果实有机酸含量均高于对照，且随葡萄糖浓度的升高而升高；各浓度葡萄糖处理果实维生素C含量随葡萄糖浓度的升高而升高，5.00%葡萄糖处理提高了果实维生素C含量，其他处理未起到提高维生素C含量效果。试验结果表明，5.00%葡萄糖处理有效提高了果实可溶性固形物、可溶性糖、有机酸和维生素C含量。

表4-17　外源葡萄糖对寒富苹果内在品质的影响

处理	可溶性固形物（%）	每100g鲜重可溶性糖含量（g）	每100g鲜重淀粉含量（g）	每100g鲜重有机酸含量（g）	每100g鲜重维生素C含量（mg）
0.50%	12.50±0.50aA	7.94±0.12cC	4.31±0.09bB	7.67±0.10bA	0.34±0.00bBC
2.00%	12.67±0.29aA	8.79±0.07bB	3.57±0.10cC	7.80±0.17abA	0.36±0.01bB
5.00%	13.17±0.29aA	9.38±0.13aA	3.44±0.13cC	8.05±0.08aA	0.43±0.02aA
对照CK	12.33±0.58aA	8.04±0.08cC	4.85±0.09aA	7.81±0.14abA	0.31±0.01cC

4.4.2.3　叶面喷肥对寒富苹果内在品质的影响

4.4.2.3.1　叶面喷磷钾肥对寒富苹果内在品质的影响

由表4-18可知，0.20%磷钾肥处理果实可溶性固形物和可溶性糖含量分别与对照一致，其他处理均高于对照，且可溶性固形物和可溶性糖含量均随磷钾肥浓度的升高呈先上升后下降变化。0.50%磷钾肥处理两者含量最高，分别为13.7%和每100g鲜重7.0g，分别较对照提高了1.4%和每100g鲜重1.0g。各浓度磷钾肥处理果实淀粉含量均小于对照，且随磷钾肥浓度升高呈先下降后上升变化，0.50%磷钾肥处理含量最低，为每100g鲜重4.8g；0.20%磷钾肥处理果实有机酸含量高于对照，0.30%和0.60%磷钾肥处理与对照一致，其他处理则小于对照。有机酸含量随磷钾肥浓度的升高呈先下降后上升变化。0.50%磷钾肥处理含量最低，为每100g鲜重0.27g；0.20%磷钾肥处理果实维生素C含量小于对照，其他处理均高于对照。维生素C含量随磷钾肥浓度升高呈先上升后下降变化。0.50%磷钾肥处理含量最高，为每100g鲜重8.0mg。试验结果表明，0.40%和0.50%磷钾肥处理有效提高了果实可溶性固形物、可溶性糖、维生素C含量和糖酸比，降低了淀粉和有机酸含量。

表4-18 叶面喷磷钾肥对寒富苹果内在品质的影响

处理	可溶性固形物（%）	每100g鲜重可溶性糖含量（g）	每100g鲜重淀粉含量（g）	每100g鲜重有机酸含量（g）	每100g鲜重维生素C含量（mg）
0.20%	12.33±0.29cB	5.99±0.06dC	5.49±0.03abAB	0.31±0.01aA	7.22±0.30bB
0.30%	12.67±0.29bcAB	6.22±0.14cdBC	5.25±0.05abcAB	0.30±0.01abA	7.49±0.09abAB
0.40%	13.33±0.29abAB	6.74±0.11bA	4.96±0.05bcB	0.28±0.01abA	7.71±0.18abAB
0.50%	13.67±0.29aA	7.02±0.06aA	4.79±0.05cB	0.27±0.00bA	8.00±0.24aA
0.60%	12.83±0.29bcAB	6.31±0.06cB	5.23±0.06abcAB	0.30±0.01abA	7.67±0.09abAB
对照CK	12.33±0.29cB	6.03±0.06dBC	5.75±0.51aA	0.30±0.01abA	7.39±0.14bAB

4.4.2.3.2 叶面喷钙肥对寒富苹果内在品质的影响

由表4-19可知，不同浓度叶面钙肥处理果实可溶性固形物含量均高于对照，且随钙肥浓度的升高呈先上升后下降变化，0.40%钙肥处理可溶性固形物含量最高，为13.7%，较对照提高了1.4%。0.20%钙肥处理可溶性糖含量与对照一致，其他处理均高于对照，且随钙肥浓度的升高呈先上升后下降变化。0.40%钙肥处理可溶性糖含量最高，为每100g鲜重7.2 g，较对照提高了每100g鲜重1.2g。不同浓度钙肥处理果实淀粉含量均小于对照，且随钙肥浓度的升高呈先下降后上升变化。0.40%钙肥处理淀粉含量最低，为每100g鲜重4.9g，较对照降低了每100g鲜重0.6g。0.40%和0.50%钙肥处理有机酸含量均小于对照，其他处理均与对照一致，0.40%钙肥处理有机酸含量最低，为每100g鲜重0.28g，较对照降低了每100g鲜重0.02g。0.20%钙肥处理维生素C含量小于对照，其他处理均高于对照，且随钙肥浓度的升高呈先上升后下降变化。0.40%钙肥处理维生素C含量最高为每100g鲜重8.6mg，较对照提高了每100g鲜重1.2mg。试验结果表明，0.40%钙肥处理有效提高了果实可溶性固形物、可溶性糖、维生素C含量和糖酸比，但降低了淀粉和有机酸含量。

表4-19　叶面钙肥对寒富苹果内在品质的影响

处理	可溶性固形物(%)	每100g鲜重可溶性糖含量(g)	每100g鲜重淀粉含量(g)	每100g鲜重有机酸含量(g)	每100g鲜重维生素C含量(mg)
0.20%	12.50±0.50bcB	6.02±0.07cC	5.44±0.06abAB	0.30±0.01aA	7.24±0.14eD
0.30%	13.17±0.29abcAB	6.53±0.08bB	5.28±0.06bcAB	0.30±0.01aA	7.85±0.08bcBC
0.40%	13.67±0.29aA	7.17±0.19aA	4.94±0.06dC	0.28±0.01aA	8.61±0.14aA
0.50%	13.33±0.29abAB	6.55±0.05bB	5.24±0.04cB	0.29±0.00aA	8.14±0.15bAB
0.60%	13.00±0.00abcAB	6.33±0.09bBC	5.37±0.06abcAB	0.30±0.01aA	7.69±0.17cdBCD
对照CK	12.33±0.29cB	6.03±0.06cC	5.47±0.08aA	0.30±0.01aA	7.39±0.14deCD

4.4.2.3.3　叶面喷微量元素综合肥对寒富苹果内在品质的影响

由表4-20可知，18号800倍液叶面喷肥处理果实可溶性固形物和可溶性糖含量，分别与对照一致，其他处理均高于对照，且可溶性固形物和可溶性糖含量由高到低均依次为16和18号800倍液、16号800倍液、18号800倍液，16和18号800倍液处理两者含量最高，分别为14.7%和每100g鲜重8.1g，分别较对照提高了2.4%和每100g鲜重2.1g。不同处理果实淀粉含量均小于对照。由高到低均依次为16号800倍液、16和18号800倍液、18号800倍液；18号800倍液处理果实有机酸含量略高于对照，较对照提高了每100g鲜重0.01g，16号和16和18号800倍液处理均降低了果实有机酸含量，16和18号800倍液处理降低最明显，较对照降低了每100g鲜重0.03g。16号、18号和16和18号800倍液处理果实维生素C含量均高于对照，16和18号800倍液处理增效最明显，较对照提高了每100g鲜重0.9mg。试验结果表明，16和18号800倍液处理有效提高了果实可溶性固形物、可溶性糖、维生素C含量和糖酸比，但降低了淀粉和有机酸含量。

表4-20 叶面喷微量元素综合肥对寒富苹果内在品质的影响

处理	可溶性固形物（%）	每100g鲜重可溶性糖含量（g）	每100g鲜重淀粉含量（g）	每100g鲜重有机酸含量（g）	每100g鲜重维生素C含量（mg）
16号800倍液	13.17±0.58bAB	6.83±0.09bB	5.19±0.06bA	0.29±0.00abAB	7.61±0.19bB
18号800倍液	12.33±0.29bB	6.03±0.05cC	5.39±0.10abA	0.31±0.01aA	7.34±0.05bB
16和18号800倍液	14.67±0.58aA	8.12±0.07aA	4.82±0.08cB	0.27±0.00bB	8.27±0.20aA
对照CK	12.33±0.29bB	6.03±0.06cC	5.47±0.08aA	0.30±0.01aAB	7.39±0.14bB

4.4.3 讨论

外源物质对套袋苹果果实内在品质的影响。马文荷等（2000）研究表明，外源糖引入植株后会被运转到各个器官，但果实持有量最多，而把外源糖配成溶液直接喷施在果实表面，可能更有利于果实对外源糖的吸收和转化，但对其适宜浓度的研究则相对较少。为此，本文对不同浓度和种类的外源糖喷布果面对果实的内在品质的影响情况进行了试验。本研究结果表明，苹果果实对外源山梨醇和果糖的吸收优于外源葡萄糖和蔗糖。山梨醇以2%浓度处理效果较好，果糖、蔗糖和葡萄糖以5%效果较好。外源糖对果实内在品质的提高是由于果面蒸腾状况的改变，还是因为内源激素含量或是酶活性的差异，其作用机理尚不明了，有待深入探索。

种子产生的激素，维持果实内部一定的代谢梯度，使同化养分源源不断地从植株其他部分运往果实，受精后的果实生长主要依赖于种子。种子胚与胚乳的发育旺盛期，激素主要由种子合成，种子接近成熟时，其合成激素的能力下降。在此时期适宜的补充外源植物生长调节剂就显得尤为重要。果实套袋及摘袋后，由于微域环境条件的改变，必然影响果实内源激素的合成，在这两个时期补充外源植物生长调节剂可能也会提高果实的养分调运能力，进而提高果实的内在品质。因此，本试验对其适宜浓度进行了研究。应用植物生长调节剂 GA_3 不仅可以提高坐果率，而且还可以提高 64%～121%的光合面积，其作用在于外源的 GA_3 提高了植物体内施用部位 GA_3 的水平（王志杰等，2003）。外源 GA_3 处理可显著提高光合产物向果实的调配，从而提高果实的内在品质（陈锦永等，2005），且果实发育期间，果实比叶片对 GA_3 更敏感（刘平等，2002）。本试验研究表明，种子喙变褐时期果柄涂抹适宜浓度的 GA_3 和 IAA 处理果面和果台副梢处理更显著地提高了果实可溶性固形物、可溶性糖及维生素 C 含量。果实种子接近成熟时，其合成激素的能力下降，而果实种子喙变褐是种子胚发育结束的一个标志，在此时期补充外源适宜浓度的植物生长调节剂有较为显著的效果。赤霉素能促进 IAA 合成，并与 IAA 一起促进维管束发育和养分调运，促进果肉细胞膨大。因此，几种植物生长调节剂混合使用可能会有更好的效果，这值得进一步研究。另外，GA_3 有极性运转特点，故处理以果面喷布为好，且一定要注意喷布均匀，否则容易出现畸形果。施加外源激素必然打破体内内源激素的平衡，本试验仅对适宜浓度和时期进行了筛选，并未对其机理进行深入研究。对于苹果果实内源激素如何调节糖及糖代谢相关酶活性，以及外源激素如何调节内源激素，产生怎样的生理代谢过程从而影响果实内在品质的提高等问题，有待于进一步研究。

4.4.4　小结

外源 GA_3 对寒富苹果内在品质的影响试验结果表明，除袋后用 100mg/L GA_3 处理果面，提高果实可溶性糖含量效果最明显；种子喙变褐时用 100mg/L GA_3 处理果面，对降低果实淀粉含量效果最明显；种子喙变褐时用 100mg/L GA_3 处理果台副梢，对果实增加有机酸含量效果最明显。套袋前用 100mg/L GA_3 处理果面对果实增加维生素 C 含量效果最明显。

外源 IAA 对寒富苹果内在品质的影响试验结果表明，除袋后用 20mg/L IAA 处理果面，对增加果实可溶性固形物效果最明显；种子喙变褐时用 20mg/L IAA 处理果台副梢，对增加果实淀粉含量效果最明显。除袋后用 20mg/L IAA 处理对降低果实淀粉含量效果最明显。种子喙变褐时用 20mg/L IAA 处理果台副梢，对增加果实有机酸含量效果最明显。除袋后用 100mg/L IAA 处理果台副梢，对降低果实有机酸含量效果最明显。除袋后用 20mg/LIAA 处理果柄对提高果实维生素 C 含量效果最明显。

外源 6-BA 对寒富苹果内在品质的影响试验结果表明，除袋后用 20mg/L 6-BA 处理果面，对提高果实可溶性固形物和可溶性糖含量效果最明显。套袋前用 20mg/L 6-BA 处理果台副梢，对提高果实淀粉含量效果最明显；种子喙变褐时用 60mg/L 6-BA 处理果台副梢，对降低果实淀粉含量效果最明显。套袋前用 20mg/L 6-BA 处理果台副梢，对提高果实有机酸含量效果最明显；除袋后用 20mg/L 6-BA 处理果面对提高果实维生素 C 含量效果最明显。

外源糖对寒富苹果内在品质的影响试验结果表明，2.00%山梨醇处理、5.00%蔗糖处理、5.00%果糖处理、5.00%葡萄糖处理有效提高了果实可溶性固形物、可溶性糖、维生素 C 含量和糖酸比。

叶面喷肥对寒富苹果内在品质的影响试验结果表明，0.40%和 0.50%磷钾肥处理和 0.40%钙肥处理均有效提高了果实可溶性固形物、可溶性糖、维生素 C 含量和糖酸比，但降低了淀粉和有机酸含量。

4.5 修剪措施对果实品质影响的研究

相关学者研究认为，拉枝有利于果实品质的提高。本试验设计了拉枝、摘心和扭梢等修剪措施处理，研究了这些修剪措施对套袋苹果果实内在品质的影响效应。

4.5.1　材料与方法

4.5.1.1　供试材料

试验于2008年6～10月在沈阳农业大学果树教学试验基地进行。果园为棕壤土，通透性良好；供试品种为5年生寒富苹果，树形为自由纺锤形，树势中庸，果园管理水平较高。试验用育果袋为小林牌双层纸袋。

4.5.1.2　试验设计

试验于2007年秋对寒富苹果进行拉枝处理。选取生长势、负载量较一致的植株，以未拉枝为对照，在每株树的同一方位、同一高度选取基部粗细相当、分枝级别基本相同的主枝进行拉枝处理（90°）。2008年夏季在果台副梢新梢长15～25cm时，将半木质化部位扭曲180°；在果台副梢新梢长15～25cm时，留基部3～5cm摘心，为1次摘心处理，第一次摘心后1个月左右，当二次副梢长到15cm时进行第二次摘心，为二次摘心处理。试验采取完全随机试验设计，3次重复。果实采收时，每处理随机选取6个果实，用具冰袋的保温箱迅速带回实验室进行相关指标的测定。

4.5.1.3　测定方法

见4.2.1.3。

4.5.2　结果与分析

4.5.2.1　拉枝对寒富苹果内在品质的影响

由表4-21可知，套袋和未套袋下拉枝处理提高了果实可溶性固形物、可溶性糖和维生素C含量，分别较对照提高了0.3%和0.5%、每100g鲜重0.5g和每100g鲜重0.5g、每100g鲜重0.5mg和每100g鲜重0.4mg；套袋和未套袋下拉枝处理降低了果实淀粉和有机酸含量，分别较对照下降了每100g鲜重0.4g和每100g鲜重0.4g、每100g鲜重0.2g和每100g鲜重0.4g。试验结果表明，拉枝处理有效提高了果实可溶性固形物、可溶性糖、维生素C含量和糖酸比，但降低了淀粉和有机酸含量。

表4-21　拉枝对寒富苹果内在品质的影响

处理		可溶性固形物（%）	每100g鲜重可溶性糖含量（g）	每100g鲜重淀粉含量（g）	每100g鲜重有机酸含量（g）	每100g鲜重维生素C含量（mg）
套袋	拉枝	12.33±0.29bB	5.56±0.11cC	5.77±0.08bB	0.28±0.01bB	6.84±0.25bB
	对照CK	12.00±0.00bB	5.07±0.11dD	6.18±0.09aA	0.30±0.01bB	6.34±0.29bB
未套袋	拉枝	13.83±0.29aA	7.21±0.13aA	5.28±0.11cC	0.31±0.01bB	8.24±0.28aA
	对照CK	13.33±0.29aA	6.70±0.11bB	5.66±0.06bB	0.35±0.01aA	7.75±0.06aA

4.5.2.2　扭梢对寒富苹果内在品质的影响

由表4-22可知，套袋和未套袋下扭梢处理提高了果实可溶性固形物和维生素C含量，分别较对照提高了0.1%和0.3%、每100g鲜重0.3mg和每100g鲜重0.3mg；套袋下扭梢处理果实可溶性糖含量与对照一致，未套袋下扭梢处理果实可溶性糖含量较对照提高了每100g鲜重0.3g；套袋和未套袋下扭梢处理降低了果实淀粉和有机酸含量，分别较对照下降了每100g鲜重0.3g和每100g鲜重0.3g、每100g鲜重0.1g和每100g鲜重0.2g。试验结果表明，扭梢处理有效提高了果实可溶性固形物、维生素C含量和糖酸比，但降低了淀粉和有机酸含量。未套袋下扭梢处理对提高果实可溶性固形物、可溶性糖、维生素C含量、糖酸比和降低淀粉和有机酸含量效果最明显。

表 4-22　扭梢对寒富苹果内在品质的影响

处理		可溶性固形物（%）	每100g鲜重可溶性糖含量（g）	每100g鲜重淀粉含量（g）	每100g鲜重有机酸含量（g）	每100g鲜重维生素C含量（mg）
套袋	扭梢	12.33±0.29bBC	5.34±0.03cC	5.56±0.07bB	0.28±0.01bB	6.19±0.18bB
	对照CK	12.17±0.29bC	5.29±0.04cC	5.89±0.10aA	0.29±0.00bB	5.92±0.10bB
未套袋	扭梢	13.83±0.29aA	7.38±0.05aA	5.07±0.10cC	0.31±0.00abAB	7.75±0.22aA
	对照CK	13.50±0.50aAB	7.09±0.10bB	5.37±0.07bBC	0.33±0.02aA	7.48±0.21aA

4.5.2.3　摘心对寒富苹果内在品质的影响

由表4-23可知，套袋下，摘心处理提高了果实可溶性固形物、可溶性糖和维生素C含量，二次摘心效果较一次摘心明显，一次摘心和二次摘心可溶性固形物、可溶性糖、维生素C含量分别较对照提高了0.5%和0.9%、每100g鲜重0.3g和每100g鲜重0.7g、每100g鲜重0.4mg和每100g鲜重1.3mg；一次摘心和二次摘心处理均降低了果实淀粉含量，二次摘心效果较一次摘心明显，分别较对照下降了每100g鲜重0.4g和每100g鲜重0.5g；一次摘心处理果实有机酸含量与对照一致，二次摘心处理有机酸含量较对照下降了每100g鲜重0.02g。

表 4-23　摘心对寒富苹果内在品质的影响

处理		可溶性固形物（%）	每100g鲜重可溶性糖含量（g）	每100g鲜重淀粉含量（g）	每100g鲜重有机酸含量（g）	每100g鲜重维生素C含量（mg）
套袋	一次摘心	12.83±0.29cdCD	6.19±0.13dD	4.83±0.08dC	0.30±0.01abA	6.56±0.12cCD
	二次摘心	13.17±0.29bcBCD	6.55±0.07cC	4.70±0.06dC	0.28±0.01bA	7.45±0.26bB
	对照CK	12.33±0.29dD	5.90±0.14eD	5.24±0.06bcB	0.30±0.01abA	6.18±0.18cD
未套袋	一次摘心	14.00±0.00aAB	7.24±0.03bB	5.43±0.06bB	0.31±0.01abA	7.70±0.14bB
	二次摘心	14.33±0.29aA	7.97±0.08aA	5.20±0.07cB	0.29±0.00abA	8.59±0.23aA
	对照CK	13.67±0.29abABC	6.78±0.10cC	5.72±0.08aA	0.32±0.02aA	7.29±0.27bBC

未套袋下，摘心处理提高了果实可溶性固形物、可溶性糖和维生素 C 含量，二次摘心效果较一次摘心明显，一次摘心和二次摘心可溶性固形物、可溶性糖、维生素 C 含量分别较对照提高了 0.3％和 0.6％、每 100g 鲜重 0.4g 和每 100g 鲜重 1.2g、每 100g 鲜重 0.4mg 和每 100g 鲜重 1.3mg；摘心处理降低了果实淀粉和有机酸含量，二次摘心效果较一次摘心明显，一次摘心和二次摘心淀粉、有机酸含量分别较对照下降了每 100g 鲜重 0.3g 和每 100g 鲜重 0.5g、每 100g 鲜重 0.1g 和每 100g 鲜重 0.3g。

试验结果表明，摘心处理有效提高了果实可溶性固形物、可溶性糖、维生素 C 含量和糖酸比，但降低了淀粉和有机酸含量，二次摘心处理对提高果实可溶性固形物、可溶性糖、维生素 C 含量、糖酸比和降低淀粉和有机酸含量效果较一次摘心明显，未套袋下二次摘心处理效果较套袋下明显。

4.5.3 讨论

修剪对套袋苹果果实内在品质的影响。拉枝可改变树体的通风透光状况，提高下部及内膛叶片光合效能，能增加光合产物的积累，有利于果实品质的提高。刘志坚等（2002）认为，拉枝（包括拿枝、扭枝等措施）由于改变了枝条的角度，从而削弱了顶端优势，损伤了木质部，限制水路畅通而达到缓和树势的目的。另外，枝内蒸腾液流呈单方向运输，且速度减慢，生长素、赤霉素含量减少，运输到叶片的氮素营养减少，而碳水化合物输出量相对减少（彭福田和姜远茂，2006）。本研究结果表明，拉枝、扭梢和摘心不同程度的提高套袋与未套袋果实的内在品质，且二次摘心效果优于一次摘心。韩明玉等（2008）研究表明，富士苹果随着拉枝角度的增大，其叶片越厚，栅栏组织越发达，叶片的叶绿素含量越高，光合速率越大，果实品质也随之提高。但当拉枝角度过大时，叶片光合速率、总糖含量和果实品质均下降，可能是因为随着拉枝角度的增大，枝条的损伤程度越来越严重，供给叶片自身生长的矿物质和水分运输严重受阻，叶片的碳水化合物外运减少，以至于影响叶片的解剖结构。因此，适宜的拉枝角度对果实内在品质的提高有着极为重要的意义，其机理还待进一步研究。

4.5.4　小结

修剪对寒富苹果内在品质的影响试验结果表明，拉枝处理、扭梢处理和摘心处理均有效提高了果实可溶性固形物、可溶性糖、维生素 C 含量和糖酸比，但均降低了淀粉和有机酸含量；二次摘心处理对提高果实可溶性固形物、可溶性糖、维生素 C 含量、糖酸比和降低淀粉和有机酸含量效果较一次摘心明显。

第五章　有袋栽培技术集成

果实套袋只是有袋栽培中综合技术措施的组成部分。本章论述了有袋栽培中与果实套袋相适应的配套技术和条件，主要包括生产条件、土肥水管理技术、树体调控技术、品质提高技术和无害化病虫综合防治技术等。

5.1　有袋栽培与生产条件

与有袋栽培密切相关的生产条件包括果园和果袋种类的选择。抓好这两个基本条件的落实，是决定有袋栽培成功的关键之一。

5.1.1　果园选择

有袋栽培苹果园要求综合管理水平高，树体健壮，病虫害发生轻，树体结构良好，通风透光；为利于病虫害的群防群治和提高套袋果的商品率，应全园套袋。具体讲，应选择具备以下条件的果园进行有袋栽培。

5.1.1.1　土壤条件

土壤要比较肥沃，有较好的保肥、蓄水能力，不严重缺乏微量元素。沙土地和山顶瘠薄地果园，保水能力差，日烧发生较重；由片麻岩、母质形成的轻壤土果园，硼、钙等微量元素缺乏，尤其是干旱年份缺乏更重，会加重苦痘病、缩果病、日烧病等生理病害的发生。以上这两种土壤的果园不宜进行有袋栽培。

果园应有较好的灌溉条件，若套袋和除袋这两个关键时期天气干旱，果园能浇上水，保证一定的土壤湿度，以减轻或避免日烧的发生。同时，有袋栽培果园还应有较好的排水能力，例如涝洼地果园，若遇到多雨年份，果袋内温度长期较高，套袋果极易产生大面积果锈。

5.1.1.2　果树条件

要求树势较强，整齐度高，枝量适中，光照良好。树势强，则着色好、个头大，套袋成功率高；树势过弱，则果实小、果形扁，虽然在不套袋时表现着色良好，但套袋后着色差。同时，由于叶片少，日烧发生严重。剪后亩枝量应在 10 万条左右，生产季树冠透光率要达到 25%～35%。枝量过大光照不良，内膛果实着色不良。同时园内湿度大，果袋被雨水或露水淋湿后长期不干，诱发果面产生大面积果锈，降低了套袋果的商品价值。

5.1.1.3　品种条件

高档果的生产主要选择红富士、红将军、粉红女士、寒富等红色优良品种，有袋栽培后集中着色面 75%以上，色泽鲜艳，果面光洁细嫩，无果锈，无污斑，具有本品种特征，内在品质好。对一些易着色和绿色品种可套单层纸袋，主要是为了提高果面的光洁度。

5.1.2　果袋种类的选择

苹果育果袋的纸张应具有强度大、风吹雨淋不变形和不破碎等特点；其次，要具有较强的透隙度，避免袋内湿度过大，温度过高。另外，果实袋外表颜色浅，反射光照较多，这样温度不至过高，或升温过快，同时应采用防水胶处理。果袋用纸的透光率和透光光谱是果袋质量指标的重要方面，应根据不同品种、不同地区和不同的套袋目的，选用不同纸张及适宜纸张种类，使果袋具有适宜的透光率及透光光谱范围。果袋应涂杀虫、杀菌剂，套袋后在一定的温度下产生短期雾化作用，抑制害虫进入袋内或杀死进入袋内的病菌和害虫。

苹果果实袋的种类很多。袋的透光性愈强，促进着色的效果愈显著。双层纸袋一般比单层纸袋遮光性强，故促进着色的效果要好于单层袋，防病虫及降低果实农药残留量的效果也好于单层袋。但双层袋成本较高，一般为单层袋的两倍左右。我国苹果套袋栽培中，所用纸袋多用双层袋和单层袋两种类型。

5.1.2.1 双层纸袋

日本所产的双层袋，主要由两个袋组合而成。外袋是双色纸，外侧主要是灰色、绿色、蓝色 3 种颜色，内侧为黑色。这样外袋起到隔绝阳光的作用，果皮叶绿素的生成在生长期即被抑制，套在袋内的果实果皮叶绿素含量极低；内袋由农药处理过的蜡纸制成，主要有绿色、红色和蓝色 3 种。中国台湾生产的双层袋，外袋外侧灰色，内侧黑色；内袋为黑色。中国其他地区生产的双层袋，外袋外侧有灰色、褐色等，内侧黑色，内袋为红色和黑色两种，大部分内袋进行了涂蜡处理，部分品牌纸袋的内袋还进行了药剂处理。各地试验结果表明，不同品种苹果套双层育果袋的果实在改善外观品质，尤其是促进着色、提高果面光洁度等方面效果明显，是生产高档果品的首选。

5.1.2.2 单层纸袋

单层纸袋目前生产中应用也较多。主要用于新红星、乔纳金等较易着色品种和金冠等绿（黄）色品种，以防止果锈、提高果面光洁度为主要目的。中国台湾生产的单层袋，外侧银灰色，内侧黑色；中国其他地区生产的有外侧灰色内侧黑色单层袋（复合纸袋）、木浆纸原色单层袋和黄色涂蜡单层袋等。

5.2　有袋栽培与土肥水管理技术

进行有袋栽培，更需要改变目前的果园清耕、氮肥施入过多而有机肥施入不足、大水漫灌等栽培方式，实施高效、精准土肥水管理技术。

5.2.1　高效土壤管理

高效土壤管理，主要是改变目前大多数果园进行清耕的栽培模式，实施果园土壤深翻熟化和果园覆盖，改善果园土壤结构和提高有机质含量。

5.2.1.1　深翻熟化

果园深翻可加深土壤耕作层，改善土壤中水、肥、气、热条件，为根系生长创造条件，使树体健壮、新梢长、叶色浓。具体深翻时期、深度和方式等与普通果园基本一致。

5.2.1.2　果园覆盖

5.2.1.2.1　覆草

在草源充足的地方，对山地、旱地、薄地果园，实行树盘或树带或全园覆草，具有扩大根系分布范围、保持土壤养分、稳定土温、改善透气性、增进微生物活动、增加有效养分、防止杂草生长、防止土壤泛碱和保持水土等作用。特别是由于草下无光，杂草不再生长，而且覆草腐烂以后，表土有机质大幅度增加，土壤结构明显改善，是一种投资少、见效快、简便易行的土壤管理方法。

5.2.1.2.2　覆膜

是使用农用塑料薄膜覆盖树盘或树行，可有效提高并稳定土温、保持土壤水分、增加土壤有效养分，同时增产显著。

5.2.1.2.3 果园生草

果园生草就是在果园内种植对果树生产有益的草。果园生草在美国、日本及欧洲一些果树生产发达国家早已普及，并成为果园科学化管理的一项基本内容，而我国传统的果园耕作制度由于强调清耕除草，故导致了果园投入增加，生态退化，地力、果实品质下降。目前国家提倡有条件的果园实行“果园生草制”。所谓“果园生草制”，就是在果树的行间种植豆科或禾本科草种，每年定期刈割，覆盖树盘的一种现代化的土壤管理制度。实行果园生草制的主要优点，一是防止果园水土流失；二是全部靠草肥解决了土壤有机肥料，减少了从果园外搬运大量有机肥料的人力、物力消耗；三是常年生草覆盖，土壤温度、湿度、透气性趋向平衡，有利土壤微生物的繁殖、生长，促进土壤微生物的良性循环。

5.2.2 平衡施肥

有袋栽培果园由于苹果套袋后果实含糖量下降，应增加磷、钾肥和中、微量元素肥料的施用，结合测土配方行动，针对不同果园现状，进行平衡施肥。

5.2.2.1 早施多施基肥

苹果施基肥以秋施为最好（落叶前 1 个月），其次是落叶至封冻前，以及春季解冻至发芽前。一般早熟品种在采果后施用，中晚熟品种在采果前后施用，宜早不宜迟。秋季气温高，雨量多，有充足的时间使肥料分解腐熟。同时，此时叶片功能尚未衰退，有较强的光合功能，制造的养分可回流到根中，此时正值果树根系生长的第二三次高峰，且断根容易愈合，并生出大量的分生根和吸收根，有利于根系吸收，增加树体的营养水平。树体较高的营养储备和早春土壤中养分的及时供应，可以满足春季发芽展叶、开花坐果和新梢生长的需要。落叶后和春季施基肥，肥效发挥作用的时间晚，对果树早春生长发育的作用很小，等肥料被大量吸收利用时，往往就到了新梢的旺长期。山区干旱又无水浇条件的果园，因施用基肥后不能立即灌水，所以，基肥也可在雨季趁墒施用。有机肥的施肥量，一般要达到“千克果千克肥”的标准。施用方法、区域和普通果园基本一致。在秋施基肥的同时，多施磷肥、钾肥和钙肥、镁肥等，以确保套袋果内品质的提高。

5.2.2.2　合理追肥

要因树施肥。旺长树应避开新梢旺长期，提倡春梢和秋梢停长期追肥，肥料应注重磷、钾肥；衰弱树应在旺长前追施速效肥，以氮为主，有利于促进生长；结果壮树应注重高产优质、维持树势健壮，在萌芽前以氮为主，有利于发芽抽梢、开花坐果，果实膨大期追肥以磷、钾为主，配合氮肥，加速果实增长，促进增糖、增色。

根据苹果各个生长时期需肥特点，全年一般分为 3 个关键追肥时期，追肥种类多以速效性肥料为主。一是花前肥（萌芽肥），在 3 月下旬至 4 月初进行，主要满足萌芽、开花、坐果及新梢生长对养分的需要，以速效氮肥为主；二是坐果肥（新梢速长肥），在 5 月下旬至 6 月上旬进行，主要目的是促进花芽分化，提高坐果率，有利增大果个，以氮、磷、钾三元复合肥为主；三是果实速长肥，一般在 7 月下旬至 8 月下旬追施，能促发新根，提高叶片功能，增加单果重，提高等级果率和产量，充实花芽及树体营养积累，提高树体抗性，为来年打好基础，以施磷、钾肥为主。整个生长季还要根据树体营养状况进行中、微量元素的施用。

5.2.2.3 叶面喷肥

叶面喷肥可以不受新根数量多少和土壤理化特性等因素的干扰，直接进入枝叶中，有利于更快地改变树体营养状况，且养分的分配不受生长中心的限制，分配均衡，有利于树势的缓和及弱势部位的促壮。另外，根外追肥还可用于补充钙、锌、铁、硼等元素，以更好促进果实生长和品质提高。

苹果套袋后，果实含糖量下降，生长季节和采收前喷外源物质，包括叶面微肥、植物生长调节剂、外源糖等，都可不同程度提高果实糖含量。生产中为减轻或防止苦痘病的发生，在套袋前2周、4周和采收前4周各喷1次氨基酸钙液体肥具有良好效果。生长季前半期，以喷氮为主，生长季后半期，以喷磷、钾为主，花期以喷氮、硼（0.2%～0.3%）、光合微肥为主，均可以有效促进树体和果实生长。

5.2.3 水分调控

水对调节树体温度、土壤空气、营养供应等都有重要作用。进行适宜水分调控是促进树体、果实生长和提高果实品质的重要技术措施。

5.2.3.1 灌水

判断是否需要灌水，主要根据土壤湿度，并掌握在树体未受缺水危害之前进行。苹果生长期最适宜的土壤湿度一般为田间最大持水量的70%～80%。在60%时有利于花芽分化和果实成熟，维持在75%时有利于坐果，超过80%则促进新梢旺长。一般年份苹果树应在萌芽期（或花前）、春梢生长期、果实膨大期、秋施基肥后等时期结合施肥灌水，还要灌封冻水，以保证果树安全越冬。

灌水方法是果园灌水的一个重要环节。受经济条件限制，目前大多数果园还是采取漫灌、畦灌、穴灌、沟灌等常用的非机械田间灌溉技术。但随着灌水方法不断改进，有袋栽培的果园应向机械化方面发展，采取渗灌、喷灌、滴灌、微喷等节水灌溉方式，提高灌水效率和效果。

5.2.3.2　排水

苹果生长后期土壤含水量与果实含糖量呈极显著负相关，特别是 9 月份以后土壤含水量过大会明显影响果实着色和糖分的增加。据试验，果实成熟前 1 个月起田间土壤含水量以 50%～55%为宜。因此，此期不宜漫灌，若降雨量过大，要及时排水。

5.2.3.3　旱作栽培

由于我国 70%以上的苹果园都建立在丘陵山地上，水浇条件相对较差，有袋栽培果园对水分有着更高的要求。因此，应针对实际，探索并应用果树旱作节水栽培的途径。主要包括：一是选择抗旱砧木，如乔砧中的山定子、西府海棠，新疆野苹果、海棠果等，矮砧中的 M_7、MM_{106} 等比较抗旱；二是加强栽培管理，包括合理密植、合理修剪、合理施肥、果园勤深耕等；三是施用吸湿剂和抗蒸剂；四是果园覆盖、果园生草和穴贮肥水等。

5.3　有袋栽培与树体调控技术

有袋栽培果园树体调控的原则是采用合理的树形，枝条稀疏，每公顷留枝量 120 万条左右；通风透光。

5.3.1　合理树形

生产中常用的树形有纺锤形（包括自由纺锤形、细长纺锤形、改良纺锤形）和小冠疏层形等。无论何种树形，凡能丰产的树体结构，必须做到树体骨架牢固，主枝角度开张，枝系安排主次分明，上下内外风光通透，结果枝组健壮丰满，分布均匀，有效结果体积在80%以上。

5.3.1.1 自由纺锤形

自由纺锤形属中、小冠树形，自由纺锤形定干高度80cm左右，特别粗壮的苗木也可不定干，这样发枝分散，不受剪口刺激，利于选留主枝。栽植密度越大，定干越高。在中央领导干上按一定距离（15～20cm）或成层分布10～15个伸向各方的小主枝，其角度基本呈水平状态。随树冠由下而上，小主枝由大变小、由长变短，其上无侧枝，只有各类枝组。树高可达3～3.5m，外观轮廓上小下大，呈阔圆锥形树冠。该树形树体结构比较简单、成形快、易修剪、通风透光，易于管理。

1～3年生树，一要注意中干长势，如中干长势过强，可换第二枝作中干，将第一强旺枝疏去，换头后的中干延长枝，不必短截，翌年饱满芽处可发出许多角度大的分枝，顶端能继续延伸；二要注意把选留的主枝拉平，务使基角开张，并长放不剪或轻去头，过强或基角过小的要早疏除；三要注意疏除拉平枝后部靠近主干20～30cm以内的直立旺枝和徒长枝，延长头前部的直立枝可重短截，三头枝可疏除竞争枝，但尽量减轻冬剪量，以缓和长势，促生短枝。

第4～5年以后，严格调整中干长势。中干弱的要短截促发壮条，恢复长势，中干过强的要疏除下部的侧生旺枝，缓放不截，控制上强。对中、下部培养出的主枝，注意培养枝组，稳定结果，并逐年向外延伸。对占领空间过大，枝轴过粗的强旺枝组，要控制体积，适当回缩；过密的枝组，选留好的，定位定向，余者疏除；过弱的枝组，及时更新复壮。

培养纺锤形，要切实注意：一是搞好从属关系，中干直立，侧枝水平。枝组轴粗不得超过主枝的 1/2，主枝轴粗不得超过中干的 1/2，主枝轴粗不得超过中干的 1/2；二是整个修剪过程中不短截或轻打头，多疏剪；三是尽量减轻冬季修剪量，多用夏季修剪调节；四是树体成型以后，大量结果，对结果枝组要适时回缩更新，交替结果，并注意疏花、疏果，合理负载，保证果品质量。

5.3.1.2　小冠疏层形

小冠疏层形这种树形在乔砧密植树上应用，也可在半矮化砧或短枝型品种树上应用。干高 50cm 左右，全树 5 个主枝，分为 2 层，均匀分布。第一层 3 个主枝，主枝间水平夹角约 120°，第一主枝与第三主枝相距 20～30cm，主枝与中心干的夹角 65°左右。每个主枝上培养 2 个侧枝，第一侧枝距干 30cm 左右，第二主枝在第一侧枝对面，与第一侧枝相距 20～30cm。在主枝上直接培养大、中、小型结果枝组。第二层 2 个主枝，第四主枝与第三主枝相距 80～100cm，第四主枝与第五主枝相距 20cm，开张角度 50°～60°，其上可培养 1 个较小的侧枝或无侧枝，直接培养结果枝组。冠径 4m，树高 3～3.5m，待大量结果树势稳定后，剪去中心干顶端延伸部分，即为落头开心。

苗木定植后，于地上 60cm 饱满芽处定干。当年冬剪时选留出第一层主枝，打出中央领导干。为防止中干上强，中央领导干可适当短截，也可将中干于一层主枝上 30～40cm 处弯倒，待弓弯处出枝后再培养领导干，而把弯倒的中干作为辅养枝处理。

第 2～4 年，主要是扩大树冠，增加枝叶量。具体做法：中截或轻截延长枝，缓放其他枝，及早开张好角度，辅养枝可拉平呈 90°，缓和生长势，增加短枝数量，为早结果打基础。

第 5 年以后，树已进入结果期，要有计划地清理辅养枝，分期分批地控制和疏除。树冠接近交头，行间距离不足 1m 时，主侧枝延长枝不打头，缓放，以果压冠，控制交接。同时，继续控制上强，当树高达 3m 左右时，及时进行落头开心，改善冠内光照条件，并注意负载合理，防止形成大小年结果现象，维持中庸健壮树势。

5.3.2 调控技术

5.3.2.1 幼树的调控

从苗木定植后到结果初期为幼树期。此期的主要调控任务是选留和培养骨干枝，安排树体骨架，迅速扩大树冠，缓和树势，促使早果、丰产、优质。

5.3.2.1.1 培养好骨干枝，迅速扩大树冠

定干后结合刻芽促萌芽快发枝条，增加枝叶量。根据整形的要求，选留配备骨干枝。骨干枝要尽量长留，并选留壮芽。严格控制竞争枝，一般应疏除。若利用时要进行拿枝开角、环剥，削弱长势，促使早结果。当冠径基本达到要求的大小时，骨干延长枝缓放不短截，以减缓长势，增加中短枝萌发数量。要防止主、辅不分，辅养枝要为骨干枝让路，通过夏剪让其早结果。

5.3.2.1.2 轻剪缓放，充分利用辅养枝

除对 1～2 年生小树因枝量不足而进行短截促条外，都要轻剪、少疏，多留枝。这是增加枝量、缓和树势、促进成花结果、实现早期丰产的首要条件。为了扩大树冠，除按要求对主侧枝的延长枝进行短截外，辅养枝疏密后一般甩放不剪，通过拉枝开角，给骨干枝让路，待结果后，按实际情况再采用疏、放、缩的方法加以及时处理。随着树冠的扩大，应注意培养结果枝组，并保证冠内通风透光良好。

5.3.2.1.3 拉枝开角缓和树势，保证通风透光

开张骨干枝角度是改善树体结构的关键。主枝角度开张，可保证中心干的优势，缓和树体长势，既有利于通风透光，也有利于成花结果。开张角度的办法主要是拉枝。拉枝的较适宜

的时期是春季和秋季（9月份），拉枝的要求是“不入地，不钻天，不弓腰，不盘圈，前后理成一条线”，这样才能发挥拉枝的作用。

5.3.2.1.4　培养好枝组，为丰产做好准备

枝组是结果的基本单位。初结果树的果枝，前期主要着生在辅养枝上，后期随着树冠的扩大和树龄的增加，结果枝逐步转移到各级骨干枝的枝组上。所以，在整形修剪中，前期应重点利用辅养枝。在利用辅养枝的同时，逐步通过放、缩、截，培养一定的枝组，为丰产打下基础。培养枝组的方法：一是先放后缩法，即先将枝条缓放不剪，待成花或结果后再回缩培养成枝组。该方法适合于幼树、旺树和修剪反应较敏感的品种。二是先截后放法，即对一年生枝条，按其长势和空间大小进行不同程度的短截，促发分枝后再缓放，或去强留弱再缓放。此法结果较晚，在幼旺树上尽量少用。枝组的安排和分布：一般是背上枝组宜小，不宜大；背后枝组宜大，不宜小；两侧中、小枝组穿插为宜。为了通风透光，枝组各占一定位置，不能互相交接。

5.3.2.2　盛果期树的调控

盛果期树的调控主要是调整生长与结果的关系，达到优质、丰产、稳产、延长盛果期年限的目的。

5.3.2.2.1　解决光照，确保冠内通风透光良好

把最大数量的叶片摆布在最适光照条件之下，是此期果树整形修剪的基本任务。解决光照首先要拉开主枝（包括大辅养枝）角度，逐步去掉冠内多余的大枝，打开层间，疏除过密的辅养枝或枝组，使枝组不交接，枝枝见光。此期果树延长枝不进行短截，外围枝以疏为主，适当减少外围枝的数量，成为上稀下密，外稀内密，大枝稀，小枝密的“三稀三密”树冠。

5.3.2.2.2　培养更新复壮枝组

对过密的辅养枝适当疏除，过稀的培养补空。枝组要及时更

新，更新修剪时要注意保留2～3年生的幼龄果枝，更新5年生以上的老果枝，使枝组上的结果枝一般保持在2～4年生的枝龄范围内。枝组要固定位置，明确生长方向，修剪上有缩有放。在枝组布局上，要求内大外小，下大上小，各占一定空间，顺应主枝的方向。

5.3.2.2.3 合理调整花枝比例

盛果期的树要看花修剪，保证枝组健壮，均衡结果。通过修剪调节，使枝组间和枝组内各枝条间轮换结果。要求在同一枝组内，既有一定数量的花芽，又有一定数量的成花预备枝和一定数量的发育枝。在花芽不足的情况下，见花芽就留，尽量保留果枝；当花芽充足时，首先疏除弱枝花芽，选留壮果枝结果；花芽量过多时，还要破掉中、长果枝顶花芽，仅留短果枝结果。通过冬季修剪和春季花前复剪的调节，将果枝（花芽）留量大致占到剪后全树枝量的20%～30%为宜。

5.3.2.3 衰老树的调控

衰老树由于果品的产量和质量都在下降，所以原则上不宜进行有袋栽培。但若进行，其调控以更新复壮恢复树势为主要目的。原则是大枝轻疏、轻缩，少造成伤口；小枝应全面复壮，增强活力。具体技术主要措施：一是选好预备枝培养新头，老树修剪基本保持原有骨架不动，在骨干枝的5～6年生部位，选择原有侧枝或新萌生枝作预备枝进行培养，代替原头。二是充分利用背上两侧枝组结果，树体衰老，树冠内膛单轴果枝和背后下垂枝枯死率很高，结果部位转移到背上、两侧枝组及树冠外围结果枝上。为了集中营养，应逐步疏除下垂枝和树冠内衰老细弱的果枝，充分培养利用背上枝结果，更新复壮两侧结果枝组，剪口多留枝上芽，抬高枝条角度，提高结果能力。三是合理利用冠内徒长枝，对于树冠内萌发的徒长枝，除过多者一般不疏除，根据空间大小和芽体饱满程度进行短截，增加枝叶量，培养带头枝或结果枝组。

5.3.3 郁密园的调控

目前苹果成龄果园郁密现象严重，直接影响树体的生长和果实的产量、质量；对栽植密度过大的果园可采用以下措施进行调控。

5.3.3.1 行间郁密的调整

隔株（行）间伐。间伐的树可移栽它处，保留的树，根据空间进行适当扩冠，促进不结果的部分恢复结果能力。对于行间的大枝，要及早进行疏缩，当年这一侧，下年另一侧。此时可以先不急于降低树高，待行间留出空挡，树势基本稳定后，再降低树高。降低树高前，要疏除上部大的强分枝，削弱树头，同时疏除行间大辅养枝，回缩主、侧枝，1～2 年后再落头。保持树高不超过行距，一般为 2.5～3m，最高不超过 3.5m。

5.3.3.2 树冠郁密的调整

一是疏枝缩冠，即疏除对光照影响大的主枝，如 3 去 1 或 5 去 2。同时对外围枝和上部枝适度回缩，枝间留 30～50cm 的空隙。二是落头开心，降低树高。锯除 1 层或 2 层主枝以上的中干部分，降低树高，使光能从上部射入树体。三是开张骨干枝角度，腰角 70°～80°。将骨干枝上过密和无用的徒长枝、小枝组疏除；有用的拉平，培养成中小结果枝组；枝组范围超过 50cm 的，用斜生枝为头，缩减枝轴使叶幕间距保持在 50～60cm 之间，同时将影响骨干枝生长的层间辅养枝去除。改变对树冠外围枝“见头就打”的错误做法，枝条过密，宜多疏少截或缓放。在夏季多注意拉平枝条，促进结果，稳定树势。

5.4 有袋栽培与品质提高技术

有袋栽培的目的是提高果实品质，在掌握正确的套袋、除袋方法和适宜的套袋、除袋时期的同时，还要采取花期授粉、合理负载、摘叶、转果和垫果、铺反光膜、采收及采后处理等技术措施，另外可以结合有袋栽培进行艺术果的生产。

5.4.1 花期授粉

有袋栽培更应重视花期授粉，以利于提高套袋成功率。花期授粉包括昆虫授粉和人工授粉。

5.4.1.1 昆虫授粉

昆虫授粉的优点：一是节省人工授粉所用劳力，授粉周到细致。二是明显提高坐果率。据试验，红富士苹果可提高 0.3～2.7 倍，金帅苹果提高 0.3～1.4 倍，同时生理落果减少 1/3 左右。三是增大果个，提高产量。红富士苹果平均增重 33.8g，产量增长 10%～100%，果实端正果率也明显提高。四是减轻霜冻危害，有蜂区平均减轻受冻率 40%以上。五是经济效益好，不但增产增质、果品售价高，而且养蜂的产投比为 5～7：1，经济效益更好。

目前苹果园中昆虫授粉主要包括蜜蜂授粉和壁蜂授粉。据统计研究，1 箱具有 2 万只蜜蜂的蜂群，1d 访花总数可达 2 400 万朵；1 箱蜂平均可完成 $1hm^2$ 苹果园的授粉任务，而且蜜蜂还可以在人工不便达到的树体上部、树梢、株间等部位自由活动传授花粉。壁蜂授粉效果好于蜜蜂，授粉能力是普通蜜蜂的 70～80 倍，目前在果区应用面积不断扩大。注意在花期前后严禁使用对蜂有毒的药剂。

5.4.1.2　人工授粉

苹果花期短，若在花期遇到阴雨、低温、大风及干热风等不良天气，会严重影响授粉受精。实践证明，即使在良好的条件下，人工授粉也可以明显提高坐果率和果实品质。因此，即使有足够的授粉树，也要进行人工授粉工作。

5.4.1.2.1　采花

采花品种应是授粉亲和力强、花粉量大的品种。最好采用多个品种的混合花粉，以增加其选择受精的机会。采花要掌握好时机，在主栽品种开花以前，结合疏花，采集授粉树上的大铃铛花(含苞待放的花)。采花的原则是花量多的树多采，可同时起到疏花的作用；花少的树少采或不采；外围多采，内膛少采；弱树、弱枝上多采，强树、强枝上少采。一般一个花序采下2～3朵边花即可。采花量要根据实际需要而定。苹果树每50kg鲜花可产鲜花粉5kg，干花粉1kg，可供盛果期苹果树3～4hm^2授粉用。果树人工授粉之前自行采制花粉有成本低、花粉质量高的优点。

5.4.1.2.2　制粉

目前制粉有两种方法：一是机械法，即利用电动采粉授粉器，吸头对准授粉树的花，启动采粉器，便回自动吸入花粉于搜集器中，从其中取出花粉。二是人工法，采下的花带回室内，剥开花瓣，两手各拿1朵花，花心对花心互相摩擦，使花药全部落下。然后簸去花瓣等杂物，将采下的花药，均匀摊于纸上，置于通风透光处，保持温度20～25℃，湿度60%～80%，放置36～48h后花药干裂，花粉散出，集中保存在干燥、低温条件下备用。花粉应避免阳光直射，而且温度必须在30℃以下。另外，还可以采取以下几种花药烘干方法：一是火炕烘干法。此法用火炕作热源，简单易行，是目前常用的方法。首先，在炕上用竹竿搭几层架子，架子的层数可根据所要烘干的花药多少而定，制粉量大的可多搭几层；用三合板或席子平放在竹竿上，上铺一层光面白纸，然后把去除杂质的花药放在纸上，薄薄地摊开；在架子中间放一支温度计，用于观察温度高低。温度低时给火炕加热，温度高时撤火或者通风降温，使室内保持20～25℃相对稳定的温度；如花药量少也可不搭架，先在炕上铺一层棉被或放一层果箱纸，上铺白纸，进行烘干。切不可直接把花药放在火炕上烘，以免由于温度控制不当造成花粉死亡。二是火炉烘干法。此法同火炕烘干法基本一致，不同之处是热源不是火炕而是在房中间生一火炉，把花药摊放在炉子周围（但不能离炉子太近）。三是电灯烘干法。此法用于少量花粉的制取。先准备一个纸箱，纸箱上部吊一个25W的白炽灯泡，箱的底部放花药和温度计，通过调节灯的高度来控制箱内温度。此法简单易行，适用于花粉用量少的个体果园。

花药烘干时应注意的问题：一是温度。温度是影响花药烘干质量的最重要的因素。温度过高则花粉发芽率低，出粉量少；过低则烘干所用时间长。适宜的烘干温度为20～25℃，且要求温度相对稳定。二是时间。在保持20～25℃的温度下，烘干时间一般为36h左右。三是切忌在阳光下曝晒花粉。据试验报道，晒干的花粉发芽率仅为10%～20%，而晾、烘干的花粉发芽率可达50%。

5.4.1.2.3　授粉

授粉时间的掌握尤其重要。苹果开花时，一般都是中心花先开，两天后边花相继开放。一个花序内的花朵，从开始开放到全部谢花，一般要经过6d左右。一朵花的开放时间为4～5d，开花2d后，柱头开始萎蔫。试验证明，以花朵开放当天授粉坐果率最高，开放4d授粉坐不住果。因此，苹果人工授粉，宜在盛花初期进行，以花朵开放的当天授粉，坐果率最高，一定要抓紧在苹果花朵刚开放，花瓣水灵，柱头新鲜时授粉。

人工授粉的方法：一是点授。为省花粉，先将花粉∶滑石粉

（干燥细淀粉也可以）为1∶2～5的比例混匀、备用。授粉前，将花粉分装到洁净小瓶中，用简易授粉工具（15～20cm长的香烟粗的纸棒、小毛笔、橡皮头、气门芯等均可），蘸取花粉点授到刚开放花的柱头上，每蘸1次，可点授5～7朵花。重点是发育正常的中心花和1～2朵边花，每隔20～25cm点一花丛（位置适宜）。授粉时轻轻一点柱头即可，不要反复搓揉，以免损伤柱头。对于初果期和小年树应全面点授。旺树、旺枝多点授；弱树、强枝少点授或不点授。花后树按距离点授，受冻树要多点授；以花定果树要逐花点授；花期天气好，只授中心花。天气不好，应多授边花和腋花芽花，以保证坐果数量。二是机械喷粉。先将由采粉器或人工搜集的花粉按花粉∶滑石粉为1∶5的比例混匀，装于电动采粉授粉器的喷粉管的上方，随旋转杆转动，均匀、定量地喷出花粉，机器距花约20cm。工作效率比人工点授提高40倍左右。三是液体授粉。用于进行大面积人工授粉，可节省劳力，工作效率提高5～10倍。喷雾前把花粉混入10%的糖液中，配制成花粉悬浮液，然后用喷雾器喷布。为了增强花粉活力，还可加0.1%硼酸，配比为水10L，砂糖1kg，花粉50ml，最后加入硼酸10g，因混后2～4h花粉便发芽，因此要在混后2h内喷完。喷雾最好在盛花期。喷布时期在每树有60%花朵开放时，为最适期。一株大树需花粉液100～150g。四是撒粉法。即将花粉与滑石粉比为1∶10～20的比例混匀，装入由2～3层纱布缝制的撒粉袋中，吊在竹竿上，在树冠上敲打竹竿，花粉便均匀飘落于花上，效果虽不如点授，但也有一定效果。

5.4.2　合理负载

根据立地条件、树龄、树势、品种特性和枝条类型来确定合理留果量，即要进行疏花、疏果。在疏除时期，提倡早些；疏除程度，要掌握严些。早疏有利于节约营养，减少消耗，时间越早，果个越大。

5.4.2.1 疏花

疏花就是按照留果标准，从花芽膨大期开始，选留粗壮花芽、花序，把多余的花芽、花序全部去掉。疏花可在花序露出时开始每15～20cm选留一健壮花序，其余疏除。铃铛花时再疏边花，只留中心花。

5.4.2.2 疏果

疏果要在谢花后7d开始，20d之内结束。要按果实间距25cm左右进行留果。选留中心果、单果、壮枝果、下垂果、健康果、均匀果。根据调查，果实在枝条上的分布：0～1.0m处着果占总果数比率5.5%，1.1～2.0m处着果占总果数比率52.3%，2.1～3.0m处的比率为37.1%，3m以外的比率为4.9%。因此，在2～3年生枝段上一般不留果。要扩大有效叶面积，增大叶果比。红富士、乔纳金、新红星等大型果要求叶果比达到60～80∶1，枝果比6～8∶1。一般来讲，盛果期果园的每亩产量应控制在2 000kg左右。也可采用有效叶面积留果法（无光合效率的叶片除外），即有效叶片总面积与留果数量之比，一般以700cm^2左右留1个果，或干周断面面积留果法，大型果2.5～3个/cm^2；小型果3～4个/cm^2。

疏果原则：疏去病虫果、畸形果及弱果枝上果。具体操作时应据枝势和果实密度分别处理。枝势强壮的枝多留，衰弱的枝少留；果实密度大的枝多疏，密度小的少疏；多留树冠内的果，少留或不留梢头果；留果台副梢壮的果，不留果台副梢弱或没有果台副梢的果；多留中、长果枝上的下垂果，少留或不留短枝上的直立果。

5.4.3　摘叶、转果和垫果、铺反光膜

5.4.3.1　摘叶

摘叶就是在采收前一段时间，把树冠中那些遮挡果面、影响果实着色的叶片摘除，以增加全树通光量，避免果实局部绿斑，促进果实均匀着色。大多数苹果品种的适宜摘叶期为采前18～30d，即在果实快速着色期进行。但因品种及叶片部位不同而摘叶期有别。阳光、新世界、红乔纳金及元帅系等中晚熟品种果面容易着色，在采前18～25d摘叶，即能完全消除果面绿斑，而富士等晚熟品种果实着色相对缓慢，宜在采前25～30d摘叶。树冠中、下部和内膛在第一期摘叶，树冠上部则在最后一期摘叶。

采前摘叶方法包括全叶摘除、半叶剪除及转叶。全叶摘除就是将那些遮挡果面的叶片从叶柄处摘下，是采前摘叶中最常用的方法。摘全叶时用手指甲将叶柄掐断即可，不要从叶柄基部扳下叶片，以免损伤母枝的芽体。摘叶时尽量先摘遮光的薄叶、黄叶、小叶等功能低下的叶片，后摘影响果实光照的叶柄无红色的叶和秋梢上的叶。半叶剪除就是剪掉直接遮挡果面的前半叶，以保留后半片叶的部分光合功能。短枝型品种的果园，半叶剪除最为常见。转叶就是在采前将直接遮挡果面的叶片扭转到果实侧面或背面，使其不再遮挡果面。

一般来说，采前摘叶量愈大，果实着色愈好。但同时对树体有机营养的产生和积累的负效应也愈大。因此，摘叶量要适度，并且分期摘除，一次摘叶不要过多，以免果面产生日灼。摘叶量应根据树体、营养水平、土壤肥力状况及果实负载量等因子来确定。根据有关试验结果，新红星等元帅系苹果的适宜摘叶量为叶片总量的10%～11%，红富士为15%～16%。日本为了使果面充分着色，果园采前摘叶量往往高达20%。像红富士，树冠上部的摘叶量为20%左右，而树冠下部则超过30%。日本果园土

壤肥力高，留果量偏低，因此加大采前摘叶量是可以理解的。而我国目前果园条件及管理水平不及国外，因而采前摘叶量不宜过大。

摘叶是用剪子将叶片剪除，仅留叶柄，主要是摘除影响果实受光的叶片，以促进果实着色，提高商品价值。摘叶主要应掌握好摘叶时期和摘叶程度，通过进行的红富士和乔纳金不同摘叶量对果实品质的影响来看，摘叶程度为 50%时，对苹果果实的发育尚未显示出不良影响，但为避免影响花芽质量和降低日烧的发生，摘叶量宜掌握在 30%左右。

摘叶时一般分两次进行：第一次在 9 月上旬，仅摘除直接影响果面的叶片；第二次在 10 月上旬，大量摘除应摘叶片，以摘除果台基部叶片为主，也可适当摘除果实附近新梢基部到中部的叶片，以增加果实直接受光程度，有效增进着色。摘叶时，先摘黄叶、小叶、落叶，后摘秋梢叶。

摘叶不得过早，否则会降低产量，影响翌年花芽量。另外，摘叶前应先疏除背上直立枝、内膛徒长枝和延长头的竞争枝，并且摘叶时须保留叶柄。

5.4.3.2 转果和垫果

转果的目的是使果实的阴面也能获得阳光直射而使果面全面着色。试验证明，转果可使果实着色指数平均增加 20%左右，转果时期在摘袋 15d 左右进行（即阳面上足色后），用改变枝条位置和果实方向的方法，将果实阴面转向阳面（为防止果实再转回原位，可用透明白胶带将果固定）使之充分受光，果面易成红色。转果根据情况进行 2～3 次。转果时间掌握在上午 10 时前和下午 4 时后进行，以防发生日烧病。

垫果主要是为了防止果面摘袋后出现枝叶摩伤，利用摘下来的果袋或专用果垫，把果面靠近树枝的部位垫好，这样可防止刮风造成的果面摩伤，影响果品外观质量。

5.4.3.3 铺反光膜

果园铺设反光膜既可以调节果园小气候，又可促进果实着色增糖，在果树生产中有较高的实用价值，现在全国各主要果区推广应用。

反光膜的选择：果园应用的反光膜宜选用反光性能好，防潮、防氧化、抗拉力强的复合性塑料镀铝薄膜。一般可选用由以向拉伸聚丙烯、聚脂铝箔、聚乙烯等材料制成的薄膜。这类薄膜的反光率一般可达60%～70%，使用效果比较好。选购时不要贪图一时的廉价而买质量差的产品，价格上反光膜比一般普通农用地膜高3～4倍，可连续使用3～5年。

铺膜时间：在苹果成熟前，沿果园树行间铺反光膜。套袋果园一般在摘除果袋3～5d后进行，未套袋的果园宜在采收前30～40d进行，早熟品种要适当提前。

铺膜前的准备：铺膜前几天应做适当的准备工作。乔化果园可在铺膜前清除树行杂草，用耙子将地整平，有条件的果园还可以将地整成行内高外低的小坡，以防积水影响使用效果。套袋果园在铺膜前要先除袋，并进行适当的摘叶。为了保证膜的效果，还可修剪、回缩树冠下部拖地裙枝，疏除树冠内遮光较重的长枝，以使更多的阳光投射到反光膜上。

铺膜方法：顺树行铺，铺在树冠两侧，反光膜的外边与树冠的树冠两侧，反光膜的外边与树冠的外缘齐。铺设时将成卷的反光膜放于果园的一端，然后倒退着将膜慢慢滚动展开，边展开边用石头、砖块或绳子压膜，也可将撑枝用的树棍抬起压在膜上。压膜不宜用土，以防将反光面弄脏影响反光效果。压膜应注意不要将膜刺破。

铺膜后的管理：铺膜后注意经常检查，遇到刮风下雨时应及时将被风刮起的膜重新整平，将膜上的泥土、落叶及积水及时清扫干净，保证使用效果。采果前将反光膜收拾干净，卷起妥善保存，注意爱护和保管，以便来年再用。

注意事项：由于铺设反光膜的成本较高，在铺设时应注意选择果园。对生产高档无公外贸出口的果园比较合适，而对综合管理差、果品随行就市出售的果园则收益不大。铺设时，应注意与果实套袋、摘叶、转果等其他管理技术结合起来，以增加全红果，生产出高品质的苹果。

5.4.4 采收和采后处理

为了提高套袋果的成功率，多生产高档出口果品，要根据果实的着色情况适期、分批采收。采收后要采取商品化处理，进一步提高套袋果的商品价值。

5.4.4.1 采收时期

采收期的确定，首先根据市场需求及销售价格。有时在果实成熟前，大量客商为抢占市场提前到产地收购果品。在这种情况下，根据上年市场分析和当年行情预测，觉得合算，就应抢时采收销售；有时客商要求果实完全成熟时收购，这就须根据签订的合同要求，适当晚采。

5.4.4.2 采收方法

目前，不论是发达国家还是发展中国家，鲜食果品仍是手工采摘。采摘时必须使用采摘筐等专用工具，将采下的苹果装入周转箱，运往分级包装场地。采摘的顺序是先上后下，由外而内。采摘的时间以气温较低的早晨较好。采收过程中要轻拿轻放，防止机械损伤。为提高优质果率，最好采取分期采收，即对果园的果实采收分 2～3 次进行。首次主要采收树冠外围、上部果个大、着色好的果实；1 周左右后再采摘树冠内膛、中、下部着色较好的果实。分期采摘时，要注意不要碰伤或碰掉留在树上的果实。

由于套袋果果皮较薄嫩，在采收搬运过程中，尽量减轻碰、压、刺、划伤。

5.4.4.3　采后商品化处理

经济发达国家对农产品不但有一系列完整的质量要求，而且非常重视产后处理，把农产品的加工、保鲜、储运、包装等产后产业放在农业的首要位置。如美国农业总投入的70%用于采后。发达国家苹果的采后处理已全部实现机械化。世界主要苹果出口国对苹果采收时期、分级标准、包装规格等采后环节的技术问题都进行系统研究，制订有与国际标准接轨的质量分级标准和方法，实现了果品生产规格的标准化。发达国家已全面实行气调冷藏，并通过冷链系统运销，实现了鲜果的季产年销，周年供应。

5.4.5　艺术苹果生产

艺术苹果是指一些带有美丽动人图案或喜庆吉祥文字的红色苹果。这类苹果附加了果业文化韵味，拓展了苹果销路，增强了市场竞争力，备受消费者青睐和好评，经济效益也成倍增长。

5.4.5.1　字贴的选择

选用一面带胶，一面不带胶的两层纸合成的进口或国产的“即时贴”纸，在“即时贴”上用正楷或艺术字写上“福、禄、寿、禧、吉祥如意、生日快乐、心想事成”等吉祥语或画上生肖图，1字1贴也可，4字1贴也可。一般4字组合者宜用4字1贴，便于带字果的装箱、配对。一般每贴大小为4cm×6cm。

5.4.5.2　果实的选择

宜选择大果型、品质优良的红色品种，如元帅系品种、红富士系品种等。在树势健壮、光照良好的红色品种树上，选着生部位好、果形端正、摘袋后果面光洁的大果，注意选果应相对集中，以利贴字图和采收。

5.4.5.3 贴字时间及方法

一般套袋果边取内袋边贴字效果较好。在贴字时将需贴字的果面灰尘擦干净后再贴，字贴最好贴于向阳果面的臀部。贴字时，揭下“即时贴”，一手抓果，一手贴字，将“即时贴”平展地贴于果面，尽量减少“即时贴”皱折而影响贴字效果，同时要求“即时贴”均匀地粘在果面上，不可有空隙，否则贴字效果不好，而且“即时贴”易脱落。操作过程要轻拿轻放，以防碰落果实。

5.4.5.4 贴字后的管理

贴字后，适当摘除果实周围 5～10cm 范围枝梢基部的遮光叶，增加果面受光。当向阳面着色鲜艳时转果，转果时捏住果柄基部，右手握着果实，将阴面转到阳面，使其着色。

5.4.5.5 适期采收包装

当去袋后的贴字果整果着色均匀且鲜艳后，即可采摘。贴字果采收后，揭去果面的贴字，擦净果面，根据不同的字迹，分别按字组配对、贴标签、套网套、装箱，并做好标记。

5.5 有袋栽培与无害化病虫综合防治技术

苹果套袋虽然能够大大降低病虫害的发生，但是为了确保果实的正常生长，仍须加强病虫害防治，保护好枝干和叶片，保证树体生长健壮，营养充足。另外，要重视对某些因套袋而发生或加重的病虫害的防治，否则会直接影响果实的生长发育，降低套袋效果，甚至造成严重损失。

5.5.1　预测预报

首先要做好病虫害的预测预报，方法同常规果园。

5.5.2　综合防治

套袋果园病虫害的防治，要坚持“预防为主，综合防治”的原则。从周年栽培管理整体技术入手，以预防为主，采用农业、人工、化学、生物、物理等各项配套措施，相互协调、综合运用，发挥天敌的积极作用，经济有效地将病虫害控制在经济允许水平以下，并将农业生态系统的有害副作用减少到最小程度。各地因地理环境、管理水平等的差异，病虫害发生的种类、时期、虫口密度等不尽相同，即使在同一地区，不同园片病虫发生情况也不完全一样。因此，要经常总结本地主要病虫害的发生动态和防治方法，因地制宜地制订切实可行的病虫综合防治措施。为此，必须做好以下几个方面的工作。

一是合理规划布局。栽植适宜的苹果品种，避免多种果树混栽，果园防风林应注意选择适当的树种。严格检疫，防止新的病虫传入，创造良好的农业生态体系，充分体现预防为主的方针，这是防治的先决条件。

二是加强栽培管理。为果树生长发育创造良好的环境条件，增强树势，控制负载，提高树体抵抗病虫害的能力。

三是加强人工防治措施。其中尤以果树落叶后到翌年果树发芽前，为人工防治病虫的好时机。此期扫除落叶、刮除树干粗皮、剪除病虫枝集中烧毁，降低病虫越冬基数；从健株上采取接穗，及时治蚜，是防止病毒病害传播的重要措施。苹果生长季节亦可进行人工防治，如人工挖筛越冬虫茧，剪除白粉病梢，摘除卷叶包叶及病果，进行夏季修剪，及时中耕除草，排除园中积水，改善果园通风透光条件，降低果园空气湿度，创造适宜果树生长而不利于病虫发生为害的环境等。

四是最大限度地采取非化学防治的技术措施。如诱杀成虫等技术，保护利用或饲养释放天敌，发挥果园生态系统自控作用。

五是合理用药。尽量因地制宜使用生物农药或生物制剂。选择高效、低毒、无残留或低残留的化学农药，少用或不用高毒、广谱杀虫剂，选专用杀虫杀螨剂型农药。加强病虫测报，选择防治病虫的最佳时机，按照经济阈值施药；做到控制为害，讲究喷药质量，以最大限度地发挥药剂作用。减少喷药次数，给天敌繁殖创造良好的环境条件。合理组合农药，认真研究农药混用和交替使用，充分发挥各药剂的特点，达到最佳混配、最佳浓度，做到扬长避短。

5.5.3 主要防治方法

5.5.3.1 农业防治

农业防治是利用农业栽培管理技术措施，有目的改变某些环境因素，避免或减少病虫的发生，达到保产、保质的要求。农业防治的本身就是农业措施中的一项内容，它是病虫防治的基础。优良的农业技术不仅能保证果树对生长发育所要求的适宜条件，同时还可以创造和经常保持足以抑制病虫大发生的条件，使病虫的为害降低到最低程度，选择无病虫苗木是一项重要措施。果树定植前，首先要进行地下害虫的调查，冬季深翻改土或刨树盘，可以大量杀死在土中过冬的害虫。清除病株残余，砍除转主寄主，摘除病僵果，刮除翘皮，清扫落叶等可及时消灭和减少初侵染及再侵染的病菌来源。加强肥水管理，合理修剪，可以调整果树的营养状况，增强树体的抗病虫害能力。选育、利用抗病虫的品种，在一定程度上可达到防治某些病虫的目的。建园时考虑到树种与害虫的食性关系，避免相同食料的树种混栽，如避免苹果和梨、桃、李等树种混栽，可减少某些食心虫的发生。

5.5.3.2　物理防治

主要是根据病虫害的生物学习性和生态学原理，如利用害虫对光、色、味等的反应来消灭害虫。在这方面用得较多的是黑光灯、糖醋液等诱杀成虫；在树干上绑草圈诱集越冬害虫；在树干上绑诱虫带、塑料薄膜或涂药环阻杀害虫等。

5.5.3.3　生物防治

生物防治是利用某些生物或生物的代谢产物来防治病虫的方法。生物防治可以改变生物种群组织成分，且能直接消灭病虫。生物防治的优点是对人畜、植物安全，没有污染，不会引起病虫的再猖獗和形成抗性，对一些病虫的发生有长期的抑制作用。可以说生物防治是综合防治的一个重要内容。但是，生物防治还不能代替其他防治措施，也有它的局限性，必须与其他防治措施有机地配合，才能收到应用的效果。利用生物防治害虫，主要有以虫治虫、以菌治虫、激素应用、遗传不育及其他有益动物的利用等5个方面；防治病害中有可能利用的有寄生作用、交叉保护作用及各种抗菌素等。

5.5.3.4　化学防治

套袋前1～2d全园喷1次杀菌剂和杀虫剂，以有效防治烂果病、棉铃虫、蚜、螨类等病虫的为害。药剂包括喷克600倍液、70％甲基托布津800倍液、宝丽安1 500倍液，棉神1号，高渗灭杀净等。不要用有机磷和波尔多液，防止果锈产生。果实袋内生长期应照常喷洒具有保叶和保果作用的杀菌剂，以防菌随雨水进入袋内为害。除袋后喷1次喷克（600倍液）或25％

甲基托布津（800 倍液）等内吸杀菌剂，防治果实内潜伏病菌引发的轮纹烂果病，同时喷 1～2 次有增色作用的药肥，如 300 倍液的磷酸二氢钾、800 倍液的施康露、农家旺等，以增色防病。

5.5.4 套袋果常见病虫害综合防治

5.5.4.1 日烧病

实践证明，日烧病的发生及轻重与果袋的种类、套袋时间、套袋部位、摘袋时期、摘袋时间及果园树体情况等多个因素有关。试验结果证明，套袋时间早、套袋部位为树冠外围背上枝梢果、摘袋时间早、一天中晚摘袋、果园干旱、树势弱的套袋树等的套袋果发生日烧严重；双层袋一般比单层袋的果实发生日灼轻。

为避免日烧病的严重发生，建议：一是选用适宜的果袋种类；二是掌握好套、摘袋时间及套袋部位；三是加强果园及树体管理。预防措施主要包括在特殊的干旱年份，红富士苹果的套袋时期可推迟至 7 月上旬，以避开初夏高温；套袋前后果园各浇一遍水，以保持墒情，提高果实微域环境湿度，减轻日烧发生率；加强肥水管理，促进树体生长势；背上枝裸露果实避免套袋；在干旱年份不用蜡层厚纸袋等。

5.5.4.2 红点病和黑点病

经几年的观察，苹果套袋后，部分品种出现不同程度的红点和黑点病，其中在红富士品种较为常见。

苹果红点病被认为是由斑点落叶病造成的。套袋苹果得红点病的主要原因是谢花后至果实套袋前，苹果斑点落叶病未防治好。据调查，对此病未防好的原因：一是相当一部分果农对富士苹果有错误的认识，认为富士苹果抗斑点落叶病。实际上，富士苹果叶片较抗斑点落叶病，而果实不抗斑点落叶病，果实上一旦感染此病，即出现小红点。也有些果农称其为“鸡眼点”、“水烂点”等。这些带红点的果实在常温下贮藏1个月或两个月也不烂，而一旦在复合侵染了轮纹病菌或炭疽病菌，果实就腐烂较快。二是在果实套袋之前喷药不合适。对套袋苹果红点病应抓好苹果斑点落叶病的防治。斑点落叶病在病叶和树体枝芽处越冬，要在休眠期彻底清扫残枝、落叶，在树体萌芽前喷铲除剂时，选择能防治斑点病的药剂或在其他药剂中混加一些防治斑点落叶病的药剂，于萌芽前喷施；其次，要在谢花后至套袋前应用的3～4遍杀菌剂中，须加入能防治或兼治斑点落叶病的药剂。

苹果黑点病主要发生在果实的萼洼、梗洼处。调查研究表明，造成果实黑点病的主要原因：一是果实感染粉红聚端孢霉菌所致；二是由于康氏粉蚧为害造成。对于果实初染粉红聚端孢霉菌时，出现针尖大的小黑点，后逐渐变大。在防治上，选择防治斑点落叶病的药剂即可。对康氏粉蚧的防治，应抓好谢花后至套袋前的两遍药剂和套袋后的一遍药剂的防治，连续三遍药剂即可控制为害。应选择兼防性药剂，可以降低费用，提高防效，生产中这样能相互兼治而且效果较好的药剂比较多，可灵活选用。

5.5.4.3 皱裂

套袋苹果脱袋后易出现微裂皱皮现象。这种现象有两种情况：一是套袋果实在撕袋时果实在袋内就了生了皱皮现象，一旦撕袋则更加严重；二是撕袋时尚无异常现象，等上色之后，很快发生微裂、皱皮、发软等不良现象。

研究表明，皱裂发生主要原因是在苹果生长的前期、中期高温、干旱严重，白天袋内温度不少天会超过50℃，一般维持在35～45℃，果实第一次膨大期短，果实停长早；加之袋内果实皮薄细嫩，在后期撕袋后，如水分充足，果实二次膨大速度加快，这时果肉细胞分裂速度快，果皮细胞分裂慢，内外细胞分裂速度的差异，导致果实发生微裂。果实微裂后失水，又导致果实皱缩、发软。此外，果实缺钙也易出现这种现象。

该病的防治措施：花后遇高温、干旱天气，可间断地在傍晚（落日前后）向叶面喷水，直到叶面滴水为宜。此外，在喷水时向水中加入1%的磷酸二氢钾或氨基酸钙效果更好。在第一、二次果实膨大期喷施2%的氨基酸钙水溶液（傍晚喷效果好）。在二次果实膨大前、中期各喷1次萘乙酸。要注意着色期摘叶、转果。

5.6 苹果有袋栽培技术规程

本操作规程包括纸袋种类选择、套袋时期及方法、除袋时期及方法、果园管理、病虫害防治、果实采收等。

5.6.1 果袋种类选择

生产上使用的果袋应选择有注册商标的合格产品。应根据园内树体长势、生产目标、经济状况，合理选择果袋种类。以生产优质高档果为目的应选择质量好的双层纸袋；以防污染和提高果面光洁度为目的时，可选择单层纸袋。双层纸袋质量应符合NY/T 1555—2007规定的要求。

5.6.2 套袋时期及方法

5.6.2.1 套袋时期

苹果套袋时期应选择在花后35～45d开始，10d内完成。1d中套袋时间应在早晨露水已干、果实不附着水滴或药滴时进行，一般在9～12时和15～19时进行，避开中午强光时段和雨天。阴天套袋时间前后可适当延长。

5.6.2.2　套袋方法

套袋前3～5d将整捆果袋放于潮湿处，使之返潮、柔韧。

选定幼果后，左手托住果袋，右手撑开袋口，令袋体膨起，使袋底两角的通气放水孔张开。

手执袋口下2～3cm处，袋口向上或向下，套入幼果，使果柄置于袋的开口基部（勿将叶片和枝条装入果袋内），然后从袋口两侧依次按“折扇”方式折叠袋口于切口处，将捆扎丝扎紧袋口于折叠处，于线口上方从连接点处撕开将捆扎丝返转90°，沿袋口旋转1周扎紧袋口，使幼果处于袋体中央，在袋内悬空，以防止袋体摩擦果面。

套袋时用力方向要始终向上，以免拉掉幼果，用力宜轻，尽量不碰触幼果，袋口也要扎紧，但不能捏伤或挤压伤果柄，袋口尽量向下或斜向下，以免害虫爬入袋内为害果实，防止药液、雨水流入果袋内和防止果袋被风吹落。不要将捆扎丝缠在果柄或果台枝上。

套袋顺序为自上而下，先里后外。果袋涂有农药，套袋结束后应及时洗手。

5.6.3　除袋时期及方法

5.6.3.1　除袋时期

除袋时期依袋种、品种不同而有较大差别。苹果黄绿色品种套单层纸袋的，可在采收时除袋；红色品种套单层纸袋的，于采收前30d左右，将袋体撕开呈伞形，罩于果上防止日光直射果面，7～10d后将全袋除去；红色品种套双层纸袋的，于果实采收前10～20d，先除外袋，外袋除去后经4～5个晴天再除去内袋。

除袋时间宜在晴天的 9～12 时和 15～19 时进行，避开早晚低温、中午强光时段和雨天。

5.6.3.2 除袋方法

除双层纸袋时应用左手托住果实，右手将 V 字形铁丝板直，解开袋口，然后用左手捏住袋上口，右手将外袋轻轻拉下，保留内层袋，使内层袋靠果实的支撑附在果实上。一般在除外层袋 5～7 个晴天（阴天需扣除）后除内层袋。

5.6.4 果园管理

5.6.4.1 套袋前管理

5.6.4.1.1 果园选择

果园环境质量符合 NY 5013—2006 的规定。

5.6.4.1.2 树体选择

果园整齐度高，群体和树体结构良好，树势健壮，生长期果园覆盖率 60%～75%，树冠透光率在 30%以上。

5.6.4.1.3 果园施肥

秋施基肥，以有机肥为主，混加磷、钾肥，施肥后灌足水；萌芽至开花期追肥以氮肥为主，促进树体生长发育；套袋前结合喷药，叶面喷施 2 次钙肥。使用的肥料种类和使用规则按 NY/T 5012—2002 执行。

5.6.4.1.4 水分管理

在开花前和套袋前适时、适量灌水，使土壤含水量维持在田间最大持水量的 60%以上。无灌溉条件的果园宜采取树盘覆盖、穴贮肥水、集雨保墒等措施。

5.6.4.1.5 疏花序、授粉和疏果

技术符合 NY/T 1505—2007 的要求。

5.6.4.1.6　果实选择

选择发育良好、果形端正的果实套袋。套袋果要除去花器残体，以减少黑点病的发生。

5.6.4.2　套袋后管理

5.6.4.2.1　施肥

套袋后使用的肥料种类和使用规则按 NY/T 5012—2002 执行。由于套袋栽培果实易患苦痘病等病害，最好在 7～9 月份每月喷 1 次 300～500 倍液的氨基钙或氨基酸复合微肥。

5.6.4.2.2　灌水保墒

当高温、干旱期土壤含水量低于 60%时，及时灌水或做好保墒，保证果实正常生长发育。

5.6.4.2.3　秋剪

根据树形和树体结构要求，疏除冠内徒长枝、外围竞争枝、背上直立枝及剪截过强果台枝，以通风透光，减少黑点病发生和促进果实着色。

5.6.4.3　除袋后管理

5.6.4.3.1　摘叶、转果和垫果

除去外袋后，及时摘除果实周围 5～15cm 范围的贴果叶和遮光叶，摘叶量以全树的 15%～20%为宜。当果实阳面着色已具备本品种特征时，于 16 时后用手轻托果实，将果实阴面转向阳面。为避免果实与枝干摩碰，可用带有不干胶的专用果垫将其隔开。

5.6.4.3.2　铺反光膜

选择银色反光膜，顺果树行向整平树盘，在除内袋后树冠两侧下覆膜，使膜外缘与树冠外缘对齐，再将膜边用砖块或小土袋多点压实。

5.6.4.3.3　清园

废弃果袋集中清出果园处理。

5.6.5 病虫害防治

5.6.5.1 套袋前

做好病虫害预测预报，抓好套袋果园休眠期和萌芽后至套袋前的病虫害综合防治。套袋前细致地喷1次杀虫杀菌剂，以有效地防治烂果病、蚜、螨类等病虫的为害。喷药后3d内套完果袋。使用的农药种类和使用规则按NY/T 5012—2002执行，忌用强碱、乳油和铜制剂。

5.6.5.2 套袋后

果实在袋内生长期应照常喷洒具有保叶和保果作用的杀菌剂，以防菌随雨水进入袋内为害。以防叶螨类、金纹细蛾、苹果斑点落叶病等为主，杀虫、杀菌剂交替使用，适当减少喷药次数。

5.6.5.3 除袋后

除袋后喷1次杀菌剂和钙肥，防治果实痘斑病、轮纹烂果病和贮藏期病害。

5.6.6 果实采收

根据不同品种果实的生育天数、成熟度及市场需求等确定采收期。同时，依果面光洁、着色艳丽、外观品质佳的标准，适期分批采收。第二批采收一般在第一批采收3～5d后进行。先采冠上、冠外果，后采冠下、冠内果。采收时戴手套，用专用收果袋盛果，尽量轻拿轻放，减少碰、压、刺、划伤。

附　　录

NY 5013—2006

附录1　无公害食品　林果类产品产地环境条件

1　范围

本标准规定了无公害食品林果类产品产地的选择、环境空气质量、灌溉水质量、土壤环境质量、采样及分析方法。

2　规范性引用文件

下列文件中的条款通过本标准的引用而成为本标准的条款。凡是注日期的引用文件，其随后所有的修改单（不包括勘误的内容）或修订版均不适用于本标准，然而，鼓励根据本部分达成协议的各方研究是否可使用这些文件的最新版本。凡是不注日期的引用文件，其最新版本适用于本标准。

GB/T 6920　水质　pH值的测定　玻璃电极法

GB/T 7467　水质　六价铬的测定　二苯碳酰二肼分光光度法

GB/T 7468　水质　总汞的测定　冷原子吸收分光光度法

GB/T 7475　水质　铜、锌、铅、镉的测定　原子吸收分光光度法

GB/T 7484　水质　氟化物的测定　离子选择电极法

GB/T 7485　水质　总砷的测定　二乙基二硫代氨基甲酸银分光光度法

GB/T 7486　水质　氰化物的测定　异烟酸——吡啶啉酮比色法

GB/T 11900　水质 总砷的测定 硼氢化钾——硝酸银分光光度法

GB/T 15262　环境空气　二氧化硫的测定　甲醛吸收－副玫瑰苯胺分光光度法

GB/T 15432　环境空气　总悬浮颗粒物的测定　重量法

GB/T 15433　环境空气　氟化物的测定　石灰滤纸·氟离子选择电极法

GB/T 15434　环境空气　氟化物的测定　滤膜·氟离子选择电极法

GB/T 15435　环境空气　二氧化氮的测定　Saltzman 法

GB/T 16488　水质　石油类和动植物油的测定　红外光度法

GB/T 17134　土壤质量　总砷的测定　二乙基二硫代氨基甲酸银分光光度法

GB/T 17135　土壤质量　总砷的测定　硼氢化钾——硝酸银分光光度法

GB/T 17136　土壤质量　总汞的测定　冷原子吸收分光光度法

GB/T 17137　土壤质量　总铬的测定　火焰原子吸收分光光度法

GB/T 17140　土壤质量　铅、镉的测定　KI-MIBK 萃取火焰原子吸收分光光度法

GB/T 17141　土壤质量　铅、镉的测定　石墨炉原子分光光度法

NY/T 395　农田土壤环境质量监测技术规范

NY/T 396　农田水源环境质量监测技术规范

NY/T 397　农区环境空气质量监测技术规范

3　要求

3.1　产地选择

产地应选择在生态条件良好，远离污染源，并具有可持续生产能力的农业生产区域。

3.2　环境空气质量

空气质量应符合表1的规定。

表1　环境空气质量要求

项　目	浓度限值	
	日平均	1小时平均
总悬浮颗粒物（标准状态），毫克/米³≤	0.30	—
二氧化硫（标准状态），毫克/米³≤	0.15	0.50
二氧化氮（标准状态），毫克/米³≤	0.12	0.24
氟化物（标准状态）≤	7	20

注：日平均指任何一日的平均浓度；1小时平均指任何1小时的平均浓度。

3.3　灌溉水质量

医药、生物制品、化学药剂、农药、石化、焦化和有机化工等行业的废水（包括处理后的废水）不应作为无公害食品林果类产品产地的灌溉水。

灌溉水质应符合表2的规定。

表2　灌溉水质量要求

项　目	浓度限值
pH值	5.5～8.5
总汞，mg/L≤	0.001
总镉，mg/L≤	0.005
总砷，mg/L≤	0.1
总铅，mg/L≤	0.1

（续）

项　　目	浓度限值
铬（六价），mg/L≤	0.1
氰化物，mg/L≤	0.5
氟化物，mg/L≤	3.0
石油类，mg/L≤	10

3.4　土壤环境质量

土壤质量应符合表 3 的规定。

表 3　土壤环境质量要求

项　　目	限值（毫克/千克）		
	pH<6.5	pH6.5～7.5	pH>7.5
镉≤	0.30	0.30	0.60
汞≤	0.30	0.50	1.0
砷≤	40	30	25
铅≤	250	300	350
铬≤	150	200	250

以上项目均按元素量计，适用于阳离子交换量>5cmol（+）/kg 的土壤，若≤5cmol（+）/kg，其标准值为表内数值的半数。

4　采样方法

4.1　环境空气质量

按 NY/T 397 规定执行

4.2　灌溉水质量

按 NY/T 396 规定执行

4.3　土壤环境质量

按 NY/T 395 规定执行

5　试验方法

环境空气、灌溉水、土壤中各项目指标及检测方法见表4。

表4　分析方法

类别	项目	方法名称	方法来源
空气	总悬浮颗粒物	重量法	GB/T 15432
	二氧化硫	甲醛吸收-副玫瑰苯胺分光光度法	GB/T 15262
	二氧化氮	Saltzman法	GB/T 15435
	氟化物	石灰滤纸·氟离子选择电极法	GB/T 15433
		滤膜·氟离子选择电极法	GB/T 15434
灌溉水	pH	玻璃电极法	GB/T 6920
	总汞	冷原子吸收分光光度法	GB/T 7468
	总砷的测定	硼氢化钾——硝酸银分光光度法	GB/T 11900
		二乙基二硫代氨基甲酸银分光光度法	GB/T 7485
	铬（六价）	二苯碳酰二肼分光光度法	GB/T 7467
	铅、镉	原子吸收分光光度法	GB/T 7475
	氟化物	离子选择电极法	GB/T 7484
	氰化物	异烟酸——吡啶啉酮比色法	GB/T 7486
	石油类	红外光度法	GB/T 16488
土壤	总砷	二乙基二硫代氨基甲酸银分光光度法	GB/T 17134
		硼氢化钾——硝酸银分光光度法	GB/T 17135
	总汞	冷原子吸收分光光度法	GB/T 17136
	总铬	火焰原子吸收分光光度法	GB/T 17137
	铅、镉	石墨炉原子分光光度法	GB/T 17141
		KI-MIBK萃取火焰原子吸收分光光度法	GB/T 17140

NY 5011—2001

附录2　无公害食品　苹果

1　范围

本标准规定了无公害食品苹果的要求、试验方法、检验规则、标志、标签、包装、运输和贮存。

本标准适用于无公害食品苹果的生产和流通。

2　规范性引用文件

下列文件中的条款通过本标准的引用而成为本标准的条款。凡是注日期的引用文件，其随后所有的修改单（不包括勘误的内容）或修订版均不适用于本标准，然而，鼓励根据本标准达成协议的各方研究是否可使用这些文件的最新版本。凡是不注日期的引用文件，其最新版本适用于本标准。

GB/T 5009.11　食品中总砷的测定方法

GB/T 5009.12　食品中铅的测定方法

GB/T 5009.13　食品中铜的测定方法

GB/T 5009.15　食品中镉的测定方法

GB/T 5009.17　食品中总汞的测定方法

GB/T 5009.18　食品中氟的测定方法

GB/T 5009.19　食品中六六六、滴滴涕残留量的测定方法

GB/T 5009.20　食品中有机磷农药残留量的测定方法

GB/T 5009.38　蔬菜、水果卫生标准的分析方法

GB/T 8559　苹果冷藏技术

GB/T 8855　新鲜水果和蔬菜的取样方法

GB/T 10651　鲜苹果

GB/T 13607　苹果、柑橘包装

GB14875　食品中辛硫磷农药残留量的测定方法

GB14877　食品中氨基甲酸酯类农药残留量的测定方法

GB14879　食品中二氯苯醚菊酯残留量的测定方法

GB/T 14929.4　食品中氯氰菊酯、氰戊菊酯和溴氰菊酯残留量测定方法

GB/T 14973　食品中粉锈宁残留量的测定方法

GB/T 17329　食品中双甲脒残留量的测定方法

GB/T 17332　食品中有机氯和拟除虫菊酯类农药多种残留的测定

GB/T 17333　食品中除虫脲残留量的测定

SN0150　出口水果中三唑锡残留量检验方法

SN0334　出口水果和蔬菜中22种有机磷农药多残留量检验方法

SN0654　出口水果中克菌丹残留量检验方法

ISO8682　苹果气调贮藏

3　术语和定义

GB/T 10651确立的术语和定义适用于本标准。

4　要求

4.1　感官要求

应符合表1的规定。

表1　无公害食品苹果的感官要求

项　　目	指　　　标
风　味	具有本品种的特有风味，无异常气味
成熟度	充分发育，达到市场或贮藏要求的成熟度
果　型	果形端正
色　泽	具有本品种成熟时应有的色泽

（续）

项　　目		指　　标
果　梗		完整或统一剪除
果实横径（毫米）	大型果	≥70
	中型果	≥65
	小型果	≥55

4.2　理化要求

按 GB/T 10651 执行。

4.3　卫生要求

无公害食品苹果的卫生指标应符合表 2 的规定。

表 2　无公害食品苹果的卫生指标

单位：毫克/千克

序　　号	项　　　目	指　　标
1	滴滴涕	≤0.1
2	六六六	≤0.2
3	杀螟硫磷	≤0.5
4	敌敌畏	≤0.2
5	乐果	≤1
6	马拉硫磷	不得检出
7	辛硫磷	≤0.05
8	多菌灵	≤0.5
9	氯菊酯	≤2
10	抗蚜威	≤0.5
11	溴氰菊酯	≤0.1
12	氰戊菊酯	≤0.2
13	三唑酮	≤1
14	克菌丹	≤5
15	敌百虫	≤0.1

（续）

序 号	项 目	指 标
16	除虫脲	≤1
17	氯氟氰菊酯	≤0.2
18	三唑锡	≤2
19	毒死蜱	≤1
20	双甲脒	≤0.5
21	砷（以 As 计）	≤0.5
22	铅（以 Pb 计）	≤0.2
23	镉（以 Cd 计）	≤0.03
24	汞（以 Hg 计）	≤0.01
25	铜（以 Cu 计）	≤10
26	氟（以 F 计）	≤0.5

5 试验方法

5.1 感官指标的检验

按 GB/T 10651 规定执行。

5.2 理化指标的检验

按 GB/T 10651 规定执行。

5.3 卫生指标的检验

5.3.1 六六六、滴滴涕

按 GB/T 5009.19 规定执行。

5.3.2 杀螟硫磷、敌敌畏、乐果、马拉硫磷

按 GB/T 5009.20 规定执行。

5.3.3 辛硫磷

按 GB14875 规定执行。

5.3.4 多菌灵

按 GB/T 5009.38 规定执行。

5.3.5　二氯苯醚菊酯

按 GB14879 规定执行。

5.3.6　抗蚜威

按 GB 14877 规定执行。

5.3.7　溴氰菊酯、氰戊菊酯

按 GB/T 14929.4 规定执行。

5.3.8　三唑酮

按 GB/T 14973 规定执行。

5.3.9　克菌丹

按 SN 0654 规定执行。

5.3.10　敌百虫、毒死蜱

按 SN0334 规定执行。

5.3.11　除虫脲

按 GB/T 17333 规定执行。

5.3.12　三氟氯氰菊酯

按 GB/T 17332 规定执行。

5.3.13　三唑锡

按 SN0150 规定执行。

5.3.14　双甲脒

按 GB/T 17329 规定执行。

5.3.15　砷

按 GB/T 5009.11 规定执行。

5.3.16　铅

按 GB/T 5009.12 规定执行。

5.3.17　铜

按 GB/T 5009.13 规定执行。

5.3.18　镉

按 GB/T 5009.15 规定执行。

5.3.19　汞

按 GB/T 5009.17 规定执行。

5.3.20 氟

按 GB/T 5009.18 规定执行。

6 检验规则

6.1 检验分类

6.1.1 型式检验

型式检验是对产品进行全面考核，即对本标准规定的全部要求（指标）进行检验。有下列情形之一者应进行型式检验：

a）申请无公害食品标志或无公害食品年度抽查检验；

b）前后两次出厂检验结果差异较大；

c）因人为或自然因素使生产环境发生较大变化；

d）国家质量监督机构或主管部门提出型检验要求。

6.1.2 交收检验

每批产品交收前，生产单位都应进行交收检验，交收检验内容包括包装、标志、感官要求，检验合格并附合格证的产品方可交收。

6.2 检验批次

同一生产基地、同一品种、同一成熟度、同一包装日期的苹果为一个检验批次。

6.3 抽样方法

按 GB/T 8855 规定执行。以一个检验批次为一个抽样批次。抽取的样品必须具有代表性，应在全批货物的不同部位随机抽取，样品的检验结果适用于整个检验批次。

6.4 判定规则

6.4.1 感官指标

6.4.1.1 当一个果实存在多项缺陷时，只记录其中最主要的一项。单项不合格果的百分率按式（1）计算。各单项不合格果的百分率之和即为总的不合格果百分率。

$$X=m1/m2 \quad \cdots\cdots (1)$$

式中 X——单项不合格百分率，单位为百分率（%）；

m1——单项不合格果的数量，单位为千克或个（kg 或个）；

m2——检验样本的果品数量，单位为千克或个（kg 或个）。

6.4.1.2 在整批样品总不合格果率不超过 5%的前提下，单个包装件的不合格果率不得超过 10%，否则即判定该样品不合格。

6.4.2 理化指标

有一个项目不合格，即判定样品不合格。

6.4.3 卫生指标

有一个项目不合格，即判定该样品不合格。

7 标志

无公害食品苹果的销售和运输包装均应标注无公害食品标志，并标明产品名称、数量、产地、包装日期、生产单位、执行标准代号。

8 包装、运输、贮存

8.1 包装

选用钙塑瓦楞和瓦楞纸箱为包装容器，其技术要求应符合 GB/T 13607 的规定。包装容器内不得有枝、叶、砂、石、尘土及其他异物。内包装材料应新而洁净、无异味，且不会对果实造成伤害和污染。同一包装件中果实的横径差异不得超过 5mm。各包装件的表层苹果在大小、色泽等各个方面均应代表整个包装件的质量情况。

8.2 运输

8.2.1 运输工具清洁卫生、无异味。不与有毒有害物品混运。

8.2.2 装卸时轻拿轻放。

8.2.3　待运时，应批次分明、堆码整齐、环境清洁、通风良好。严禁烈日曝晒、雨淋。注意防冻、防热、缩短待运时间。

8.3　贮存

8.3.1　无公害食品苹果的冷藏按 GB/T 8559 规定执行。

8.3.2　无公害食品苹果的气调贮藏按 ISO8682 规定执行。

8.3.3　库房无异味。不与有毒、有害物品混合存放。不得使用有损无公害食品苹果质量的保鲜试剂和材料。

NY/T 5012—2002

附录 3　无公害食品　苹果生产技术规程

1　范围

本标准规定了无公害食品苹果生产园地选择与规划、栽植、土肥水管理、整形修剪、花果管理、病虫害防治和果实采收等技术。

本标准适用于无公害食品苹果的生产。

2　规范性引用文件

下列文件中的条款通过本标准的引用而成为本标准的条款。凡是注日期的引用文件，其随后所有的修改单（不包括勘误的内容）或修订版均不适用于本标准，然而，鼓励根据本标准达成协议的各方研究是否可使用这些文件的最新版本。凡是不注日期的引用文件，其最新版本适用于本标准。

GB 4285 农药安全使用标准

GB/T 8321（所有部分）　农药合理使用准则

NY/T 441—2001　苹果生产技术规程

NY/T 496—2002　肥料合理使用准则 通则

NY 5013　无公害食品　苹果产地环境条件

3　园地选择与规划

3.1　园地选择

无公害苹果园地的环境条件应符合 NY 5013 的规定，其他按 NY/T 441—2001 中 3.1 规定执行。

3.2 园地规划

按 NY/T 441—2001 中 3.2 规定执行。

4 品种和砧木选择

按 NY/T 441—2001 的第 4 章规定执行。

5 栽植

按 NY/T 441—2001 的 5.1～5.6 执行。

6 土肥水管理

6.1 土壤管理

6.1.1 深翻改土

分为扩穴深翻和全园深翻，每年秋季果实采收后结合秋施基肥进行。扩穴深翻为在定植穴（沟）外挖环状沟或放射状沟，沟宽 60cm～80cm，深 40cm～60cm。全园深翻为将栽培植穴外的土壤全部深翻，深度 30cm～40cm。

6.1.2 覆盖和埋草

覆草在春季施肥、灌水后进行。覆盖材料可用麦秸、麦糠、玉米秸、稻草等。把覆盖物覆盖在树冠下，厚度 15cm～20cm，上面压少量土，连覆 3 年～4 年后浅翻 1 次。浅翻结合秋施基肥进行，面积不超过树盘的四分之一。也可结合深翻开大沟埋草，提高土壤肥力和蓄水能力。

6.1.3 种植绿肥和行间生草

按 NY/T 441—2001 的 6.1.2 执行。

6.1.4 中耕

清耕制果园生长季降雨或灌水后，及时中耕松土，保持土壤疏松无杂草，或用除草剂除草。中耕深度 5cm～10cm，以利调温保墒。

6.2 施肥

6.2.1　施肥原则

按照NY/T 496—2002规定的标准执行。所施用的肥料应为农业行政主管登记的肥料或免于登记的肥料，限制使用含氯化肥。

6.2.2　允许使用的肥料种类

6.2.2.1　有机肥料

包括堆肥、沤肥、厩肥、沼气肥、绿肥、作物秸秆肥、泥炭肥、饼肥、腐殖酸类肥、人畜废弃物加工而成的肥料等。

6.2.2.2　微生物肥料

包括微生物制剂和微生物处理肥料等。

6.2.2.3　化肥

包括氮肥、磷肥、钾肥、硫肥、钙肥、镁肥及复合（混）肥等。

6.2.2.4　叶面肥

包括大量元素类、微量元素类、氨基酸类、腐殖酸类肥料等。

6.2.3　施肥方法和数量

6.2.3.1　基肥

秋季果实采收后施入，以农家肥为主，混加少量铵态氮肥或尿素化肥。施肥量按每生产1kg苹果施1.5kg～2.0kg优质农家肥计算。施用方法以沟施为主，施肥部位在树冠投影范围内。挖放射状沟（在树冠下距树干80cm～100cm开始向外挖至树冠外缘）或在树冠外围挖环状沟，沟深60cm～80cm，施基肥后灌足水。

6.2.3.2　追肥

6.2.3.2.1　土壤追肥

每年三次。第一次在萌芽前后，以氮肥为主；第二次在花芽分化及果实膨大期，以磷钾肥为主，氮磷钾混合使用；第三次在果实生长后期，以钾肥为主。施肥量以当地的土壤供肥能力和目标产量确定。结果树一般每生产100kg苹果需追施氮1.0kg、磷(P_2O_5) 0.5、钾(K_2O) 1.0kg计算。施肥方法是树冠下开沟，沟深15cm～20cm，追肥后及时灌水。最后一次追肥在距果实采收期30天以前进行。

6.2.3.2.2　叶面喷肥

全年4次～5次，一般生长前期2次，以氮肥为主；后期2次～3次，以磷、钾肥为主，可补施果树生长发育所需的微量元素。常用肥料浓度：尿素0.3%～0.5%，磷酸二氢钾0.2%～0.3%，硼砂0.1%～0.3%、氨基酸类叶面肥600倍～800倍液。最后一次叶面喷肥应在距果实采收期20天以前喷施。

6.3　水分管理

灌溉水的质量应符合NY 5013的要求。其他按NY/T 441—2001中6.3执行。

7　整形修剪

按NY/T 441—2001中7.1～7.2规定执行。冬季修剪时剪除病虫枝，清除病僵果。加强苹果生长季修剪，拉枝开角，及时疏除树冠内直立旺枝、密生枝和剪锯口处的萌蘖枝等，以增加树冠内通风透光度。

8　花果管理

按NY/T 441—2001的第8章执行。

9　病虫害防治

9.1　防治原则

积极贯彻“预防为主，综合防治”的植保方针。以农业和物理防治为基础，提倡生物防治，按照病虫害的发生规律和经济阈值，科学使用化学防治技术，有效控制病虫危害。

9.2　农业防治

采取剪除病虫枝、清除枯枝落叶、刮除树干翘裂皮和枝干病斑，集中烧毁或深埋，加强土肥水管理、合理修剪、适量留果、果实套袋等措施防治病虫害。

9.3 物理防治

根据害虫生物学特性，采取糖醋液、树干缠草绳和诱虫灯等方法诱杀害虫。

9.4 生物防治

人工释放赤眼蜂，以助迁和保护瓢虫、草蛉、捕食螨等天敌。土壤施用白僵菌防治桃小食心虫，并利用昆虫性外激素诱杀或干扰成虫交配。

9.5 化学防治

9.5.1 药剂使用原则

9.5.1.1 提倡使用生物源农药、矿物源农药。

9.5.1.2 禁止使用剧毒、高毒、高残留农药和致畸、致癌、致突变农药（见附录A）。

9.5.1.3 使用化学农药时，按 GB 4285、GB/T 8321（所有部分）规定执行；农药的混剂执行其中残留性最大的有效成分的安全间隔期（见附录B）。

9.5.2 科学合理使用农药

9.5.2.1 加强病虫害的预测预报，有针对性地适时用药，未达到防治指标或益害虫比合理的情况下不用药。

9.5.2.2 根据天敌发生特点，合理选择农药种类、施用时间和施用方法，保护天敌，充分发挥天敌对害虫的自然控制作用。

9.5.2.3 注意不同作用机理农药的交替使用和合理混用，以延缓病菌和害虫产生抗药性，提高防治效果。

9.5.2.4 严格按照规定的浓度、每年使用次数和安全间隔期要求施用，喷药均匀周到。

9.6 主要病虫害

9.6.1 主要病害

包括苹果腐烂病、干腐病、轮纹病、白粉病、斑点落叶病、褐斑病和炭疽病。

9.6.2 主要害虫

包括蚜虫类、叶螨（山楂叶螨、苹果全爪螨、二斑叶螨）、卷叶虫类、桃小食心虫、金纹细蛾和苹果绵蚜。

9.7 防治规程

参见附录C。

10 植物生长调节剂类物质的使用

10.1 使用原则

在苹果生产中应用的植物生长调节剂主要有赤霉素类、细胞分裂素类及延缓生长和促进成花类物质等。允许有限度使用对改善树冠结构和提高果实品质及产量有显著作用的植物生长调节剂，禁止使用对环境造成污染和对人体健康有危害的植物生长调节剂。

10.2 允许使用的植物生长调节剂及技术要求

10.2.1 主要种类

苄基腺嘌呤、6-苄基腺嘌呤、赤霉素类、乙烯利、矮壮素等。

10.2.2 技术要求

严格按照规定的浓度、时期使用，每年可使用一次，安全间隔期在20天以上。

10.3 禁止使用的植物生长调节剂

比久、萘乙酸、2，4-二氯苯氧乙酸（2，4-D）等。

11 果实采收

根据果实成熟度、用途和市场需求综合确定采收适期。成熟期不一致的品种，应分期采收。采收时，轻拿轻放。

附　录　A

（规范性附录）

苹果生产中禁止使用的农药

包括六六六、滴滴涕、毒杀芬、二溴氯丙烷、杀虫脒、甲拌磷、甲胺磷、甲基对硫磷、对硫磷、久效磷、磷胺、甲基异柳磷、特丁硫磷、甲基硫环磷、治螟磷、内吸磷、克百威、涕灭威、灭线磷、硫环磷、蝇毒磷、地虫硫磷、氯唑磷、苯线磷、水胺硫磷、氧乐果、灭多威、福美胂等砷制剂，以及国家规定禁止使用的其他农药。

附　录　B

（规范性附录）

苹果生产中常用化学药剂

B.1　杀虫杀螨剂

表 B.1　杀虫杀螨剂

序号	农药名称	主要防治对象	每年最多使用次数	安全间隔期/d
1	三唑锡	叶螨	3	14
2	联苯菊酯	桃小食心虫、叶螨等	3	10
3	毒死蜱	苹果绵蚜、桃小食心虫	—	—
4	四螨嗪	叶螨	2	30
5	溴螨酯	叶螨	2	21
6	氯氟氰菊酯	桃小食心虫	2	21
7	氯氰菊酯	桃小食心虫	3	21
8	溴氰菊酯	桃小食心虫	3	5
9	顺式氰戊菊酯	桃小食心虫	3	14
10	甲氰菊酯	桃小食心虫	3	30
11	氰戊菊酯	桃小食心虫	3	14

（续）

序号	农药名称	主要防治对象	每年最多使用次数	安全间隔期/d
12	吡虫啉	蚜虫	—	—
13	丁硫克百威	蚜虫	3	30
14	炔螨特	叶螨	3	30

B.2　杀菌剂

表 B.2　杀 菌 剂

序　号	农药名称	每年最多使用次数	安全间隔期/d
1	异菌脲	3	7
2	双胍辛胺乙酸盐	3	21
3	氯苯嘧啶醇	3	14
4	百菌清	4	20
5	多菌灵	—	—
6	甲基硫菌灵	—	—
7	硫黄锰锌	—	—
8	石硫合剂	—	—
9	波尔多液	—	—
10	菌毒清	—	—
11	腐植酸铜水剂	—	—

注：使用方法及浓度按有关国家规定执行。

附　录　C

（规范性附录）

无公害苹果病虫害防治规程

C.1　落叶至萌芽前

C.1.1　重点防治腐烂病、干腐病、枝干轮纹病、斑点落叶病和红蜘蛛。

C.1.2　清除枯枝落叶，将其深埋或烧毁；结合冬剪，剪除病虫枝梢、病僵果，翻树盘及刮除老粗翘皮、病瘤、病斑等。

C.1.3　树体喷布一次杀菌剂，可选药剂包括菌毒清或石硫合剂。

C.2　萌芽至开花前

C.2.1　重点防治腐烂病、干腐病、枝干轮纹病、白粉病、蚜虫类和卷叶虫。

C.2.2　刮除病斑和病瘤，涂抹腐植酸铜水剂，对大病疤及时桥接复壮。

C.2.3　喷布多菌灵加吡虫啉；上年苹果绵蚜、瘤蚜和白粉病发生严重的果园，喷一次毒死蜱加硫黄悬浮剂。

C.3　落花后至幼果套袋前

C.3.1　重点防治果实轮纹病、炭疽病、早期落叶病、红蜘蛛、蚜虫类、卷叶虫类和金纹细蛾。

C.3.2　落花后 10d～20d，日平均温度达 15℃，雨后（降雨 10mm 以上），喷施多菌灵，或代森锰锌，每 15 天左右喷一次，防治轮纹病和炭疽病等；斑点落叶病病叶率达 10%后，结合防治轮纹病喷施异菌脲。

C.3.3　山楂叶螨、苹果全爪螨平均每叶 4 头～5 头时，喷布四螨嗪等杀螨剂。

C.3.4　花后开始卷叶起，采取糖醋液诱捕、摘除虫苞或在一代成虫羽化初期开始释放赤眼蜂（4d～5d 释放一次，共 3 次～4 次，每 667m^2 每次 8 万头～10 万头）防治卷叶虫类；在金纹细蛾第一代成虫发生末期，结合防治卷叶虫，喷布一次氰戊菊酯乳油。

C.4　果实膨大期

C.4.1　重点防治桃小食心虫、二斑叶螨、果实轮纹病、炭疽病、斑点落叶病和褐斑病。

C.4.2　桃小食心虫越冬代幼虫出土盛期，地面喷布辛硫磷或毒死蜱；卵果率达1%时，树上喷联苯菊酯、氯氟氰菊酯；随时摘除虫果，深埋。

C.4.3　二斑叶螨激增上升期，每叶达7头～8头时，喷布三唑锡。

C.4.4　落花后30d～40d，全园果实套袋，防治桃小食心虫、果实轮纹病、炭疽病等。

C.4.5　交替使用倍量式波尔多液（1∶2∶200）或其他内吸性杀菌剂，防治果实轮纹病和炭疽病，15天左右喷一次；斑点落叶病和褐斑病较重的果园，结合防治轮纹病，喷布异菌脲。

C.5　果实采收前后

C.5.1　重点防治果实轮纹病和炭疽病。

C.5.2　采前20天剪除过密枝，喷布一次百菌清，防治果实病害。

附录 4　苹果育果纸袋

(Fruit cultivating paper bag for apple)

1　范围

本标准规定了苹果双层纸袋的要求、试验方法、检验规则、包装、标志、贮存和运输。

本标准适用于着色系苹果品种双层育果纸袋。

2　规范性引用文件

下列文件中的条款通过本标准的引用而成为本标准的条款。凡是注日期的引用文件，其随后所有的修改单（不包括勘误的内容）或修订版均不适用于本标准。然而，鼓励根据本标准达成协议的各方研究是否可使用这些文件的最新版本。凡是不注日期的引用文件，其最新版本适用于本标准。

GB/T 451.2　纸和纸板定量的测定（GB/T 451.2—2002，eqv ISO 536：1995）

GB/T 453　纸和纸板抗张强度的测定（恒速加荷法）（GB/T 453—2002，idt ISO 1924—1：1992）

GB/T 455　纸和纸板撕裂度的测定（GB/T 455—2002，eqv ISO 1974—1：1990）

GB/T 458　纸和纸板透气度的测定（肖伯尔法）（GB/T 458—2002，eqv ISO 5636—2：1984）

GB/T 465.2　纸和纸板按规定时间浸水后抗张强度的测定法（GB/T 465.2—1989，neq ISO 3781：1983）

GB/T 1540　纸和纸板吸水性的测定　可勃法（GB/T 1540—2002，neq ISO 535：1991）

GB/T 2828.1　计数抽样检验程序　第1部分：按接收质量限（AQL）检索的逐批检验抽样计划

GB/T 3561　食品包装用原纸卫生标准的分析方法

GB/T 10739　纸、纸板和纸浆试验处理和试验的标准大气条件（GB/T 10739—2002，eqv ISO 187：1990）

GB 19341　育果袋纸

3　要求

3.1　等级

苹果育果纸袋分为优等品和一等品两个等级。其中，纸张质量达到优等品要求，且其他指标合格的苹果育果纸袋为优等品；纸张质量低于优等品要求，但达到一等品要求，且其他指标合格的苹果育果纸袋为一等品。

3.2　纸袋规格

外袋为（182±5）mm×（147±5）mm。内袋为（160±5）mm×（145±2）mm。也可根据合同确定。

3.3　纸袋颜色

纸袋由双色纸制成，外侧为浅灰色、浅黄色或浅蓝色，内侧为黑色。内袋为红色或黑色。

3.4　纸张质量

所用纸张均匀一致，无异味，其质量应符合表1的规定。

表1　苹果育果纸袋的纸张质量指标

序号	技术指标	单位	优等品		一等品	
			内袋纸	外袋纸	内袋纸	外袋纸
1	定量	g/m^2	26.0 28.0 30.0 32.0 40.0 42.0 50.0			
2	定量偏差≤	%	4.0		5.0	

（续）

序号	技术指标		单位	优等品		一等品	
				内袋纸	外袋纸	内袋纸	外袋纸
3	抗张指数　纵向≥		N·m/g	70.0	60.0	65.0	55.0
4	湿抗张强度　纵向≥		%	30.0	40.0	25.0	35.0
5	撕裂指数	纵向≥	mN·m²/g	5.5	6.5	4.5	5.5
		横向≥	mN·m²/g	8.5	10.0	6.5	8.0
6	透气度≥		μm/（Pa·s）	5.0		3.0	
7	吸水性≤		g/m²	15.0	10.0	20.0	13.0
8	褪色试验		—	不褪色	—	不褪色	—
9	有害物质	铅≤	mg/kg	5	—	5	—
		砷≥	mg/kg	1	—	1	—

3.5　蜡

涂于内袋的蜡为精炼石蜡，蜡的熔点不低于 58℃，蜡层薄而均匀。

3.6　黏结剂

所用黏接剂应为无害黏接剂。内外袋均应黏接牢固。

3.7　柄口、切口、撕裂线和扎丝

外袋口一侧的中部有一半圆形柄口，柄口直径为（20±2）mm。柄口下中央有一道纵切口，切口长度为（35±2）mm。外袋底部有 1～3 道纵切口（也可采用外袋加制撕裂线），两角各有一个透气孔，切口和透气孔长度均为 8mm～12mm。外袋右上角粘有耐腐蚀扎丝，扎丝直径 0.5mm、长 40mm～50mm，扎丝位置应垂直于袋口，近袋口扎丝头应位于袋口下方 3mm 处。

4　试验方法

4.1　试样的处理和试验

按 GB/T 10739 进行。

4.2　定量

按 GB/T 451.2 进行测定。

4.3　抗张指数

按 GB/T 453 进行测定。

4.4　湿抗张强度

按 GB 19341 规定执行。

4.5　撕裂指数

按 GB/T 455 进行测定。

4.6　透气度

按 GB/T 458 进行测定。

4.7　吸水性

按 GB/T 1540 进行测定。

4.8　褪色试验

按 GB 19341 规定执行。

4.9　有害物质

按 GB/T 3561 进行测定。

4.10　蜡熔点

将试样切成 100mm×100mm 的正方形，悬挂于 58℃烘箱中，恒温 30min，若纸面无蜡渗出和流滴，表明蜡的熔点高于 58℃。

4.11　规格、切口、柄口、透气孔

用最小分度值为 1mm 的直尺测量，取 30 个果袋的算术平均值作为测定结果。

4.12　感官指标

纸袋颜色、异味等用感官检测。

5　检测规则

5.1　以一次交货的数量为一批，但应不多于 500 箱。

5.2　按 GB/T 2828.1 中正常检查一次抽样方案进行检验。

5.3 检查水平、样本大小、合格质量水平（AQL）及判定数组见表2。

表2 检验抽样方案表

<table>
<tr><th rowspan="3">批量范围
（箱）</th><th colspan="5">正常抽查一次抽样方案 检查水平Ⅱ</th><th colspan="2">不合格分类</th></tr>
<tr><th rowspan="2">样本大小
（箱）</th><th colspan="2">B类不合格品
AQL=4.0</th><th colspan="2">C类不合格品
AQL=6.5</th><th rowspan="2">B类不合格品</th><th rowspan="2">C类不合格品</th></tr>
<tr><th>Ac</th><th>Re</th><th>Ac</th><th>Re</th></tr>
<tr><td>2～8</td><td>2</td><td>0</td><td>1</td><td>0</td><td>1</td><td rowspan="3">纸袋颜色
有害物质
抗张指数</td><td rowspan="3">纸袋规格
定量
定量偏差</td></tr>
<tr><td>9～15</td><td>3</td><td>0</td><td>1</td><td>0</td><td>1</td></tr>
<tr><td>16～25</td><td>5</td><td>0</td><td>1</td><td>1</td><td>2</td></tr>
<tr><td>26～50</td><td>8</td><td>1</td><td>2</td><td>1</td><td>2</td><td rowspan="5">湿抗张指数
吸水性
褪色试验
蜡
黏结剂</td><td rowspan="5">透气性
撕裂指数
柄口
切口
扎丝
透气孔</td></tr>
<tr><td>51～90</td><td>13</td><td>1</td><td>2</td><td>2</td><td>3</td></tr>
<tr><td>91～150</td><td>20</td><td>2</td><td>3</td><td>3</td><td>4</td></tr>
<tr><td>151～280</td><td>32</td><td>3</td><td>4</td><td>5</td><td>6</td></tr>
<tr><td>281～500</td><td>50</td><td>5</td><td>6</td><td>7</td><td>8</td></tr>
</table>

6 包装、标志、贮存和运输

6.1 采用纸箱包装，并附有说明书和合格证。

6.2 包装箱上注明产品名称、等级、规格、数量、注册商标、生产日期、执行标准、厂名、厂址以及是否进行了药剂处理。果袋外表印有注册商标。

6.3 在阴凉、干燥、清洁、无鼠害处贮存。

6.4 运输工具清洁卫生。运输过程中防止日晒和雨淋。

NY/T 1505—2007

附录5　水果套袋技术规程　苹果

(Rules of bagging for fruit producing Apple)

1　范围

本标准规定了套袋前管理、套袋、套袋后管理、除袋、除袋后管理和果实采收等苹果套袋技术。

本标准适用于苹果套双层育果纸袋。

2　规范性引用文件

下列文件中的条款通过本标准的引用而成为本标准的条款。凡是注日期的引用文件，其随后所用的修改单（不包括勘误的内容）或修订版均不适用于本标准。然而，鼓励根据本标准达成协议的各方研究是否可使用这些文件的最新版本。凡是不注日期的引用文件，其最新版本适用于本标准。

NY/T 1555—2007　苹果育果纸袋

NY/T 5012　无公害食品　苹果生产技术规程

NY 5013　无公害食品　林果类产品产地环境技术条件

3　套袋前管理

3.1　果园和树体选择

3.1.1　果园选择

果园环境质量符合 NY 5013 的规定。

3.1.2　树体选择

植株整齐，树体健壮，树体结构合理，果园覆盖率在60%～

75%，树冠透光率在30%左右。

3.2　肥水管理

3.2.1　施肥

3.2.1.1　秋施基肥，以腐熟农家肥为主，混加磷、钾肥。施肥量按每生产1kg苹果施1.5kg～2.0kg农家肥计算。施用方法以沟施为主，沟深30cm～40cm，施肥部位在树冠外围新梢垂直投影处，施肥后灌足水。

3.2.1.2　套袋前结合喷药，叶面喷施两次钙肥。

3.2.2　水分管理

套袋前根据土壤墒情补一次水。

3.3　疏花、授粉与疏果

3.3.1　疏花序

根据花果间距疏花疏果，花果间距与留果方法见表1。在花序伸出期至花蕾分离期，按间距疏除过多、过密的瘦弱花序。

表1　苹果花果间距与留果方法

项目	实生砧树		矮化中间砧树及短枝型树	
果实类型	中型果品种	大型果品种	中型果品种	大型果品种
花果间距/cm	15～25	20～30	15～20	20～25

3.3.2　授粉

提倡人工授粉和果园放蜂。

3.3.3　疏果

疏果从开花后两周开始，每个果台留一个果，疏除小果、扁果、伤残果、畸形果。盛果期果园留果量在每667$m^2$10 000个～12 000个。

3.4　病虫防治

做好果园病虫害预测预报，加强综合防治。落花后至套袋前喷2次～3次杀菌剂。

4　套袋

4.1　果袋选择

果袋质量应符合 NY/T 1555—2007 的要求。

4.2　果实选择

选择发育良好、果形端正的果实，全园全树套袋。

4.3　套袋时期与时间

4.3.1　套袋时期

从落花后 35d 开始，10d 左右套完。

4.3.2　套袋时间

以晴天为宜，避开雨天、露水未干及中午强光时段。

4.4　套袋方法

4.4.1　撑袋

一手托住纸袋，一手撑开袋口，使袋体膨起、袋底两角通气孔张开。

4.4.2　套果

手执袋口下 2cm～3cm 处，尽量使袋口向下，套入幼果，使果柄置于袋的柄口基部，避免将叶片和枝条套入袋内。

4.4.3　叠口与绑扎

从袋口两侧依次按“折扇”方式折叠袋口，在折叠处用扎丝扎紧袋口，使幼果处于袋体中央。

5　套袋后管理

5.1　施肥

参见 NY/T 5012。

5.2　灌水保墒

果实发育期间，及时做好灌水保墒工作，保证土壤相对持水量不低于 50%。

5.3　病虫害防治

参见 NY/T 5012。

5.4　生长期修剪

根据树形结构要求进行拉枝开角，疏除冠内徒长枝，外围竞争枝、背上直立枝，以利通风透光，促进果实着色。

6　除袋

6.1　除袋时期与时间

6.1.1　除袋时期

除袋一般在采收前 10d～20d 进行。

6.1.2　除袋时间

以晴天为宜，避开雨天及露水未干、早晚低温和中午强光时段。

6.2　除袋方法

6.2.1　先除外袋。用手托住苹果，解开袋口扎丝，一只手提住内袋上部，另一手捏住外袋底部下拉或直接向两边撕开外袋。

6.2.2　摘除外袋后，隔 3～5 个晴天再摘除内袋。

6.2.3　内袋摘除后，在果实与枝条接触部位垫上防磨垫。

6.2.4　废弃果袋集中清出果园。

7　除袋后管理

7.1　摘叶、转果

7.1.1　摘叶

除外袋的同时摘除果实周围直接遮光的叶片，留叶柄。

7.1.2　转果

一般在除内袋后 3d 左右进行，将果实未着色面转向阳面。

7.2　铺反光膜

整平树盘，待果实完全除袋后，顺行向沿树冠下两侧铺设银色反光膜，使膜外缘与树冠外缘对齐，膜边多点压实。

8　果实采收

按 NY/T 5012 规定执行。

附录 6　1978—2008 年苹果面积和产量

省份	1978		1979		1980		1981		1982		1983		1984	
	面积	产量	面积	产量	面积	产量	面积	产量	面积	产量	面积	产量	面积	产量
全国	683.1	227.5	739.6	286.9	743.0	236.3	726.6	300.6	720.9	243.0	726.2	354.1	756.2	294.1
北京	3.3	4.8	4.2	4.1	4.7	4.6	7.1	4.1	8.1	3.8	9.3	4.7	9.5	4.4
河北	60.6	17.2	65.0	17.9	71.7	17.8	73.7	24.0	79.1	19.8	83.2	34.2	90.0	24.9
山西	37.6	8.8	38.7	9.0	40.8	8.6	42.8	10.7	42.7	9.9	43.5	14.0	46.1	11.5
辽宁	129.9	64.1	146.5	75.4	153.4	61.0	159.3	70.1	159.7	57.3	157.7	75.9	166.5	68.4
吉林	10.7	1.4	10.5	1.1	8.3	1.5	6.7	0.8	5.3	0.8	3.7	0.7	4.0	1.3
黑龙江	1.5	0.3	1.9	0.2	2.0	0.3	2.1	0.3	1.9	0.2	4.3	0.9	5.6	1.1
江苏	12.5	2.6	12.7	6.3	12.7	4.8	12.2	7.1	12.0	6.0	11.8	7.5	12.3	7.1
安徽	10.0	1.1	10.6	2.1	10.1	1.8	9.3	2.4	8.7	1.8	7.9	2.6	7.9	2.0
山东	183.3	85.2	195.1	119.7	188.9	91.8	177.5	121.9	178.5	92.8	187.7	143.3	199.9	141.7
河南	90.9	15.7	89.7	23.6	85.9	15.5	81.3	26.3	76.5	19.4	77.0	33.5	76.3	17.6
四川	16.7	3.7	19.1	3.4	17.0	4.3	14.9	2.8	14.3	3.7	13.7	3.7	14.9	4.6
云南	9.0	1.2	8.2	0.9	9.1	1.1	8.5	1.3	8.1	0.9	7.7	1.5	7.5	1.6
陕西	53.5	9.9	57.9	10.2	55.5	8.9	52.7	12.7	50.9	9.9	47.2	12.2	45.5	9.4
甘肃	22.7	4.3	24.1	4.9	24.2	5.9	22.7	6.1	22.2	5.6	22.3	6.7	22.7	7.9
宁夏	3.9	1.0	4.3	1.2	4.7	1.3	4.5	1.6	4.3	1.5	4.4	1.5	4.4	2.3
新疆	12.6	4.1	15.8	3.5	15.5	3.8	15.1	4.7	15.1	5.5	14.9	6.3	15.2	7.3

（续）

省份	1985		1986		1987		1988		1989		1990	
	面积	产量	面积	产量	面积	产量	面积	产量	面积	产量	面积	产量
全国	865.4	361.4	1173.8	333.7	1440.9	426.4	1660.5	434.4	1689.9	449.9	1633.1	431.9
北京	10.2	5.1	11.3	4.9	13.7	6.3	16.7	6.5	16.9	7.0	17.4	7.4
河北	113.5	46.8	153.2	39.1	191.8	57.9	225.9	52.3	221.8	54.4	211.9	46.8
山西	57.0	17.3	69.1	13.6	84.5	15.6	99.4	19.1	101.7	17.0	101.1	14.6
辽宁	165.7	54.8	197.6	54.7	217.8	63.7	224.0	62.2	220.6	65.6	215.5	75.9
吉林	2.5	0.6	2.1	0.4	2.1	0.5	2.0	0.7	2.9	1.0	3.5	1.1
黑龙江	5.3	1.6	6.3	0.9	5.5	1.1	10.7	1.6	6.1	1.4	11.3	2.3
江苏	14.2	6.6	28.3	9.7	45.6	9.4	55.1	11.2	50.6	10.4	46.3	10.6
安徽	8.0	2.6	17.0	3.0	20.2	4.7	25.9	5.6	25.3	5.5	25.5	5.8
山东	247.0	145.4	334.1	126.9	394.7	157.0	435.0	160.3	433.9	156.0	416.0	143.2
河南	90.7	27.8	137.7	27.6	159.1	43.8	178.5	41.6	187.0	51.4	134.5	35.8
四川	15.1	4.8	16.1	4.9	19.9	6.8	24.7	6.3	26.0	6.1	26.6	6.3
云南	8.4	1.9	8.3	2.1	10.7	3.0	13.2	3.1	18.1	3.5	22.2	3.1
陕西	50.1	14.1	92.5	15.2	133.9	21.2	167.1	23.8	187.2	27.7	198.3	34.9
甘肃	28.5	9.8	45.5	11.0	76.0	12.8	103.7	15.4	109.8	15.8	115.0	17.5
宁夏	5.7	2.7	8.7	2.6	11.7	3.3	15.7	3.1	18.5	4.2	21.5	3.5
新疆	15.2	12.5	16.5	10.2	19.7	10.0	23.8	12.9	27.1	13.2	27.4	14.1

（续）

省份	1991		1992		1993		1994		1995		1996	
	面积	产量	面积	产量	面积	产量	面积	产量	面积	产量	面积	产量
全国	1 661.6	454.0	1 914.5	655.6	2 228.4	903.1	2 690.2	1 112.8	2 952.8	1 401.1	2 986.9	1 705.2
北京	18.7	7.5	20.0	9.1	21.1	10.7	23.7	12.6	24.4	13.4	23.1	17.2
河北	215.4	53.1	231.7	61.9	276.5	77.3	350.1	100.2	393.8	125.6	384.8	156.7
山西	106.9	16.8	123.0	23.6	145.1	33.4	178.4	56.0	188.5	69.5	191.7	92.0
辽宁	220.1	57.1	218.7	97.9	234.9	119.6	251.4	106.9	257.8	127.7	261.4	150.6
吉林	5.4	1.2	6.2	1.4	8.6	1.5	11.1	2.3	14.6	3.9	20.5	5.8
黑龙江	11.4	2.2	16.0	3.4		0.0	27.6	6.4	31.9	7.6	31.2	7.8
江苏	44.2	8.4	49.1	12.4	63.7	17.8	93.6	21.4	84.5	32.2	78.9	44.1
安徽	24.3	4.0	24.4	7.3	28.8	7.8	48.6	13.0	44.8	16.9	42.4	21.8
山东	412.3	162.7	149.3	235.3	572.3	332.3	608.4	406.3	664.3	502.4	663.3	605.6
河南	130.9	38.0	9.4	53.1	209.0	87.1	280.0	119.1	339.0	155.3	341.3	182.1
四川	26.1	6.7	26.1	7.8	29.3	8.1	32.9	8.8	34.2	12.6	34.5	13.9
云南	23.7	3.1	27.9	4.1	33.0	5.2	42.5	5.3	44.1	6.3	47.2	6.6
陕西	218.4	50.5	260.3	84.3	339.5	131.0	436.0	178.6	491.6	233.8	502.0	295.9
甘肃	114.7	18.5	126.4	22.6	151.1	31.5	172.2	36.6	197.8	45.3	211.5	51.5
宁夏	22.3	1.7	24.2	4.3	26.2	6.3	28.8	6.0	30.7	9.2	31.5	10.9
新疆	27.9	12.0	29.6	15.5	34.3	18.7	41.0	20.2	43.5	23.6	45.4	24.7

（续）

省份	1997		1998		1999		2000		2001		2002	
	面积	产量	面积	产量	面积	产量	面积	产量	面积	产量	面积	产量
全国	2 838.4	1 721.9	2 621.6	1 948.1	2 439.0	2 080.2	2 254.0	2 043.1	2 066.2	2 001.5	1 938.3	1 924.1
北京	21.0	15.4	20.3	16.3	18.9	15.2	18.0	15.8	16.0	15.3	13.5	14.4
河北	371.3	175.1	355.3	193.0	341.1	187.1	328.3	180.6	316.5	184.5	288.3	196.6
山西	206.1	110.1	196.0	141.1	187.7	174.8	177.9	163.0	164.7	155.2	158.4	172.4
辽宁	234.6	161.1	217.0	167.5	209.0	147.0	195.1	123.1	161.9	113.5	131.9	100.5
吉林	19.6	6.2	20.0	10.6	18.8	11.5	24.1	10.1	22.2	9.7	26.1	16.8
黑龙江	36.4	9.7	36.4	10.2	32.2	9.7	28.6	11.2	25.2	11.0	28.8	18.3
江苏	68.0	54.9	60.8	62.9	63.6	68.0	49.6	69.5	47.7	68.0	46.7	61.5
安徽	42.4	27.2	32.1	25.7	24.7	30.9	23.6	30.2	20.7	26.0	17.9	29.7
山东	618.5	558.2	556.8	599.6	498.2	643.3	444.3	647.7	397.7	616.4	369.0	500.0
河南	293.9	197.2	269.0	222.6	240.7	242.8	207.0	238.9	180.2	252.4	168.3	260.4
四川	29.5	16.1	28.4	17.7	28.7	18.7	28.6	20.2	26.9	19.4	25.7	20.7
云南	47.7	8.0	46.2	8.0	45.1	8.6	50.3	10.1	42.3	10.3	37.3	10.5
陕西	488.0	263.7	455.4	347.4	413.6	399.3	395.5	388.6	374.3	391.3	369.0	392.2
甘肃	212.0	56.1	199.0	67.0	195.0	62.9	167.6	69.1	165.9	72.4	163.5	77.6
宁夏	30.6	14.0	24.9	12.6	23.7	17.1	21.7	15.9	20.9	12.7	20.4	12.5
新疆	42.2	27.5	41.0	24.0	36.2	24.7	34.6	30.0	31.2	27.1	30.4	25.0

（续）

省份	2003		2004		2005		2006		2007		2008	
	面积	产量	面积	产量	面积	产量	面积	产量	面积	产量	面积	产量
全国	1 900.5	2 110.2	1 876.7	2 367.5	1 890.3	2 401.1	1 898.8	2 605.9	1 961.8	2 786.0	1 992.2	2 984.7
北京	13.2	13.5	12.9	13.5	10.8	13.8	9.5	13.1	10.3	11.9	9.2	12.1
河北	276.4	200.3	266.5	214.3	263.9	220.2	253.1	235.8	250.0	247.9	243.8	261.6
山西	154.1	180.2	152.7	202.1	151.4	164.8	146.0	186.7	144.3	187.3	148.2	222.9
辽宁	115.1	109.0	111.8	122.2	110.3	130.0	109.1	130.1	107.1	151.5	114.0	170.9
吉林	25.3	19.0	20.4	24.1	18.6	25.2	17.7	26.8	14.2	13.3	14.5	13.5
黑龙江	18.4	16.9	16.1	16.0	15.5	17.7	13.3	16.0	13.2	15.1	12.0	13.8
江苏	38.9	49.5	38.0	56.1	38.4	55.3	36.5	57.3	35.1	61.8	34.8	57.5
安徽	17.1	22.1	16.1	28.4	13.9	27.8	13.4	34.2	13.3	40.4	17.1	30.5
山东	357.3	611.9	340.5	669.1	342.5	671.7	311.1	693.0	304.9	724.9	276.3	763.2
河南	164.5	251.0	164.7	286.9	165.8	300.6	167.7	322.8	182.3	352.3	173.1	374.4
四川	26.8	22.5	26.4	24.0	26.6	24.3	26.2	24.8	27.8	29.7	28.6	38.9
云南	33.7	11.3	33.1	14.1	31.5	15.9	30.3	20.2	31.1	23.5	29.9	26.8
陕西	401.5	461.8	412.1	555.2	426.3	560.1	462.2	650.0	484.9	701.6	530.9	745.5
甘肃	167.5	83.0	173.2	80.0	183.8	101.3	207.4	125.4	247.6	142.4	246.5	164.1
宁夏	20.4	15.5	18.3	15.6	19.1	22.2	20.3	20.1	21.5	27.6	31.5	28.3
新疆	27.8	26.3	28.9	29.4	28.6	33.0	31.1	32.8	32.5	38.9	38.5	43.5

注：1. 单位：面积为千公顷，产量为万吨。

2. 1978—2008年期间，福建、上海、西藏、青海、湖北、天津、内蒙古、贵州等省（市、自治区）均有过一定苹果面积的栽培，目前或基本不栽培，或产量低于10万吨，在此表中没有列出。

3. 数据参考《中国农业年鉴》。

参 考 文 献

[1] 卜万锁，牛自勉，赵红钰．套袋处理对苹果芳香物质含量及果实品质的影响．中国农业科学，1998，31（6）：88～90

[2] 蔡明，高文胜，陈军等．不同纸袋处理对红富士苹果果实钙组分含量的影响．河北农业大学学报，2009，32（3）：46～49

[3] 蔡明，高文胜，陈军等．不同纸袋处理对寒富苹果果实品质的影响．北方园艺，2009，（7）22～25

[4] 陈策，汪景彦等．套袋苹果果面黑点发生和防治调查．中国果树，2002，（3）：40～42

[5] 陈合，李祥，李利军．套袋对苹果果实重金属及农药残留的影响．农业工程学报，2006，22（1）：189～191

[6] 陈军，高文胜，吕德国等．套袋红富士苹果果皮发育进程研究．果树学报，2009，26（2）217～221

[7] 陈锦永，方金豹，顾红等．环剥和 GA 处理对红地球葡萄果实性状的影响．果树学报，2005，22（6）：610～614

[8] 陈俊伟，张上隆，张良诚．果实中糖的运输、代谢与积累及其调控．植物生理与分子生物学报，2004，30（1）：1010

[9] 陈彦同．苹果有袋栽培的发展前景．河北林果研究，1997，12（3）：461～464

[10] 谌有光，黄丽丽，邓熙时．苹果痘斑病的病因探讨．中国果树，1989，（1）：32～33

[11] 程存刚，刘凤之，魏长存等．套袋对富士苹果果皮叶绿素和花青苷含量的影响．中国果树，2002，（4）：9～10

[12] 楚爱香，张要战，李艳梅．果实套袋生产的机制及操作规程．经济林研究，2003，21（3）：59～61

[13] 戴芳澜．真菌的形态和分类．北京：科学出版社，1987

[14] 邓继光，刘国成，李进辉等．苹果品种果实组织结构研究．果树科

学，1995，12（2）：71～74

[15] 丁勤，韩明玉，田玉命．套袋对油桃果实裂果及品质的影响．西北农林科技大学学报（自然科学版），2004，32（9）：81～83

[16] 东忠方，王永章，王磊等．不同套袋处理对红富士苹果果实钙素吸收的影响．园艺学报，2007，34（4）：835～840

[17] 顿宝庆，马宝焜，孙建设等．套袋红富士苹果果面斑点的发生及其与果实钙含量的关系．河北农业大学学报，2002，25（4）：37～40

[18] 樊秀芳，刘旭峰，杨海等．液膜果袋对苹果果实生长发育的影响．果树学报，2003，20（4）：328～330

[19] 范崇辉，魏建梅，赵政阳等．不同果袋对红富士苹果品质的影响．赵尊练．园艺学进展第六辑，西安：陕西科学技术出版社，2004，121～125

[20] 高大同．套袋对梨、苹果果实生长发育及性状影响的研究．南京：南京农业大学，2006

[21] 高华君，王少敏，刘嘉芬．红色苹果套袋与除袋机理研究概要．中国果树，2000，(2)：46～48

[22] 高华君，王少敏，王江勇．套袋对苹果果皮花青苷合成及着色的影响．果树学报，2006，23（5）：750～755

[23] 高久思，杨松方，高国峰．康氏粉蚧在套袋苹果上发生规律及防治技术研究．河南职业技术师范学院学报，2003，31（2）：24～26

[24] 高文胜．苹果套袋方法与配套技术措施．农业科技通讯，1999，(7)：16

[25] 高文胜．无公害苹果高效生产技术．北京：中国农业大学出版社，2005，161～182

[26] 高文胜，吕德国，于翠等．套袋苹果微域环境下微生物种群结构研究．果树学报，2007，24（6）：830～832

[27] 高文胜，吕德国，孔庆信等．不同套袋除袋时期对苹果质量影响．北方园艺，2007，(7) 32～33

[28] 高文胜，吕德国，杜国栋等．我国无公害果品生产与研究进展．北方园艺，2007，(5) 64～66

[29] 高文胜，杨庆斌，孔庆信等．促进套袋红富士苹果着色的措施．落叶果树，2007，(5) 25

[30] 高文胜，刘凤之，蔡明等．不同品牌双层纸袋对红富士苹果品质的影响．落叶果树，2008，(5) 19～21

[31] 高文胜，吕德国，崔秀峰等．苹果套袋关键技术研究．中国果菜，2008，(1) 38

[32] 高文胜，吕德国，蔡明等．苹果果实套袋后真菌种群结构变化研究．果树学报，2009，26 (3)：271～274

[33] 高文胜，蔡明，陈军等．红富士苹果果实发育过程中不同纸袋处理对果实糖代谢的影响. 山东农业科学，2009，(4) 49～51

[34] 高文胜，吕德国，刘凤之等．套袋对提高苹果安全卫生品质和产业体系的影响．山西果树，2009，(3) 40～41

[35] 高志红，宋琴芳，徐长宝．套袋对新川中岛桃果实品质的影响．中国南方果树，2008，37 (2)：61～63

[36] 郭云忠，孙广宇，高保卫等．套袋苹果黑点病病原菌鉴定及其生物学特性研究．西北农业学报，2005，14 (3)：18～21

[37] 韩明玉，李丙智，范崇辉等．黄土高原地区苹果套袋关键技术研究．赵尊练．园艺学进展第六辑，西安：陕西科学技术出版社，2004a，18～22

[38] 韩明玉，李丙智，范崇辉．水果套袋理论与实践．西安：陕西科学技术出版社，2004b，36～77

[39] 韩明玉，李永武，范崇辉等．拉枝角度对富士苹果树生理特性和果实品质的影响．园艺学报，2008，35 (9)：1 345～1 350

[40] 郝兴安，吴云锋，周新民等．陕西套袋苹果黑点病病原鉴定及发生规律研究初报．西北农业学报，2004，13 (4)：54～57

[41] 郝燕燕，李妙玲，张惠荣等．套袋微环境对果实品质的影响及其机理分析．山西农业大学学报，2003，23 (3)：238～241

[42] 胡发广，尼章光，解德宏等．杨桃套袋试验初报．云南农业科技，2005，(4)：16～17

[43] 胡桂兵，陈大成，李平等．套袋对荔枝果实光照及品质的影响．中国果树，2000，(3)：27～29

[44] 胡桂兵，王惠聪，黄辉白．套袋处理提高“妃子笑”荔枝果实耐贮性．园艺学报，2001，28 (4)：290～294

[45] 胡任碧．巨峰葡萄开花前至落花期光合产物的运转分配及与落花落果

的关系．河北农业大学学报，1997，(1)：36～38
[46] 黄明．套袋防治梨小食心虫效果好．西南园艺，1999，(2)：26
[47] 黄战威，岑贞革，陈显双．金煌芒果实套袋效果对比试验．广西热带农业，2004，(1)：8～9
[48] 金强，范崇辉，韩明玉等．套袋惠民短枝红富士果皮细胞超微结构的观察．西北农林科技大学学报，2004，32 (增刊)：87～90
[49] 李宝江，林桂荣，刘凤君．矿质元素含量与苹果果实风味品质及耐贮性的关系．果树科学，1995，(3)：153～156
[50] 李丙智，张林森．苹果、梨、葡萄无公害套袋栽培技术．西安：陕西科学技术出版社，2002，24～41
[51] 李丙智，刘建海，张林森等．不同时间套袋对渭北旱塬红富士苹果品质的影响．西北林学院学报，2005，20 (2)：118～120
[52] 梁和，马国瑞，石伟勇等．钙硼营养与果实生理及耐贮性研究进展．土壤通报，2000，31 (4)：187～190
[53] 李方杰，王磊，刘成连等．套袋对苹果果实钙素吸收与分布的影响．果树学报，2007，24 (4)：517～520
[54] 李合生．植物生理生化实验原理和技术．北京：高等教育出版社，2000，67～77
[55] 李慧峰，吕德国，刘国成等．套袋对苹果果皮特征的影响．果树学报，2006，23 (3)：326～329
[56] 李俊芬，娄本琴．苹果套袋栽培中的气象条件与管理措施．气象与环境科学，2008，31 (9)：970～972
[57] 李明媛，关军锋，杜国强等．套袋对红富士苹果品质和 Ca、Mg、K 营养的影响．中国农学通报，2008，24 (12)：350～355
[58] 李平，温华良，郑润泉等．套袋对番石榴果实品质的影响．亚热带植物科学，2003，32 (1)：17～19
[59] 李庆，蔡如希．温度对梨木虱生长发育的影响．西南农业大学学报，1994，(16)：175～177
[60] 李卫东，曹忠莲，师光禄等．康氏粉蚧空间分布型研究．山西农业大学学报，2000，(03)：211～213
[61] 李祥，陈合，张建华等．套袋与苹果果实中 Pb、Cd、Cr 含量关系的研究．西北农业学报，2006，14 (6)：161～163

[62] 李秀菊，刘用生，束怀瑞．红富士苹果套袋果实色泽与激素含量的变化．园艺学报，1998，25（3）：209～213
[63] 李秀菊，刘用生，束怀瑞．套袋对红富士苹果果皮细胞超微结构的影响．园艺学报，2000，27（3）：202～204
[64] 李永梅，王晓婷，王永章，刘更森．套袋对黄金梨果实糖代谢及相关酶活性的影响．北方园艺，2007，（7）：43～46
[65] 李志勇，胡小云，凌莉．国内外的食品微生物检验．检验检疫科学，2004，14（6）：53～56
[66] 厉恩茂，史大川，徐月华等．套袋苹果不同类型果袋内温、湿度变化特征及其对果实外观品质的影响．应用生态学报，2008，19（1）：208～212
[67] 梁和，马国瑞，石伟勇等．钙硼营养与果实生理及耐贮性研究进展．土壤通报，2000，31（4）：187～190
[68] 刘国华．苹果苦痘病和痘斑病的识别与防治．植物医生，1999，（5）：38
[69] 刘会香，公微松．我国苹果套袋技术的应用和研究新进展．水土保持研究，2001，（31）：84～86
[70] 刘寄明，王少敏．套袋短枝红富士果实内含物及果皮色素的变化．果树科学，2000，（1）：76～77
[71] 刘建福，蒋建国，张勇等．套袋对梨果实裂果的影响．果树学报，2001，18（4）：241～242
[72] 刘建海，李丙智．套袋对红富士苹果果实和农药残留的影响．西北农林科技大学学报，2003，38（3）：67～69
[73] 刘建海，李亚绒，梁平．苹果套袋研究现状与展望．北方园艺，2007，（9）：70～74
[74] 刘平，温陟良，彭士琪，郭振怀．外源 GA_3 对枣树 ^{14}C-光合产物向果实分配的影响．河北农业大学学报，2002，25（4）：34～40
[75] 刘顺枝，胡位荣，李锡方等．沙田柚幼果套袋技术研究．中国南方果树，2003，31（1）：9～11
[76] 刘晓海，马文会，刘承晏．套袋对巨峰葡萄着色和含糖量的影响．河北林果研究，1998，13（1）：69～71
[77] 刘彦珍．套袋红富士苹果除袋和采收时期及贮藏期生理特性的研究．

西安：西北农林科技大学，2004

[78] 刘彦珍，范崇辉，韩明玉等．套袋红富士苹果贮藏期间生理生化变化．赵尊练．园艺学进展第六辑，西安：陕西科学技术出版社，2004，330～333

[79] 刘志坚．苹果大面积套塑料薄膜袋技术及应用效果．河北林果研究，1998，6（2）：182～186

[80] 刘志坚．苹果全套袋栽培．北京：中国农业出版社，2002

[81] 卢三强，卢炎标，洪镇坤等．龙眼果穗套袋试验．中国南方果树，1998，27（3）：30

[82] 吕德国，陈军，高文胜等．套袋苹果不同纸袋内不同时期真菌种群结构研究．沈阳农业大学学报，2009，40（1）80～83

[83] 吕英民，张大鹏．果实发育过程中糖的积累．植物生理学通讯，2000，（4）：258～265

[84] 马锋旺，李嘉瑞．蔷薇科果树中山梨醇代谢的酶．西北农业大学学报，1993，21（3）：88～93

[85] 马慧，范崇辉，郑文君等．套袋对嘎拉苹果贮藏品质的影响．河南农业科学，2007，（2）：89～91

[86] 马文荷，刘奎彬，安志信．青椒对外源糖的吸收与分配规律研究．河北农业大学学报，2000，23（1）：37～39

[87] 毛丽萍，任君，刘建平等．苹果套袋对果实品质和病虫害发生率的影响．山西农业科学，2002，30（1）：94

[88] 牛自勉，王贤萍，孟玉萍等．不同砧木苹果品种果肉芳香物质的含量变化．果树科学，1996，13（3）：153～156

[89] 农业部种植业管理司．中国苹果产业发展报告（1995—2005）．中国农业出版社，2007

[90] 潘增光，辛培刚．不同套袋处理对苹果品质形成的影响及微域生境分析．北方园艺，1995，101（2）：21～22

[91] 彭福田，姜远茂．不同产量水平苹果园氮磷钾营养特点研究．中国农业科学，2006，39（2）：361～367

[92] 齐红岩，李天来，张洁等．番茄果实发育过程中糖的变化与相关酶活性的关系．园艺学报，2006，33（2）：294～299

[93] 钱昕，王恒振．新疆石河子地区无核白鸡心套袋试验效果．中外葡萄

与葡萄酒，2008，(2)：38～39
[94] 栾东珍，李丙智，韩明玉等．育果纸袋与膜袋在富士苹果上的应用研究．西北林学院学报，2003，18 (2)：47～50
[95] 沈珉，徐春明，王利芬等．白沙枇杷不同果袋不同时间套袋试验小结．中国南方果树，2008，37 (2)：39～40
[96] 沈玉英，李斌，贾惠娟．不同纸质果袋对湖景蜜露桃果实品质的影响．果树学报，2006，23 (2)：182～185
[97] 史云东，郭学军，李祥．苹果套袋正负面效应分析及应对措施．中国南方果树，2007，36 (2)：46～48
[98] 眭顺照，罗江会，廖聪学等．油桃套袋技术改进试验．果树学报，2005，22 (4)：396～398
[99] 孙忠庆，陈宏，吴建军．套袋对提高惠民短枝红富士苹果品质的效应．中国果树，1995，(2)：36～38
[100] 唐周怀，陈川，惠伟等．套袋苹果黑点病的发生规律．西北农林科技大学学报，2003，(4)：59～61
[101] 陶俊，张上隆，安新民等．光照对柑橘果皮类胡萝卜素和色泽形成的影响．应用生态学报，2003，14 (11)：1 833～1 836
[102] 统计年鉴．北京：统计出版社，2008，37～39
[103] 仝月澳，周厚基．果树营养诊断法．北京：农业出版社，1982
[104] 万惠民，刘月英，张金海．金矮生苹果套袋技术试验．北方园艺，1998，(1)：23～24
[105] 王大平，刘弈清，李道高．套袋对夏橙绿斑病发生及果实品质的影响．西南农业大学学报（自然科学版），2006，28 (4)：610～613
[106] 王贵元，金铃，夏仁学．套袋对纽荷尔脐橙果实品质的影响．亚热带植物科学，2003，32 (4)：8～10
[107] 王江勇，王少敏，高华君．套袋苹果果实病虫害研究进展．中国农学通报，2006，22 (8)：423～426
[108] 王景彦．苹果和梨套袋存在的问题及解决方法．中国果树，1997，(4)：34～35
[109] 王立如，徐绍清，徐永江等．中国梨木虱的空间分布和抽样技术．植物保护，2004，(30)：69～71
[110] 王少敏，王忠友，赵红军．短枝型红富士苹果果实套袋技术比较试

验．山东农业科学，1998，(3)：28～30
[111] 王少敏，高华君．苹果、梨、葡萄套袋技术．北京：中国农业出版社，1999
[112] 王少敏，高华君，刘嘉芬等．套袋短枝红富士果实内含物及果皮色素的变化．果树科学，2000a，17 (1)：76～77
[113] 王少敏，高华君，魏立华等．短枝红富士苹果生长期果实套袋对采后贮藏品质的影响．果树科学，2000b，17 (3)：182～184
[114] 王少敏，白佃林，高华君．套袋苹果皮色素含量对苹果色泽的影响．中国果树，2001，(2)：18～20
[115] 王少敏，高华君，张晓兵．套袋对红富士苹果色素及糖、酸含量的影响．园艺学报，2002，29 (3)：263～265
[116] 王少敏，高华君．果树套袋关键技术图谱．济南：山东科学技术出版社，2002
[117] 王少敏，李勃，刘成连等．果实套袋对皇家嘎拉苹果树净光合速率的影响．园艺学报，2007，34 (3)：543～548
[118] 王世家．猕猴桃果实套袋试验初报．中国南方果树，2003，32 (2)：46
[119] 王文江，孙建设，高仪等．红富士苹果套袋技术研究．河北农业大学学报，1996，(4)：28～31
[120] 王武，邓烈，何绍兰．套袋对果实品质的影响综述．中国南方果树，2006，35 (3)：82～86
[121] 王武，邓烈，何绍兰等．不同套袋时间对早香橘橙果实色泽的影响．中国农学通报，2007，23 (7)：415～421
[122] 王英姿，吴桂本，王培松等．红富士套袋苹果主要病害病原菌鉴定及化学防治技术研究．农药科学与管理，2003，24 (9)：19～22
[123] 王永章，张大鹏．乙烯对成熟期新红星苹果果实碳水化合物代谢的调控．园艺学报，2000，27 (6)：391～395
[124] 王永章，张大鹏．红富士苹果果实蔗糖代谢与酸性转化酶和蔗糖合酶关系的研究．园艺学报，2001，28 (3)：259～261
[125] 王志杰，马淑梅，杜增峰．赤霉素和多效唑对天女花移植苗生长的影响．河北林果研究，2000，12 (4)：349～352
[126] 魏建梅，范崇辉，赵政阳等．叶面喷肥对套袋红富士苹果品质的影

响．园艺学进展第六辑，西安：陕西科学技术出版社，2004，232～236

[127] 魏建梅，范崇辉，赵政阳等．套袋对嘎拉苹果品质的影响．西北农业学报，2005，14（4）：191～193

[128] 魏建梅，范崇辉，赵政阳．套袋对红富士苹果果实糖分积累及相关酶活性影响的研究．干旱地区农业研究，2008，26（6）：154～158

[129] 魏景超．真菌鉴定手册．上海：科学技术出版社，1979

[130] 文卫华，周国胜，赵时胜．套袋对枇杷果实的影响．湖南林业科技，2000，27（1）：27～29

[131] 吴桂本，王英姿，王培松等．套袋红富士苹果斑点类病害及其病原菌鉴定．中国果树，2003，(3)：6～8

[132] 吴伟．苹果套袋机理研究现状与展望．安徽技术师范学院学报，2004，18（3）：16～19

[133] 谢玉明，易干军，张秋明．钙在果树生理代谢中的作用．果树学报，2003，20（5）：369～373

[134] 徐秉良，魏志贞，王喜林．苹果黑点病症状及病原菌鉴定．植物保护，2000，26（5）：6～8

[135] 徐红霞，陈俊伟，张豫超等．白玉枇杷果实套袋对品质及抗氧化能力的影响．园艺学报，2008，35（8）：1 193～1 198

[136] 阎逊初．放线菌的分类和鉴定．北京：科学出版社，1992

[137] 杨建波，努尔买买提，温切木·热和曼等．库尔勒香梨绿色果和着色果套袋试验．中国果树，2008，(1)：30～31

[138] 杨丽媛，史秀兰，史先立．套袋防止金冠苹果果锈试验．中国果树，2006，(1)：15～16

[139] 原永兵，刘成连，鞠志国．苹果果皮红色形成的机制．园艺学年评，1995，(1)：121～132

[140] 翟衡，任诚，厉恩茂等．套袋对苹果生产投资结构的影响及密植园遮光问题．园艺学报，2006，33（4）：921～926

[141] 张华，张绍铃，陶书田等．不同果袋对丰水梨果实发育微环境及采后冷藏品质的影响．果树学报，2008，25（1）：12～16

[142] 张华云，王善广，牟其芸等．套袋对莱阳茌梨果皮结构和 PPO、POD 活性的影响．园艺学报，1996，23（1）：23～26

[143] 张建光，刘玉芳，孙建设等．苹果果实日灼人工诱导技术及阈值温度研究．园艺学报，2003，30 (4)：446～448
[144] 张建光，孙建设，刘玉芳等．苹果套袋及除袋技术对果实微域温湿度及光照的影响．园艺学报，2005a，32 (4)：673～676
[145] 张建光，王惠英，王梅等．套袋对苹果果实微域生态环境的影响．生态学报，2005b，25 (5)：1 082～1 087
[146] 张建军，马希满．不同果实袋对苹果果实品质的影响．中国果树，1996，(2)：12～14
[147] 张猛，徐雄，刘远鹏等．果实套袋在西昌石榴生产上的应用初报．四川农业大学学报，2003，21 (1)：27～28
[148] 张庆，冷怀琼，朱继熹．苹果叶面附生微生物区系及其有益菌的研究Ⅰ．叶面附生微生物区系的初步研究．四川农业大学学院，1996，14 (2)：15～16
[149] 张庆，朱继熹，冷怀琼．苹果叶表附生微生物区系及其有益菌的研究Ⅱ．有益芽孢杆菌的筛选，初步鉴定和电镜观察．云南农业大学学报，1997，12 (3)：147～152
[150] 张秋明，丁伟平，郑玉生等．套袋对脐橙果实品质的影响．湖南农业大学学报（自然科学版)，2002，28 (5)：402～404
[151] 张飒，柯林，龙强．套袋提高水蜜桃果实质量实验初报．西昌农业科技，2002，(1)：25
[152] 张上隆，陈昆松．果实品质形成与调控的分子机理．北京：中国农业出版社，2007，49～54
[153] 张学君，徐盈，王建营．苹果表面微生物数量及其与两种主要病菌的关系．果树科学，1995，12 (4)：232～236
[154] 张艳芬，王少敏，赵红军等．套袋方法对新红星苹果果实品质的影响．山东农业科学，1998，(3)：25～27
[155] 张永平，乔永旭，喻景全等．园艺植物果实糖积累的研究进展．中国农业科学，2008，41 (4)：1 151～1 157
[156] 张振铭，张绍铃，乔勇进等．不同果袋对砀山酥梨果实品质的影响．果树学报，2006，23 (4)：510～514
[157] 章雅靓，黄朱凤，赵春德．叶面喷肥对主干形整枝桃叶片营养和果实品质的影响．上海交通大学学报（农业科学版)，2005，23 (1)：

15～18

[158] 赵长星，刘成连，原永兵等．苹果套袋对其果实芳香物质含量影响的研究．莱阳农学院学报，2001，18 (3)：174～176

[159] 赵峰，王少敏，高华君等．套袋对红富士苹果果实芳香成分的影响．果树学报，2006，23 (3)：322～325

[160] 赵同生，于丽辰，焦蕊等．钙素营养与套袋苹果苦痘病的关系．果树学报，2007，24 (5)：649～652

[161] 赵志磊，李宝国，齐国辉等．不同时期套袋对长富 2 苹果表观品质的影响．河北林果研究，2004，19 (4)：334～339

[162] 郑国琦，罗霄，郑紫燕等．宁夏枸杞果实糖积累和蔗糖代谢相关酶活性的关系．西北植物学报，2008，28 (6)：1 172～1 178

[163] 郑少泉，蒋际谋，张泽煌．套袋对枇杷果实 PAL、PPO、POD 活性和可溶性蛋白质含量的影响．福建农业学报，2001，16 (3) 45～47

[164] 郑伟蔚，陈锋，翟衡等．几种因素对富士苹果钙组分的影响．果树学报，2006，23 (3)：317～321

[165] 钟彩虹，曾秋涛，王中炎．果实套袋对猕猴桃采前落果及品质的影响．湖南农业科学，2002，(4)：34～35

[166] 中国科学院南京土壤研究所微生物室．土壤微生物研究法．北京：科学出版社，1985

[167] 周宝琴，武雅娟，单戈．套袋苹果康氏粉蚧的发生规律及防治方法．中国果树，2005，(3)：47～49

[168] 周宏伟，冯仡，李玲．套袋对金冠苹果中甲基对硫磷和水胺硫磷残留的影响．果树科学，1994，11 (4)：242～243

[169] 周兴本，郭修武．套袋对红地球葡萄果实发育过程中糖代谢及转化酶活性的影响．果树学报，2005，22 (3)：207～210

[170] 周卫，汪洪，赵林萍等．苹果［*Maluspumila*］幼果钙素吸收特性与激素调控．中国农业科学，1999，32 (3)：52～58

[171] 庄华才，陈厚彬，吕顺等．套袋对香蕉果实发育和微域环境的影响．广东农业科学，2008，(9)：51～55

[172] Amarante C，Banks N H，Max S. Effect of preharvest bagging on fruit quality and postharvest physiology of pears (*Pyrus communis*). New Zealand Crop. Hort. Sci.，2002，(30)：99～107

[173] Arakawa O, Uematsu N, NaKajima H. Effect of bagging on fruit quality in apples. Bulletin of the Faculty of Agriculture, 1994, 57: 25～32

[174] Arakava O. Photo-regulation of anthocyanin synthesis in apple fruit under UV-B and red light. Plant and cell physiology, 1988a, 29: 1 385～1 390

[175] Arakava O. Characteristic of color development in some apple cultivars: changes in anthocyanin synthesis during maturation as affected by bagging and light quality. Jap. Soc. Hort. Sci. , 1988b, 57 (3): 373～380

[176] Beruter J. Sugar accumulation and changes in the activities of related enzymes during development of apple fruit. Plant physiol, 1985, (121): 331～334

[177] Beruter J, Studer Feusi M E, Ruedi P. Sorbitol and sucrose partitioning in the growing apple fruit. Plant Physiol, 1997, (151): 269～276

[178] Cassandro A, Nigle H. Banks, Shane Max. Preharvest bagging improves packout and fruit quality of pears (prus communis) . New Zealand Journal of Crop and Horticultural Science, 2002a, (30): 93～98

[179] Cassandro A, Nigle H, Banks, Shane Max. Effects of preharvest bagging on fruit quality and postharvest physiology of pears (*Prus communis*) . New Zealand Journal of Crop and Horticultural Science, 2002b, (30): 99～107

[180] Christense J H, Bauw G, Welinder K G. Purification and characterization of peroxidases correlated with lignification in poplar xylem. Plant Physiol, 1998, 118: 125～135

[181] Cline J A, Hanson E J. Relative humidity around apple fruit influences its accumulation of calcium. J Amer Soc Hort Sci, 1992, (117): 542～546

[182] Davies C, Robinson S P. Sugar accumulation in grape berries. Plant physiol, 1996, (111): 275～283

[183] Dickinson C D, Altabella T, Chrispeels M J. Slow-growth phenotype

of transgenic tomato expressing apoplastic invertase. Plant Physiol, 1991, (9): 420～425

[184] Fallahi E. Colt W M. Baird C R, Fallahi B, Chun I J. Influence of nitrogen and bagging on fruit quality and mineral concentrations of 'BC-2Fuji' apple. Hort. Technology, 2001, 11 (3): 462～466

[185] Fan X, Mattheis J P. Bagging 'Fuji' apple during furit development affects color development and storage quality. Hort Science, 1998, 33 (37): 1 235～1 238

[186] Farrar J, Pollock C, Gallagher J. Sucrose and the integration of metabolism in vascular plants. Plant Sci., 2000, (154): 1～11

[187] Fergusoni B, Watkins C B. Bitter pit in apple fruit. HortRev, 1989, 11: 289～355

[188] Ferree D C. Environmental and nutriational fators associated with scarf skin of 'Romo Beauty' apples. J Amer Soc Hort Sci, 1984, 109 (4) 507～512

[189] Graham M Y, Graham T L. Rapid accumulation of anionic peroxidases and phenolic poly mers in soybean cotyledon tissues following treatment with *Phytophthora megaspermaf*. sp. *Glycines wall glucan*. Plant Physiol, 1991, 97: 1 445～1 455

[190] Han J H, Hong K H, Jang H I. Effect of characteristics of the bags and microclimate in the bags on russet of "Whangkeumbae" pear fruit. Korea J Hort Sci Technol, 2002, 20 (1): 32～37

[191] Hansen P. ^{14}C studies on apple tree. Ⅵ. The infulence of fruit on the photosynthesis of the leaves, and the relative photosynthetic yields of fruit and leaves. Physiol Plant, 1970, (23): 805～810

[192] Jackson J E, Palmer J W, Perring M A. Effects of shade on the growth and cropping of apple trees Ⅲ. Effects on fruit growth, chemical composition and quality at harvest and after storage. Hort Sci, 1977, (52): 267～282

[193] Jones H G, Samuelson T J. Calcium uptake by developing apple fruits. Ⅱ. The role of spur leaves. Hort Sci, 1983, (58): 183～190

[194] Jose A M, Schafer E. Distorted photo-chrome action spectra in green

plants. Planta, 1978, 138: 25～28

[195] Ju Z G, Yuan Y B, Liu C L. Relationships among phenylalanine ammonia-lyase activity, simple phenol coneentrations and anthocyanin accumulation in apple. Scientia Horticulturac, 1995, 61: 215～226

[196] Ju Z G. Fruit bagging, a useful method for studying anthocyanin synthesis and gene expression in apples. Scientia Horticulturae, 1998, 77: 155～164

[197] Katami T, Nakamura M, Yasuhara A, et al. Migration of organophosphorus insecticides cyanophos and prothiofos residues from impregnated paper bags to Japanese apple pears. Journal of Agricultural and Food Chemistry, 2000, 48 (6): 2499～2501

[198] Kobashi K, Gemma H, Iwahori S. Abscisci Acid Content and Sugar Metabolism of Peaches Grown under Water Stress. Journal of the American Society of Horticultural Sciene, 2000, 125: 425～428

[199] Kobashi K, Sugaya S, Gemma H, Iwahori S. Effect of abscisci acid (ABA) on sugar accumulation in the flesh tissue of peach fruit at the start of the maturation stage. Plant Growth Regulation, 2001, 35: 215～223

[200] Kuboy. Color development of 4 apple cultivars grown in the southwest of Japan, with special reference for fruit bagging. J Jap Soc Hort Sci, 1988, 57 (2): 191～199

[201] Le Grange S A, Theron K I, Jacobs G. Influence of the number of calcium sp rays on the distribution of fruitmineral concentration in an apple orchard. Journal of Horticultural Science & Biotechnology, 1998, 73 (4): 569～573

[202] Leigh R A, Reea T, Fuller W A. The localization of acid invertase activity and sucrose in the vacuoles of storage roots of beetoot (Beta vulgaris) . Biochem J, 1979, (178): 536～547

[203] Lewis N, Yamamoto E. Lignin: occurrence, biogenesis and biodegradation. Ann Rev Plant Physiol Plant Mol Biol, 1990, 41: 495～496

[204] Li S H, Genard M, Bussi C. Fruit quality and leaf photosynthesis in response to microenvironment modification around individual fruit by

covering the fruit with plastic in nectarine and peach trees. HortSciece and Biotecchnology，2001，76（1）：44～69

[205] Merlo L，Passera C. Changes in carbohydrate and enzyme levels during development of leaves of Prunu spersica，asorbitol synthesizing species. Plant Physiol，1991，(83)：621～626

[206] Moriguchi T，Sanda T，Yamaki S. Seasonal fluctuations of some enzymes relating to sucrose and sorbitol metabolism in peach fruit. Amer. Soc. Hort. Sci，1990，(115)：278～281

[207] NoRo S，Hanafusa M，Saito S，et al. Effect of do duble paper bagging on incidence of stain and volatiles on 'Hokuto' apples during cold stogage. Journal of the Japanese Society for Horticultural Science，1998，67（5）：699～707

[208] Odanaka S，Bennett A B，Kanayama Y. Distinct physiological roles of fructokinase isozymes revealed by gene-specific suppression of Frk2 expression in tomato. Plant Physiol，2002，(129)：1 119～1 126

[209] Quinlan J D. Chemical camposition of developing and shed fruits of laxton′s Fortune apple. Hort. Sci，1969，(44)：97～106

[210] Rufly T W，Huber S C. Changes in starch formation and activities of sucrose phosphate synthase and cytoplasmic Fructose - 1，6 - biosphatase in response to source-sink alterations. Plant Physiol，1983，72（2）：474～478

[211] Stitt M，Schae Wen A，Will Mitzer L. Sink regulation of photosynthetic metabolism in transgenic tobacco expressing yeast invertase in their cell-wall involves a decrease of Calvin-cycle enzymes and an increase of glycolytic enzymes. Planta，1991，(183)：40～50

[212] Tomlinson J. Strategies and roles for calculative regimes a review of a case study. Accounting Organizations and Society，1990，15（3）：267～271

[213] Van Huyster R B. Some molecular aspects of plant peroxidase：biosynthetic studies. Rev Plant Phosiol，1987，38：205～219

[214] Vizzoto G，Pinton R，Varanini Z. Surcose accumulation in developing peach fruit. Physiol plant，1996，(96)：225～230

[215] Wang H Q, Osamu A, Yoshie M. Influence of maturity and bagging on the relationship between anthocyanin accumulation and phenylalanine ammonia-lyase (PAL) activity in 'Jonathan' pples. Postharvest Biology and Technology, 2000, 19: 123～128

[216] Witney G W, Kushad M M, Barden J A. Induction of bitter pit in apple. Sci Hort, 1991, (47): 173～176

[217] Xuetong Fan, James P. Mattheis. Bagging 'Fuji' Apples during Fruit Development Affects Color Development and Storage Quality. Hort Science, 1998, 33 (7): 1 235～1 238

[218] Yamaki S, Ishiwaka K. Role of four sorbitol related enzymes and invertase in the seasonal alteration of sugar melabolism in apple tissue. Am. Soc. Hortic. Sci, 1986, 111 (1): 134～137

[219] Yelle S, He wilt J D, Robinson N L. Sink metabolism in tomato fruit Ⅲ. Analysis of carbonhydrate assimilation in a wild species. Plant Cell, 1988, (8): 1 209～1 220

[220] Zhiguo Ju. Fruit bagging, a useful method for studying anthocyanin synthesis and gene expression in apples. Scientia Horticulturae, 1998, (77): 155～164

[221] Zhun Y J, Komor E, Moore P H. Surose accumulation in the sugarcane stem is regulated by the difference between the activities of soluble acid invertase and sucrose phosphate synthase. Plant Physiol, 1997, (115): 609～616

致　谢

本专著的相关研究工作，先后得到了以下项目的资助：

1. 农业部948项目（2006—G28），优质出口苹果生产和加工技术引进与示范子课题，冷凉地区优质出口苹果栽培技术体系建立与应用。

2. 农业部财政专项，苹果套袋技术田间检验。

3. 沈阳市科技攻关项目（1071154-3-00，1091104-3-02）寒富苹果栽培技术研究与推广应用。

4. 公益性行业（农业）科研专项（nyhyzx07-024）子课题，苹果砧穗组合筛选及果园树形改造及栽培模式研究。

5. 辽宁省自然科学基金项目（20082121），苹果根域细菌群落演替与土壤有机质分解和转化关系研究。

6. 辽宁省农业攻关计划项目（2008204003），果树新品种选育及配套栽培技术。

7. 国家现代农业产业技术体系建设专项—苹果（nycytx-08-03-05）。